Σ BEST シグマベスト

でんがん先生と学ぶ

中学理科のきほん60レッスン

でんがん

文英堂

勉強には，才能も特別な環境《かんきょう》も必要ない。
自分に合ったやり方を見つけて積み重ねていけば，
だれでも成績を上げることができる。

ここは学校でも塾《じゅく》でもない，今までとは違《ちが》う場所。
だから，これまで勉強が苦手だったきみもあきらめないで。
僕《ぼく》たちが全力でサポートするから！

ここから一緒《いっしょ》にがんばっていこう！

この本の登場人物紹介

マオ（中2）

令和のギャルを目指し，日々奮闘《ふんとう》中。

ハルカ（中2）

小学時代からのマオの親友で同級生。

エイタ（中3）

マオの幼なじみ。わりと真面目。

でんがん先生との出会い

マオとハルカの学校からの帰り道，そこへエイタが通りがかった。
「エイタだ。なんで急いでんの？」と，マオがたずねる。
「もうすぐテストだろ。帰って勉強しないと」と，エイタ。
「えーっ，真面目《まじめ》！ 信じられない……」と言うマオを，ハルカがたしなめる。
「エイタは受験生でしょ。うちらだってテストあるんだし」
「ハルカ，まさか勉強してんの？」と驚《おどろ》くマオの横で，ハルカとエイタは悩《なや》みをこぼす。
「私なりにしてるつもりだけど，いっつも成果が出なくて……」
「わかる！ 僕《ぼく》もけっこう勉強してるはずなのに，成績が上がらないんだ」
「2人とも勉強してるのかぁ。勉強って，もっとおもしろかったらやってもいいんだけど」
そんな3人の前に，いつの間にか，ニコニコ顔の男性が立っていた。

でんがん先生

スーパー講師陣紹介

理科講師

理系 YouTuber

でんがん先生

PROFILE

大阪大学基礎工学部《きそこうがくぶ》卒業。同大学大学院基礎工学研究科修了《しゅうりょう》後，大手企業《きぎょう》に就職したものの，2018 年に退職し，YouTuber 専業となる。著書に『元バカによるバカのための勉強 100 カ条！』（SB クリエイティブ）などがある。
Twitter：@dengan875

MESSAGE この本を手に取ってくれたみんなへ

何やってもすぐできる人もいるし，なかなかできない人もいる。僕《ぼく》は完全に後者だから，最初は上手《うま》くいかなくて当たり前だって思ってる。勉強も同じ。今は上手くいかなくても続けていけば，最下位からぐんぐん追いぬいていくことだってできる。
今から一緒《いっしょ》にスタートしよう！

先生からのメッセージ動画はこちら

TIMELINE

- **1993年** 兵庫県西宮市に生まれる
- **2005年** 公立の中学校に入学。中学時代は野球部に所属しつつ，陸上部で駅伝にも参加
- **2008年～2011年** 兵庫県立芦屋《あしや》高校入学。国公立大学に進学する生徒がほとんどいない高校で，神戸大学を目指して勉強を始める
- **2011年～2012年** 1 年間，浪人《ろうにん》生活を送ることを決意。成績が上がり，最終的には大阪大学へ合格
- **2012年** 大阪大学へ入学。のちに YouTube チャンネル「はなおでんがん」にて相方となる，はなおと出会う
- **2018年～** 大阪大学大学院修士修了後，いったん大手企業に就職したが，退職して YouTuber 専業になる
- **2022年** 『元バカによるバカのための勉強 100 カ条！』(SB クリエイティブ）発売
- **2023年**
  - ・3 月「はなおでんがん」を解散
  - ・YouTube チャンネル「日常でんがん」（@nichijo_dengan），「たまる☆クエスト」（@tamaruquest）を運営
  - ・『でんがん先生と学ぶ 中学理科のきほん 60 レッスン』発売

運動は得意なほうではなく，いつも最下位からのスタート。でも，最終的には，チームで 2 番目に足がはやくなった

「はなおでんがん」は，文系でも楽しめる理系動画を中心に配信。登録者数 170 万人突破《とっぱ》の大人気 YouTube チャンネルに

国語講師

でんがん先生は
心の友！

学参マイスター

くめはら先生（粂原圭太郎《くめはらけいたろう》）

出身地	群馬県
出身高校	群馬県立中央中等教育学校
最終学歴	京都大学経済学部経営学科
主な活動	・オンライン個別指導塾「となりにコーチ」代表 ・本田式認知特性研究所メンバー
著書	『偏差値 95 の勉強法』（ダイヤモンド社）など
YouTube	粂原圭太郎の頭の中 - オンライン塾「となりにコーチ」代表 -(@user-ns3yc8md5m)
SNS	Twitter：@k_kumehara

数学講師

でんがん先生は
大好きな人！

計算の申し子

こーさく先生（永田耕作《ながたこうさく》）

出身地	愛知県
出身高校	愛知県立明和高校
最終学歴	東京大学教育学部在学中
主な活動	株式会社カルペ・ディエムの講師として全国の高校で講演・ワークショップ
著書	『東大生の考え型「まとまらない考え」に道筋が見える』（日本能率協会マネジメントセンター）
SNS	Twitter：@NagataKosaku08

英語講師

でんがん先生は
あこがれの存在！

東大医学部卒 YouTuber

すばる先生（宇佐見天彗《うさみすばる》）

出身地	香川県
出身高校	香川県立高松高校
最終学歴	東京大学医学部医学科
主な活動	・YouTube チャンネル運営 ・勉強法や受験対策情報の発信
著書	『現役東大医学部生が教える最強の勉強法』（二見書房）など
YouTube	PASSLABO in 東大医学部発 「朝 10 分」の受験勉強 cafe（@passlabo）
SNS	Twitter：@sbr_usami

社会講師

でんがん先生は
超えるべき壁！

受験合格請負人《うけおいにん》

いっせー先生（西岡壱誠《にしおかいっせい》）

出身地	北海道
出身高校	私立宝仙学園高校
最終学歴	東京大学経済学部在学中
主な活動	・株式会社カルペ・ディエム代表 ・リアルドラゴン桜プロジェクト ・スタディサプリ講師
著書	『東大読書』『東大作文』『東大思考』（東洋経済新報社）など多数
YouTube	西岡壱誠のアタマの中 (@nishiokaissei)
SNS	Twitter：@nishiokaissey

この本の構成と使い方

基本ページ

会話形式の授業で習ったことをもとに「練習問題」を解いて力をつける

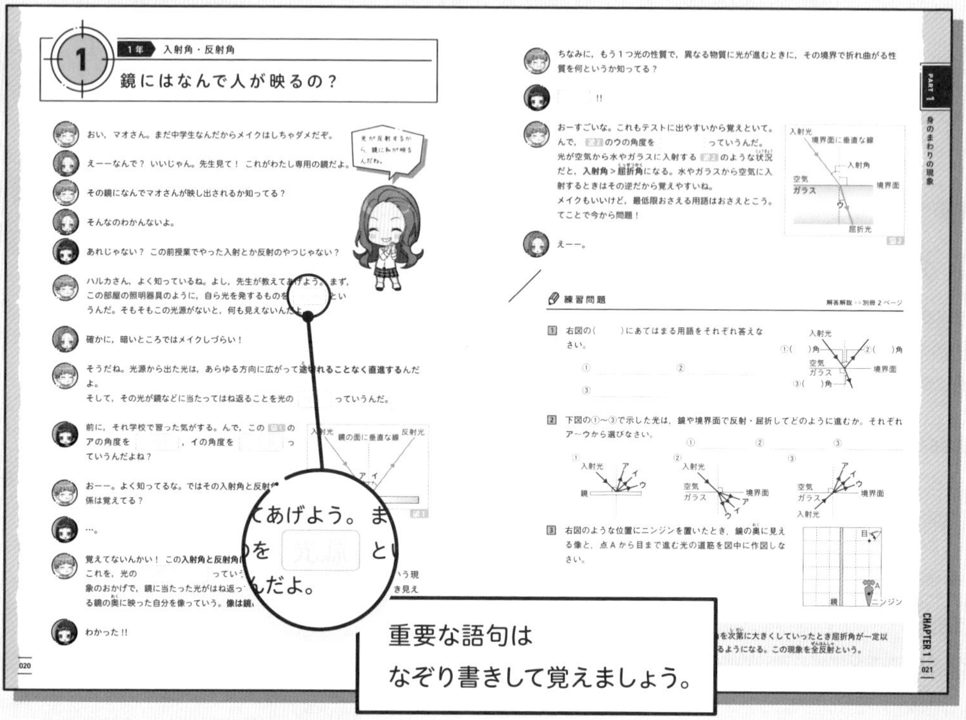
1年 入射角・反射角

1 鏡にはなんで人が映るの？

おい，マオさん。まだ中学生なんだからメイクはしちゃダメだぞ。

えーーなんで？ いいじゃん。先生見て！ これがわたし専用の鏡だよ。

その鏡になんでマオさんが映し出されるか知ってる？

そんなのわかんないよ。

あれじゃない？ この前授業でやった入射とか反射のやつじゃない？

ハルカさん，よく知っているね。よし，先生が教えてあげよう。まず，この部屋の照明器具のように，自ら光を発するものを　　　　というんだ。そもそもこの光源がないと，何も見えないんだよ。

確かに，暗いところではメイクしづらい！

そうだね。光源から出た光は，あらゆる方向に広がって途切れることなく直進するんだよ。
そして，その光が鏡などに当たってはね返ることを光の　　　　っていうんだ。

前に，それ学校で習った気がする。んで，この図1のアの角度を　　　　，イの角度を　　　　っていうんだよね？

おーー。よく知ってるな。ではその入射角と反射角の関係は覚えてる？

…。

覚えてないんかい！ この入射角と反射角は……これを，光の　　　　っていう……という現象のおかげで，鏡に当たった光がはね返っ……き見える鏡の奥《おく》に映った自分を像っていう。像は鏡……

わかった !!

020

ちなみに，もう1つ光の性質で，異なる物質に光が進むときに，その境界で折れ曲がる性質を何というか知ってる？

!!

おーすごいな。これもテストに出やすいから覚えといて。んで，図2のウの角度を　　　　っていうんだ。
光が空気から水やガラスに入射する図2のような状況《じょうきょう》だと，入射角＞屈折角《くっせつかく》になる。水やガラスから空気に入射するときはその逆だから覚えやすいね。
メイクもいいけど，最低限おさえる用語はおさえとこう。てことで今から問題！

えーー。

練習問題　解答解説 ▷▷ 別冊2ページ

1 右図の(　　)にあてはまる用語をそれぞれ答えなさい。
①　②　③

2 下図の①～③で示した光は，鏡や境界面で反射・屈折してどのように進むか。それぞれア～ウから選びなさい。
①　②　③

3 右図のような位置にニンジンを置いたとき，鏡の奥《おく》に見える像と，点Aから目まで進む光の道筋を図中に作図しなさい。

……を次第《しだい》に大きくしていったとき屈折角が一定以……るようになる。この現象を全反射《ぜんはんしゃ》という。

PART 1 身のまわりの現象
CHAPTER 1 021

重要な語句は
なぞり書きして覚えましょう。

さくいん＆用語集

意味つきのさくいんで，重要用語をサッと確認する

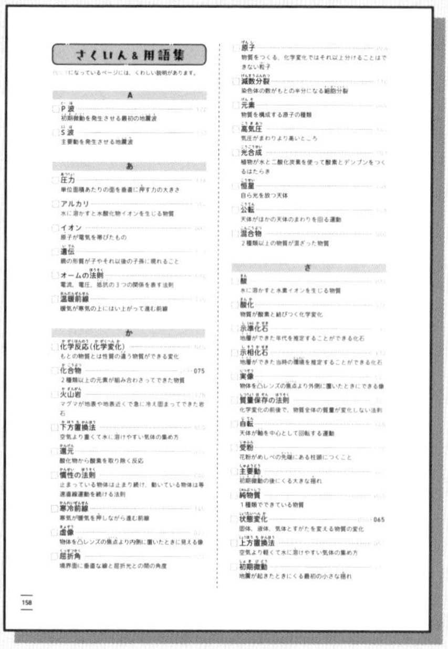
さくいん＆用語集

になっているページには，くわしい説明があります。

A

P波《ぴーは》
初期微動を発生させる最初の地震波

S波《えすは》
主要動を発生させる地震波

あ

圧力《あつりょく》
単位面積あたりの面を垂直に押す力の大きさ

アルカリ
水に溶かすと水酸化物イオンを生じる物質

イオン
原子が電気を帯びたもの

遺伝《いでん》
親の形質が子やそれ以後の子孫に現れること

オームの法則《ほうそく》
電流，電圧，抵抗の3つの関係を表す法則

温暖前線《おんだんぜんせん》
暖気が寒気の上にはい上がって進む前線

か

化学反応《かがくはんのう》(化学変化《かがくへんか》)
もとの物質とは性質の違う物質ができる変化

化合物《かごうぶつ》 075
2種類以上の元素が組み合わさってできた物質

火山岩《かざんがん》
マグマが地表や地表近くで急に冷え固まってできた岩石

下方置換法《かほうちかんほう》
空気より重くて水に溶けやすい気体の集め方

還元《かんげん》
酸化物から酸素を取り除く反応

慣性《かんせい》の法則《ほうそく》
止まっている物体は止まり続け，動いている物体は等速直線運動を続ける法則

寒冷前線《かんれいぜんせん》
寒気が暖気を押しながら進む前線

虚像《きょぞう》
物体を凸レンズの焦点より内側に置いたときに見える像

屈折角《くっせつかく》
境界面に垂直な線と屈折光との間の角度

原子《げんし》
物質をつくる，化学変化ではそれ以上分けることはできない粒子

減数分裂《げんすうぶんれつ》
染色体の数がもとの半分になる細胞分裂

元素《げんそ》
物質を構成する原子の種類

高気圧《こうきあつ》
気圧がまわりより高いところ

光合成《こうごうせい》
植物が水と二酸化炭素を使って酸素とデンプンをつくるはたらき

恒星《こうせい》
自ら光を放つ天体

公転《こうてん》
天体がほかの天体のまわりを回る運動

混合物《こんごうぶつ》
2種類以上の物質が混ざった物質

さ

酸《さん》
水に溶かすと水素イオンを生じる物質

酸化《さんか》
物質が酸素と結びつく化学変化

示準化石《しじゅんかせき》
地層ができた年代を推定することができる化石

示相化石《しそうかせき》
地層ができた当時の環境を推定することができる化石

実像《じつぞう》
物体を凸レンズの焦点より外側に置いたときにできる像

質量保存《しつりょうほぞん》の法則《ほうそく》
化学変化の前後で，物質全体の質量が変化しない法則

自転《じてん》
天体が軸を中心として回転する運動

受粉《じゅふん》
花粉がめしべの先端にある柱頭につくこと

主要動《しゅようどう》
初期微動の後にくる大きな揺れ

純物質《じゅんぶっしつ》
1種類でできている物質

状態変化《じょうたいへんか》 065
固体，液体，気体とすがたを変える物質の変化

上方置換法《じょうほうちかんほう》
空気より軽くて水に溶けやすい気体の集め方

初期微動《しょきびどう》
地震が起きたときにくる最初の小さな揺れ

158

自分に合う勉強法の見つけ方

先生の経験や適性の例を参考にしながら，自分に合ったやり方を見つける

Q&A

生徒たちの悩《なや》みに先生が全力で答える

解答解説

問題を解いたら，答え合わせをする

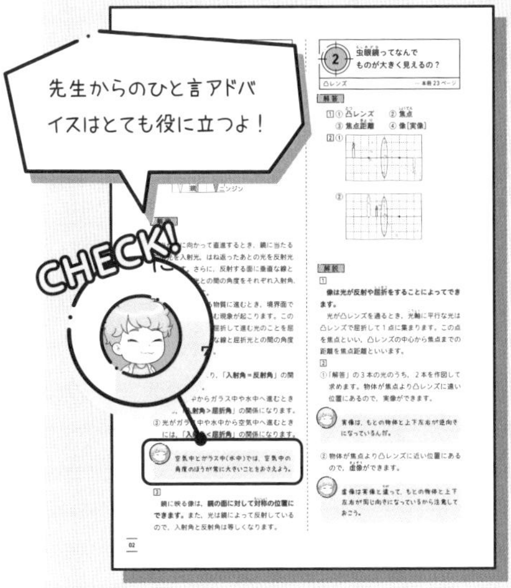

もくじ

でんがん先生ってどんな人!?

小さいころはどんな感じの子どもだった?

一言でいうと，ヤバイ子だった。この間，幼稚園《ようちえん》の運動会の映像を見たんだけど，綱《つな》引《ひ》きの綱がピンと張った瞬間《しゅんかん》，だれも綱を持っていない真ん中の部分で，鉄棒みたく前回りしようとしてて。園長先生に「そこの子，綱は引くものですよ」って注意されてた。
やっちゃいけないってことがよくわからなくて，前の席の子に絵の具をぬったこともあった。当時はまったく悪気《わるぎ》がなくて，今になって本当に「ごめんなさい」って思う。

綱引きの解釈《かいしゃく》が独特すぎる！ 小学時代はどうだったの?

勉強は，計算がちょっと速いくらいで，100 点満点の漢字テストでは 20 ～ 30 点しか取れないことも。スポーツも一切だめで，得意だったのはしゃべることだけ。音読だけは評価がよかったけど，「当てられてないときもしゃべりすぎ」って，先生にめちゃくちゃ怒《おこ》られてた。
でも，今，YouTube の仕事をしていて，しゃべれるのって才能なのかもと思えるようになった。だから，みんなに言いたい。「今，先生に怒られていること，自分ってだめなんだと思っていることが，意外と将来役に立つかもしれないぜ」って。

中学時代の印象深い出来事は?

中学で野球部に入ったことが，大きな転機になった。顧問《こもん》の先生が陸上部の監督《かんとく》もしていて，期間限定で駅伝の練習もすることに。野球部で一番下手だった僕《ぼく》は，走るのも一番おそい。でも，辞めなかったのは，その先生が目的意識をもって取り組むことを教えてくれたから。たとえば，100 mを 20 本走るという練習メニューがあると，「これはラストスパートを意識しての練習なんやで」とか，理由をちゃんと教えてくれた。ただこなすんじゃなくて，一つひとつをちゃんと考えて取り組む。すると，僕は成長し始めて，最終的にチームで 2 番目にはやくなれた。物事を継続《けいぞく》することと，目的意識をちゃんともつことの大切さを，この先生から駅伝を通して学んだんだ。

人生の大切なことを教わった
駅伝での経験

高校受験や大学受験はどうだったの?

理数コースのある高校を目指して受験勉強したけど，残念ながら間に合わなかった。直前になっても合格率が 20 ～ 30 %しかなくて，そのときの僕の力じゃ無理だとわかった。そこで，友達も行くっていう，家から近い高校に進学したんだ。そこで楽しければいいと思

「中学のきほん」シリーズの理科担当は，でんがん先生！
何をやっても最下位からのスタート !? 大人気 YouTuber のでんがん先生は，どんな中学生だったのかな？ あれこれ質問してみたよ。

っていたからそんなに落《お》ち込《こ》まなかったし，実際高校生活は楽しかったよ。
国公立大に進学する人がほとんどいない高校だったけど，「こういう学校からいい大学に合格したら，オレかっこよくね？」と思って，まずは神戸大学を目指した。結局，現役合格した私大には進学しなかったけど，浪人《ろうにん》してからは成績がどんどん上がって，最終的には大阪大学に合格できたんだ。ここではなおと出会って一緒《いっしょ》に YouTube をやることになったんだから，僕の人生にとってはすごく大きなことだったよ。

大学のウインドサーフィン部ではなお(左)と出会った

―― YouTuber の活動をしていて，一番うれしいことは？

会ったことのない人が，自分の動画を見てくれるだけでもうれしいし，「でんがんさんの動画見て，勉強のやる気が出ました！」とか言われると，生きていてよかったと思う。
そういうコメントをもらうと，取り組んできた活動に意味があったんだって思えるし，大きな支えになる。「よし！ もっといい動画をつくろう。もっと役に立つようなの考えよう」って，続けていく原動力になっているよ。

―― でんがん先生が，これから目指していくことは？

子どものころから失敗続きだった僕は，なんでみんなみたいにできないんだろうって，いつも悩《なや》んでいた。だから，最初から何でもうまくできる人より，多くの試行錯誤《しこうさくご》を重ねてきたと思う。この経験を，悩んでいる子たちのために生かせたらいいな。
何でも最下位からのスタートだった僕だからこそ，子どもたちに伝えられることがたくさんあるんじゃないかなって。幸い，僕はしゃべるのが得意だし。
そんなところから，今後は教育の場で役に立ちたいと思っているよ。

マオ
学校の先生にめっちゃ怒られてたことが，あとから自分の強みになったって話，勇気をもらえた！

ハルカ
何でもすぐできる人がかっこいいって思ってたけど，努力してできるようになった人のほうが，たしかに相談しやすいかも。

エイタ
勉強も部活も何も考えずにやるんじゃなくて，目的意識をもって取り組むことが大事なんだな。

でんがん先生もつまずいていた!?

自分に合う勉強法の見つけ方 ❶

中高生時代のでんがん先生は，どうやってスランプから抜《ぬ》け出《だ》したのかな？

成績グラフ

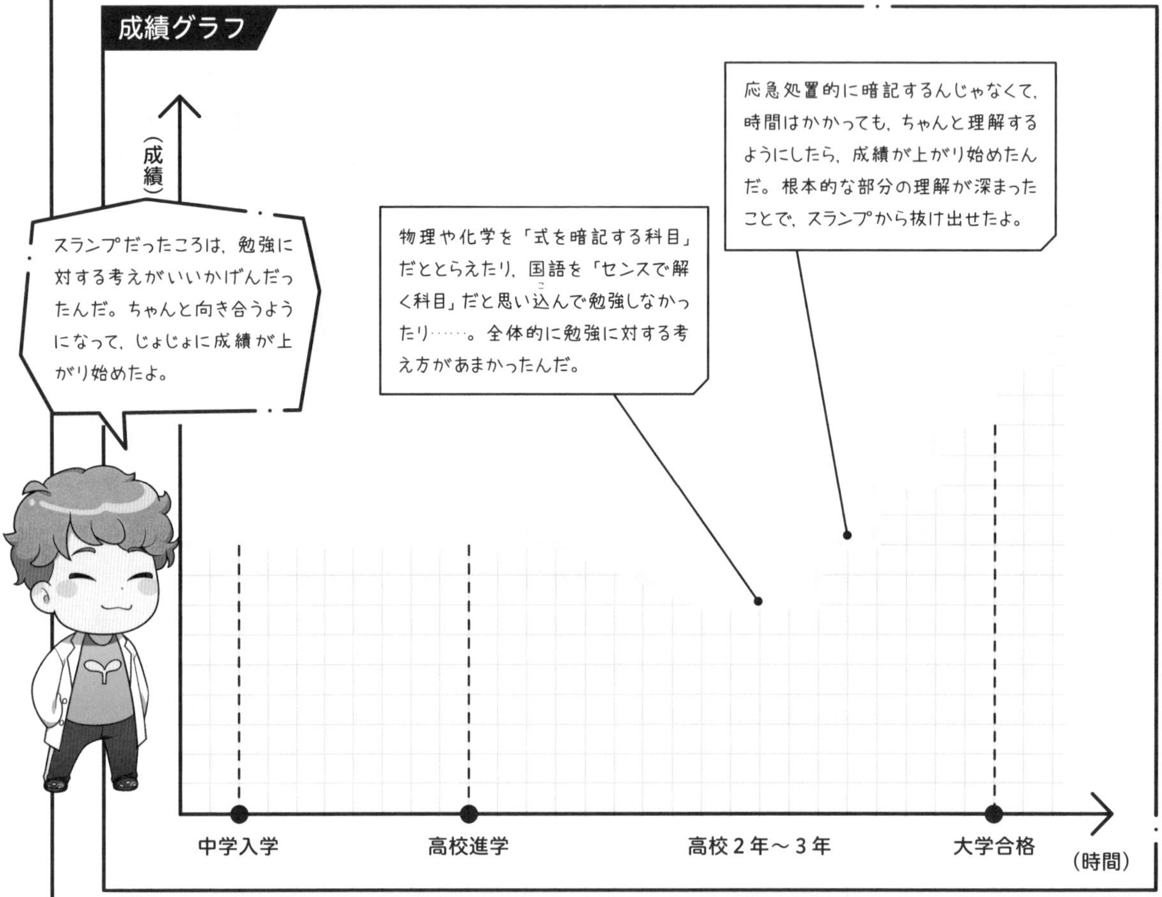

今の自分が中高生時代の自分にアドバイスするなら…

「今，なぜ成績が伸《の》びないのか」を考えて書き出し，それを克服《こくふく》する手段を考えよう。そして，それをなるべく早く実行する。また，「その場しのぎのテクニック」ではなく，「本質的な改善」を目指そう。

中高生時代に勉強でつまずいてしまうのは，自分に合わない勉強法を実践《じっせん》しているからかもしれない。
でんがん先生は，どうだったのかな？

得意教科と不得意教科，でんがん先生はそれぞれどのように勉強していたのかな？

得意教科の勉強法

得意教科は数学

基本的に「インプット（知らないことを知る）」→「アウトプット（問題演習）」の繰《く》り返《かえ》し

基本を理解したあとは，予習中心の勉強。試行錯誤《しこうさくご》する力がアップし，見たことがない問題が出ても解けるようになった。

不得意教科の勉強法

不得意教科は国語。特に現代文

現代文はセンスで解く科目だと思っていて，そもそもあまり勉強をしていなかった。

問題を解くとき，選択肢《せんたくし》にたよりすぎるのをやめて，あらかじめ自分で答えを出す練習をしてからは，成績が上がり始めた。

「学び型」編

でんがん先生もつまずいていた!?

自分に合う勉強法の見つけ方 ❷

診断《しんだん》テストで自分の「学び型」を知ろう！

自分の「学び型」がわかる，“勉強の進め方診断”があるんだって !!

勉強の進め方診断？　何それ？

自分の「学び型」に合う勉強法を実践《じっせん》すれば，効果が出やすいんだね。

診断テストって何？

勉強の進め方診断は，「その人がどんなふうに勉強を進めていくと，勉強がうまくいきやすいのか」をまとめたものだよ。真面目にコツコツ進めたいタイプの人もいれば，気分次第で進めたい人もいるよね。細かいことが気になる人もいれば，大ざっぱな人もいる。勉強は，自分のタイプに合わせて実践していくのが一番なんだ。「FFS 診断」という理論を参考につくられているよ。

どんな「学び型」があるの？　それぞれの特徴《とくちょう》は？

	積み上げる勉強	応用問題	問題を解くスピード	その他の特徴
弁別保全型	得意	苦手	ゆっくりていねいに解くのが合っているが，わからないところがあると時間がかかりがち。	自分にとって意味があると思える勉強ならがんばれるタイプ。
弁別拡散型	苦手	挑戦《ちょうせん》したい！	パパッと解くのが得意だが，その分ミスも多くなりがち。また，わからないところを無視しにくい。	宿題など，他人からおしつけられた勉強に取り組むのが苦痛なタイプ。
感情保全型	得意	苦手	ゆっくりていねいに解くのが合っていて，早く解くのが苦手。	自分が苦手なところと向き合い，間《ま》違《ちが》いを認めて反省できるタイプ。
感情拡散型	苦手	挑戦したい！	パパッと解くのが得意だが，その分ミスも多くなりがち。	「これ楽しい！」と思える勉強はするが，嫌《きら》いなものはできないタイプ。

弁別：白黒はっきりさせたいタイプ

感情：気持ちに左右されがちなタイプ

保全：慎重《しんちょう》にコツコツと進めるタイプ

拡散：活発で行動力があるタイプ

自分の「学び型」を知らないまま，合わない勉強法を続けていると，
スランプにおちいることがあるよ。
ここでは，「学び型」について見ていこう！

診断テストで判明した，でんがん先生の「学び型」は…？

でんがん先生

時間をかけても根本的なところから積み重ねていったでんがん先生。その特徴は学び型にも表れていたよ。

「学び型」診断結果

感情保全型

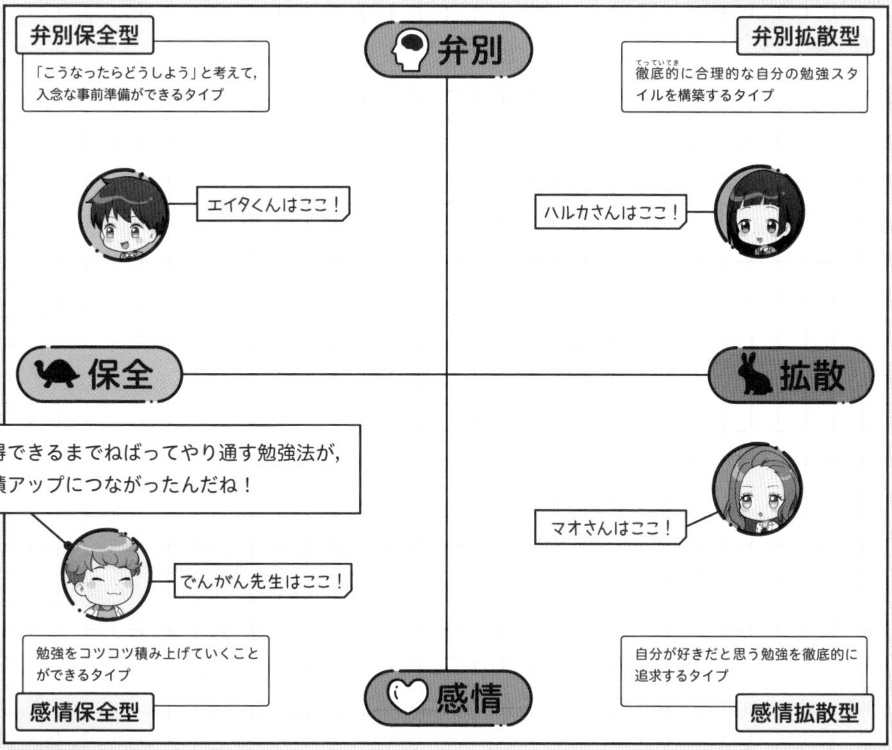

自己分析

この診断テスト，すごいな！ 僕《ぼく》の今までの勉強を思い出すと，たしかに１問１問ていねいにやっていたね。それって「感情保全型」だからなんだね。

きみの「学び型」はどれかな？

右の QR コードを読み取り，診断テストを受けてみよう！
きみの学び型に合う勉強法を紹介《しょうかい》するよ。

「覚え方」編

でんがん先生もつまずいていた!?

自分に合う勉強法の見つけ方 ❸

“認知特性テスト”で自分に合う「覚え方」を見つけよう！

“認知特性テスト”で，自分に合う「覚え方」を知ることができるんだって！

何それ？　心理テストみたいなもの？

自分に合う「覚え方」，めっちゃ知りたいけど，「認知特性」って？

「認知特性」って何？

認知特性とは，「外界からの情報を頭の中で理解したり，記憶《きおく》したり，表現したりする方法」についての得意・不得意のこと。
たとえば，絵を見て理解するのが得意な人もいれば，文章を読んで理解するのが得意な人，聞いて理解するのが得意な人もいる。理解や記憶，表現をするときのやりやすい方法は，人によってそれぞれ違《ちが》っているんだよ。

視覚優位タイプ	映像やイラストで覚えるのが得意なタイプ。 イラストや図解が豊富な参考書を選ぶと効果的。
言語優位タイプ	文字を読んで覚えるのが得意なタイプ。 ２番目に優位なのが視覚なら，教科書や参考書を黙読《もくどく》するのが効果的。 ２番目に優位なのが聴覚《ちょうかく》なら，音声講義つきの参考書が効果的。
聴覚優位タイプ	耳で聞いて，音で覚えるのが得意なタイプ。 教科書や参考書を音読するのが効果的。

不得意教科の成績がなかなか上がらないのは，自分の「特性」(その人特有の性質)に合わない「覚え方」をしているからかもしれないよ。
ここでは，「認知特性」について見ていこう！

認知特性テストによる，でんがん先生の診断《しんだん》結果は…？

でんがん先生

きちんと理解していく勉強法で成績が上がったでんがん先生。それって自分の特性と関係があったみたい。

「認知特性」診断結果

言語優位タイプ

視覚

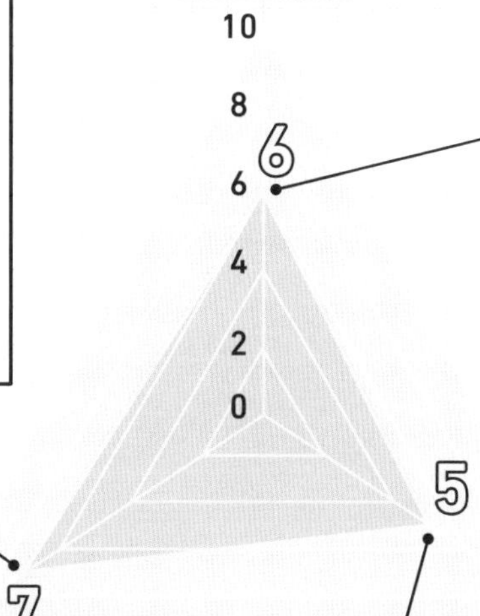

言語　聴覚

言語 ◎

言語優位タイプの中でも論理的に考える力が強いでんがん先生の場合，どんな科目も正統派の勉強法で伸《の》びやすい。インプットだけでなく，アウトプットも繰《く》り返《かえ》したことで，成績が上がっていったんだね。

視覚 ○

聴覚よりも視覚がやや優位なタイプなので，簡単なイラストや図をそえて，ノートにまとめると覚えやすくなるよ。

聴覚 △

耳で聞くのがあまり得意でなければ，音読よりも黙読したほうが覚えやすいはず。こういうタイプは音声の講義よりも，教科書を読んで問題を解くほうが合っていることも。

自己分析

自分が文字を読んで覚えるのが得意な「言語優位タイプ」だって，そこまで意識していなかったなぁ。でも，本を読むのは好きだし，このテスト結果はしっかり当たってるね。

きみは何タイプかな？

右の QR コードを読み取り，認知特性テストを受けてみよう！
きみの特性に合う勉強法を紹介《しょうかい》するよ。

1章 エネルギー

ここでは物理という分野を扱《あつか》っていくよ。光，音，力だけじゃなく電気について学ぶところだね。
苦手な人も多い分野だけど，身のまわりのことから基本的なことをていねいに説明してるから，しっかりついてきてね！

私は「力」とか「電気」とか聞いた瞬間《しゅんかん》嫌になっちゃうけど，身のまわりのことが多めらしいから聞いてみようかな。

電気とかは目に見えない現象だからていねいに理解を深められるよう，でんがん先生と一緒《いっしょ》に勉強がんばる！

1　1年　入射角・反射角

鏡にはなんで人が映るの？

おい，マオさん。まだ中学生なんだからメイクはしちゃダメだぞ。

えーーなんで？　いいじゃん。先生見て！　これがわたし専用の鏡だよ。

その鏡になんでマオさんが映し出されるか知ってる？

そんなのわかんないよ。

あれじゃない？　この前授業でやった入射とか反射のやつじゃない？

ハルカさん，よく知っているね。よし，先生が教えてあげよう。まず，この部屋の照明器具のように，自ら光を発するものを 光源 というんだ。そもそもこの光源がないと，何も見えないんだよ。

確かに，暗いところではメイクしづらい！

そうだね。光源から出た光は，あらゆる方向に広がって**途《と》切《ぎ》れることなく直進する**んだよ。
そして，その光が鏡などに当たってはね返ることを光の 反射 っていうんだ。

前に，それ学校で習った気がする。んで，この 図1 のアの角度を 入射角 ，イの角度を 反射角 っていうんだよね？

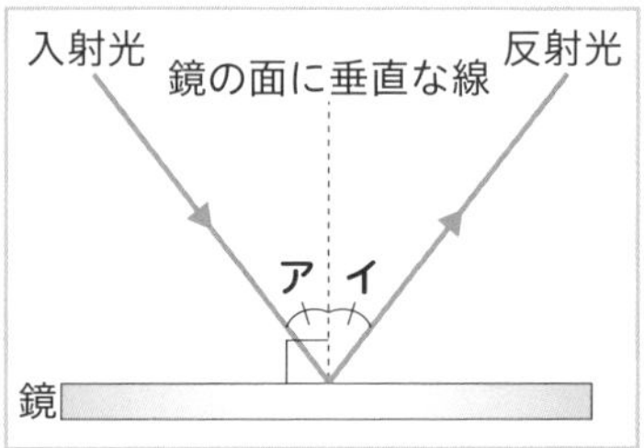

図1

おーー。よく知ってるな。ではその入射角と反射角の関係は覚えてる？

…。

覚えてないんかい！　この**入射角と反射角はいつも同じ角度になる**んだ。
これを，光の 反射の法則 っていうんだよ。鏡の話に戻《もど》ろう。この反射という現象のおかげで，鏡に当たった光がはね返ってきて，目に見えるというわけ。そのとき見える鏡の奥《おく》に映った自分を像っていう。**像は鏡に対して物体と対称《たいしょう》の位置に見える**んだ。

わかった!!

ちなみに，もう１つ光の性質で，異なる物質に光が進むときに，その境界で折れ曲がる性質を何というか知ってる？

屈折 !!

おーすごいな。これもテストに出やすいから覚えといて。んで，図2 のウの角度を 屈折角 っていうんだ。光が空気から水やガラスに入射する 図2 のような状況《じょうきょう》だと，**入射角**＞**屈折角**《くっせつかく》になる。水やガラスから空気に入射するときはその逆だから覚えやすいね。
メイクもいいけど，最低限おさえる用語はおさえとこう。てことで今から問題！

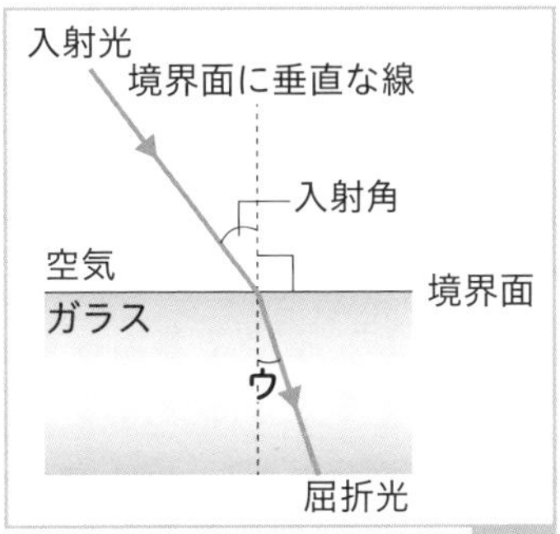

図2

えーー。

練習問題

解答解説 ▶▶ 別冊 2 ページ

1 右図の(　　)にあてはまる用語をそれぞれ答えなさい。

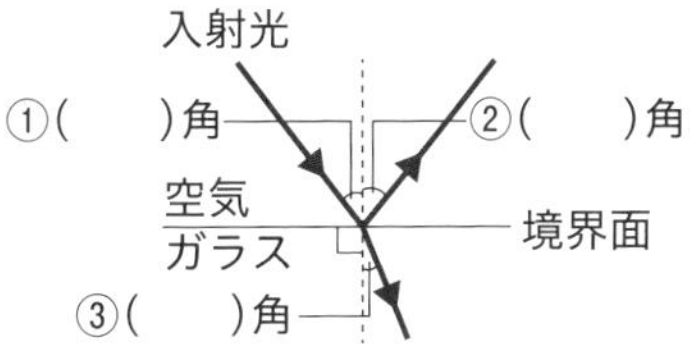

① ＿＿＿＿＿＿　② ＿＿＿＿＿＿

③ ＿＿＿＿＿＿

2 下図の①～③で示した光は，鏡や境界面で反射・屈折してどのように進むか。それぞれア～ウから選びなさい。

① ＿＿＿＿＿＿　② ＿＿＿＿＿＿　③ ＿＿＿＿＿＿

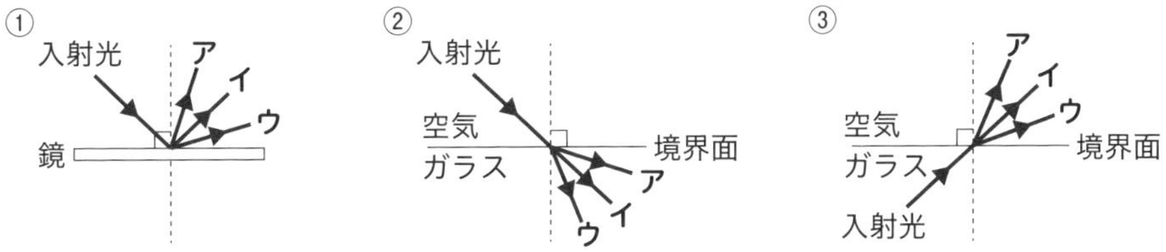

3 右図のような位置にニンジンを置いたとき，鏡の奥《おく》に見える像と，点Ａから目まで進む光の道筋を図中に作図しなさい。

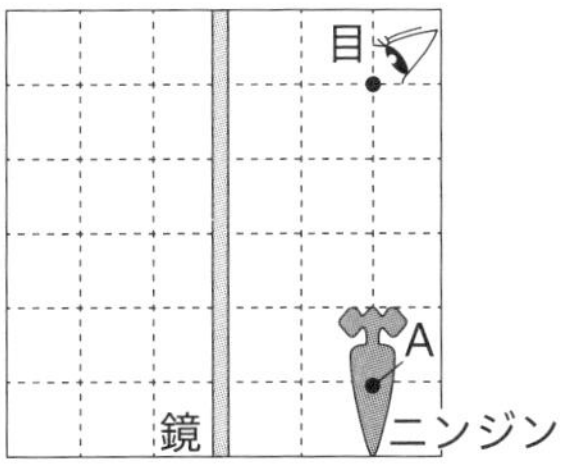

プラスα

・水やガラスから空気へ進む光の入射角を次第《しだい》に大きくしていったとき屈折角が一定以上大きくなると，すべての光が反射するようになる。この現象を全反射《ぜんはんしゃ》という。

2

1年 凸《とつ》レンズ

虫《むし》眼鏡《めがね》ってなんでものが大きく見えるの？

でんがん先生！　私手相《てそう》占《うらな》いできるから，手相見てあげようか??

マジで？　んじゃ，最近僕《ぼく》も結婚《けっこん》したから，うまくいくか見てよ。

(虫眼鏡をとり出して)んじゃ，先生手を見せて。

マオちゃん。何してるの？

趣味《しゅみ》でYouTuberやってるでんがん先生の「結婚観」を占ってあげてるの。

(そんな言い方せんでもええやん)

先生の手相，ここ見て！　結婚線がくっきり！　先生意外と一途《いちず》なんだね。

そりゃそうでしょ！　ところで今マオさんが使った虫眼鏡だけど，なんで大きく映るかわかる？

あれでしょ？　虫眼鏡がレンズになってるからでしょ？　そういうレンズってなんだっけ？

虫眼鏡に使われてるような，縁《ふち》よりも中心部が厚いレンズを 凸レンズ っていうんだ。 図1 の真ん中のふくらんだものが凸レンズだね。この凸レンズに入った光を考えてみよう。

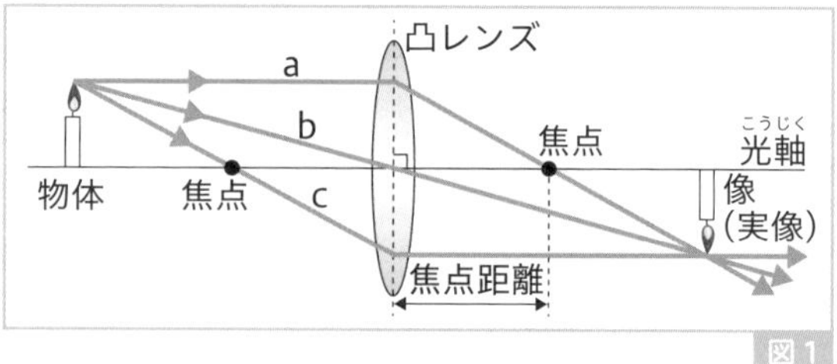

図1

えー？　なんで？　今占いしてたじゃん。

まあまあ，占いの中にも学びがあるんだ。 図1 を見てみよう。この図のように，光軸に平行に入った光(図1 a)は凸レンズで屈折して，光軸上の•を通っているよね，ここを 焦点 っていうよ。それから，凸レンズの中心から焦点《しょうてん》までの距離《きょり》を 焦点距離 っていうんだ。

これだけなら，覚えられる！

図1 をまとめると，まず，光軸に平行な光は［焦点を通る］（図1 a）。そして，凸レンズの中心を通る光はそのまま［直進する］（図1 b）。さらに，物体側の焦点を通った光は光軸に［平行に進む］（図1 c）っていうことがわかるね。そしてa～cの光が交わったところに像ができて，それが目に見えるんだ。だから，この3つは常に作図して考えようね。

でも，これと虫眼鏡ってどういう関係があるの？

まあまあ，今から説明するから。次は 図2 を見てみよっか。物体を凸レンズを通して見るとき，さっき習った**物体が焦点より外側にあるか内側にあるかで物体の見え方が違《ちが》う**んだ。図1 は，物体が外側にあるときだね。さっきみたいに作図すると，像は物体がある位置と反対側に，しかも上下左右がさかさまにできてるよね。これを［実像］っていいって，さかさまだから倒立《とうりつ》の実像ともいうよ。

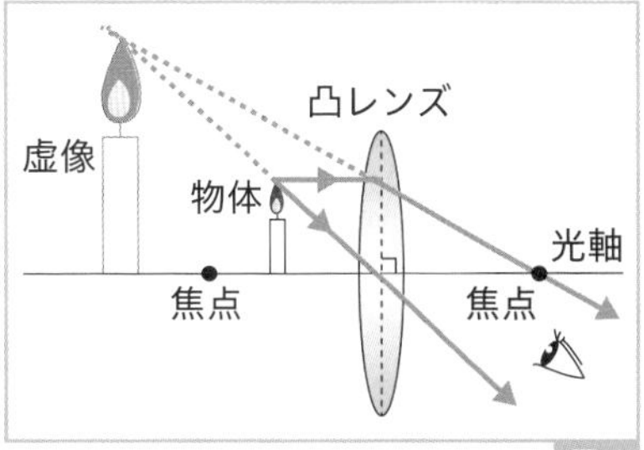

図2

で，図2 は，物体が内側にあるときだね。虫眼鏡でものを見てるときはこんな状況《じょうきょう》なんだ。このときに見える像のことを［虚像］っていいって，さかさまではない，大きな像が見えるんだ。

練習問題

解答解説▸▸別冊2ページ

1 右図の（　　）にあてはまる用語をそれぞれ答えなさい。

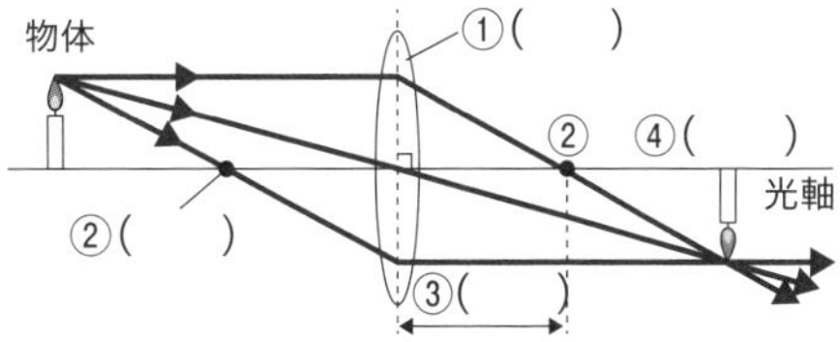

① ________　② ________

③ ________　④ ________

2 下図の①や②で示した場所に物体がある場合，どのような像ができるか作図しなさい。

①

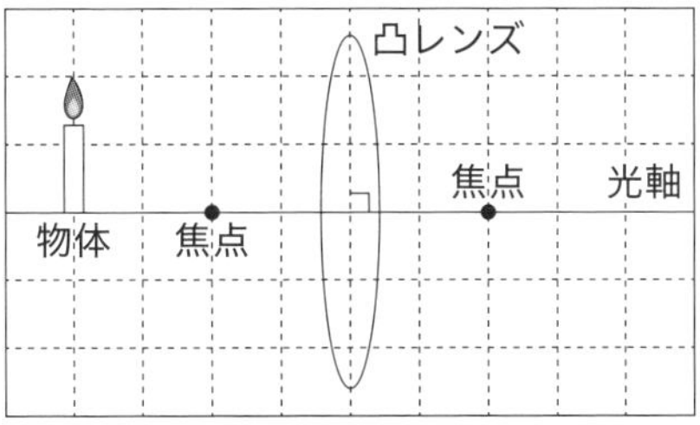

②

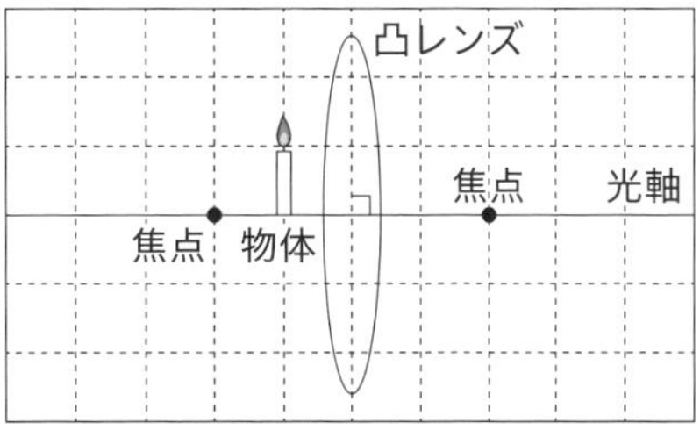

プラスα

・焦点距離の2倍の位置に物体を置くと，できる実像の大きさは物体の大きさに等しくなる。

3　1年　音

ギターってどうやって音を変えているの？

でんがん先生！ 最近ギター始めたんだ。

エイタくんすごいじゃない。勉強は嫌《いや》そうにするけど，自分から何かやりたくてやるっていいことだね。

今とりあえず，音階弾《ひ》けるようになったよ。

ギター弾ける人ってカッコいいよね。私も始めようかな～。

でもなんで，ギターって高い音が出たり低い音が出たりするんだろう。

それでは，ギターの音のしくみについて，少し解説してあげよう。

まあ，話長くなりそうだけど聞いてみようか。

まず，音っていうのは 振動 して伝わるんだ。この音を発するもの自体のことを 音源 っていうよ。んじゃあ，その音源であるギターを見てみよう。 図1 のようにギターがあったらドの音の押《お》さえ方とレの音の押さえ方でどう違《ちが》うかわかる？

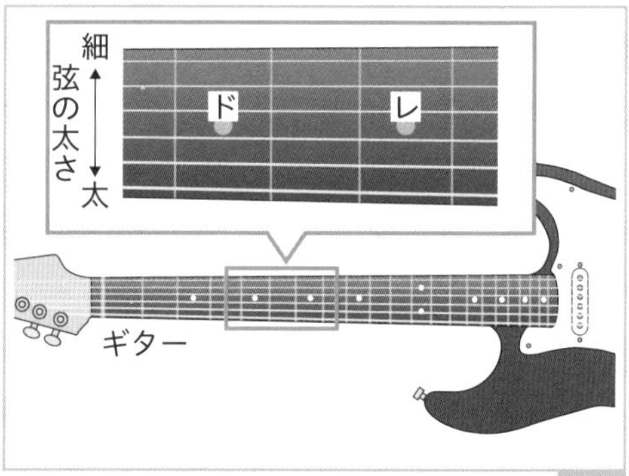

図1

押さえる場所が違う！

そりゃそうだ！ そうじゃなくて，押さえる場所が違うと，弦《げん》の何が違う？

弦の振動する部分の長さが違う！

そうだね。ドとレだとレのほうが高い音だから，**高い音を出すためには弦の長さを短くすればいいんだ。**

なるほど！ ほかに音を高くする方法はないの？

ギターのほかの弦を見てみよう。実はギターの弦って全部太さが違うのわかるかな？ **弦の太さが細いほうが高い音が出るよ。**また，弦の張りを変えて音の高さを変えることもある。**弦は強く張るほど高い音が出るんだ。**

んじゃ，高い音を出すには，**①弦を短くする，②弦を細くする，③弦を強く張る** の 3 つができればいいんだね。だから，ギターの弦も太さが違ったり，弦の張りを変えたりするんだ !!

そうだね。ちなみに，音の振動《しんどう》のようすを 図 2 のように，オシロスコープを使って見ることもできるよ。音の振動の振《ふ》れ幅《はば》を 振幅 といいい，**振幅が大きいと大きな音がするよ。**そして，1 秒間に振動する回数を 振動数 というんだ。振動数の単位は ヘルツ （記号は Hz ）だよ。この振動数は，音の高さを表すもので，**大きければ大きいほど高い音が出るんだ。**

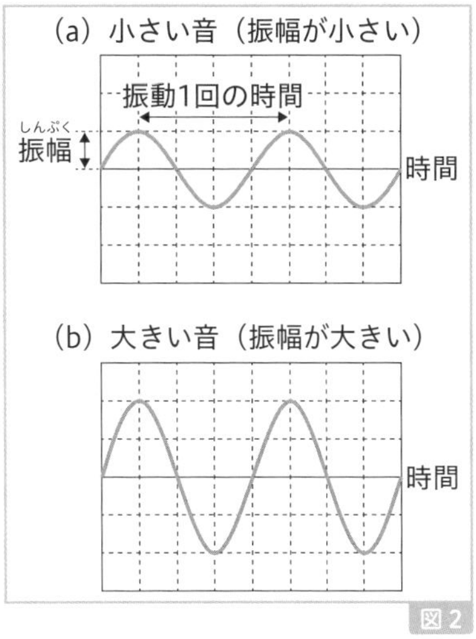

図 2

たとえば， 図 2 (a)と 図 2 (b)は**波の数(振動数)は同じだけど，縦の大きさが違う**よね。だから，高さは同じだけど，(a)よりも(b)のほうが大きい音ってこと。
こんな感じで，音の波形をオシロスコープで見てみるのも楽しいから，オシロスコープを使ったつもりで練習問題をやってみよう。

練習問題

解答解説 ▸▸ 別冊 3 ページ

1 ギターの音を高くするためにはどうすればよいか。次の**ア**～**ウ**から 1 つ選びなさい。

ア 太い弦を弾く。　　**イ** 弦の張りを弱くする。
ウ 指で弦を押さえる場所を変えて，弦の長さを短くする。

2 音の波形をオシロスコープを用いて調べた。下図はその波形を表したものである。これについて，あとの各問いに答えなさい。

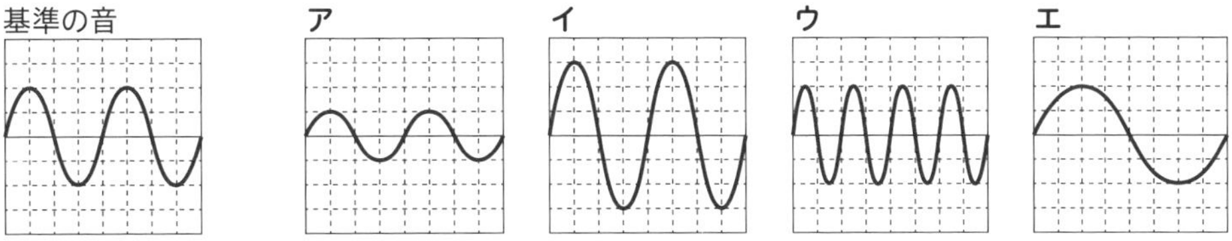

(1) 基準の音よりも小さい音の波形を図の**ア**～**エ**から 1 つ選びなさい。

(2) 基準の音よりも高い音の波形を図の**ア**～**エ**から 1 つ選びなさい。

プラス α

・音は空気などの気体中だけでなく，水などの液体や金属などの固体中でも波としてあらゆる方向に伝わる。
・空気を伝わる音のはやさは，気温が約 15 ℃のときで約 340 メートル毎秒(m/s)である。

4

1年　弾《だん》性力《せいりょく》・重力

バンジージャンプで人が落ちるのはなぜ？

この前，家族でバンジージャンプしたんだ。

そうなんだ，いいなぁ。ひもが伸《の》びきったときの衝撃《しょうげき》すごかっただろ？

すごすぎたけど，めっちゃ怖《こわ》かった。下に落ちていくのが怖すぎた。図1 のときがとくに怖かったよ。

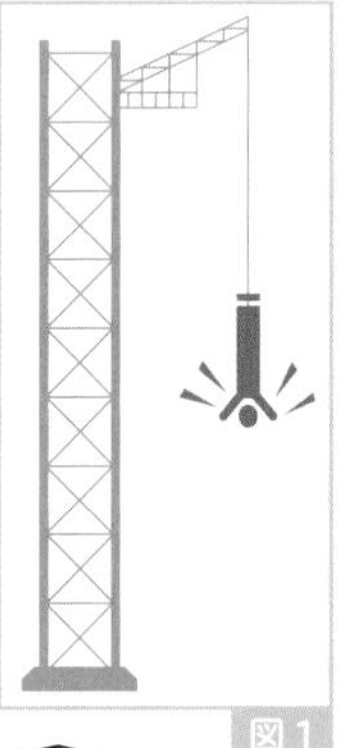

図1

そういえば，なんでこの地球上で人が落下するかわかる？

えーー？ 人が落ちるとか当たり前すぎてわかんない。

あれじゃない?? 重力 がはたらいているからじゃない？

そうだね。人は重力によって，落下するんだよ。この重力は力《ちから》の一種で，力にはいろんな種類がある。力ってどんなはたらきがあると思う？

バンジーでは，ものを落としたりするはたらきがありそうな気がする。

おお。悪くない視点だね。力には大きく分けて，**①物体を変形させる，②物体の動き（はやさや向き）を変える，③物体を支える** っていう3つのはたらきがあるんだ。
バンジージャンプは重力に従って落ちることで，どんどんはやくなるよね。だから②のはたらきが起きているんだ。ほかにも 図2 のような力があるよ。わかるかな？

図2 (a)は，輪《わ》ゴムの力？ こういうのなんていうんだろう。

ゴムやばねでおこるように，変形したものがもとに戻《もど》る向きに生じる力を 弾性力 っていうんだ。ちなみに，このばねが伸びる長さは，ばねを引く力に比例する。これを フック の法則っていったりするんだ。

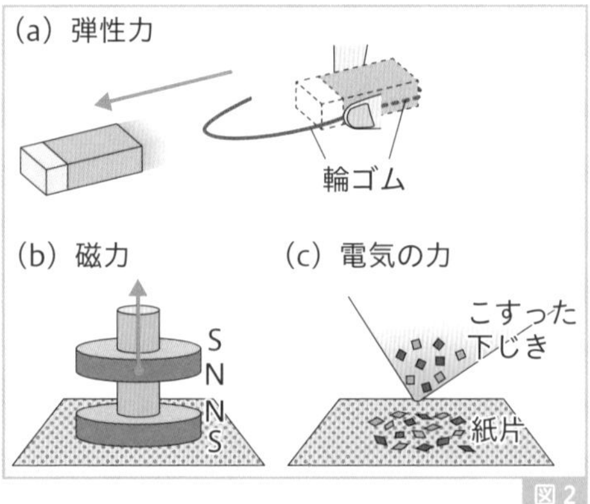

図2

図2 (b)の力は，小学校のときに習ったよ。 磁力 っていうんだよね？

そうだね。ちなみに 図2 (c)のような，プラスチックの下じきに紙がくっついたりする力を 電気の力 っていったりもするんだよ。

わかった !! これは小学生のときにやった覚えがある。

ちなみに，力の大きさを表す単位は ニュートン （記号は N《ニュートン》） っていうんだ。**100 g の物体にかかる重力の大きさが約 1 N** だから目安として覚えておこうね。

ってことは，私の水筒《すいとう》は 700 g だから，水筒にかかる重力の大きさは約 7 N ってこと？

そういうこと。あと 1 つだけ補足！ **物体そのものの量を質量**っていうんだけど，質量の単位はグラム(g)だよね。これと似たことばで重さってことばがあるけど違《ちが》いがわかる？

えーー，わかんない。

重さは重力の大きさなんだよ。だから，同じ質量の物体でも，重力が地球上よりも小さい月面上とかで重さをはかると重さは小さくなったりするんだよ。

練習問題

解答解説 ▶▶ 別冊 3 ページ

1 次の文章の（　　）にあてはまる用語を答えなさい。
物体に力が加わっているとき，物体は次の 3 つのはたらきを受ける。1 つ目は，ばねを引っ張《ば》ったときのように物体を①（　　　　）させるはたらき。2 つ目は，バットでボールを打ったときのように物体の②（　　　　）を変えるはたらき。3 つ目は，床に物体を置いたときのように物体を③（　　　　）はたらき。

2 右図のように，2 つのばね A，B にそれぞれおもりをつるし，ばねに加える力の大きさとばねの長さの関係を調べた。

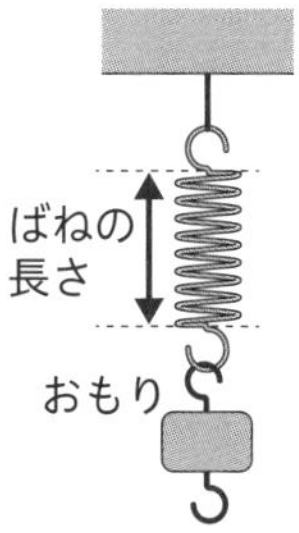

力の大きさ〔N〕	0.2	0.4	0.6	0.8	1.0
ばね A の長さ〔cm〕	6	8	10	12	14
ばね B の長さ〔cm〕	6	9	12	15	18

(1) ばねにおもりをつるしていないとき，ばね A とばね B の長さはそれぞれ何 cm か。

ばね A ＿＿＿＿＿＿　ばね B ＿＿＿＿＿＿

(2) ばねに 1.0 N の力を加えたとき，ばね A，ばね B のばねの伸びはそれぞれ何 cm か。

ばね A ＿＿＿＿＿＿　ばね B ＿＿＿＿＿＿

5

1年　力のつり合い・力の三要素

綱《つな》引《ひ》きはなぜ動かない？

もうすぐ，運動会だね。この前の体育の授業で，「綱引き」やったけど運動会本番で勝ちたいよね。

うん。勝ちたい。となりのクラスに去年は負けちゃったしね。

綱引きってお互《たが》い力を加えているのに，動かないよね。それってなんでだと思う？

そんなの，向こうもこっちも同じ大きさの力で引き合っているからじゃないの？

その通り！ ④では，力がはたらくと，はやさや向きを変えるって習ったよね？ 今回は力がかかっているのに，動かないんだ。こういう状態を力が［つり合っている］というんだよ。

そうなんだ！ 綱引きやってるとき，そんなん考えるわけないけど〜。

それはそうだけど，日常にあることから学ぶのって楽しいよ。ちなみに，2つ以上の力がかかっていてつり合っているとき，そのつり合いには3つの条件があるんだ。図1を見てみて。1つ目がマオさんがさっき言った，① **2力の大きさが等しい。**だね。残りの2つが② **2力の向きが反対**である。③ **2力が一直線上にある。**っていうこと。綱引きも同じ大きさの力で逆向きに引かないとどう考えてもつり合わないし，力の向きが同一直線上にないって場合もつり合わないよね。

図1

確かに。でも，逆につり合わなかったら物体はどうなるの？

「力がつり合う」ってことは，止まった物体が動かないってことだよね。だから，つり合わなかったら，物体は動き出すよ。綱引きもどっちかの力が大きくなったら，そのチームのほうへ綱がより引っ張られて，そのチームが勝つよね。そんな感じ！ イメージできた？

わかったよ！ ほかに力がつり合うときってどんなときなの？

そういえば，今私たちもこうやって立ってるよね。でも動いてないから，もしかして力はつり合ってる？

ハルカさんすばらしい視点だね。図2を見てみて。図2(a)のように，置いてある本には地球から物体に［重力］がかかっているけど，逆に机が物体を押《お》し返す［垂直抗力］っていう力もはたらいて，その2力がつり合っているから，止まっているんだよ。

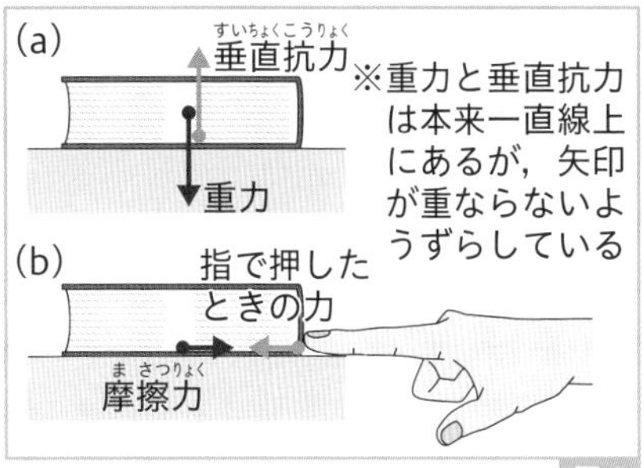

図2

図2(b)のように，本を指で押しても，しばらく動かないよね。これは，物体が動こうとする向きと逆向きに［摩擦力］という力がはたらいて，2力がつり合っているからなんだ。いろんな場面で力のつり合いってあるんだね。

この図の矢印って適当にかいちゃダメなの？

それはダメなんだ。力を表すのに重要なのが3つあるんだ。1つ目が**作用点っていって，力のはたらく点**をそうよぶ。ほかにも**力の大きさ**，**力の向き**が大切で，これらを［力の三要素］っていうんだ。矢印はかならず力の三要素がわかるようにかかなきゃいけないんだよ。図2の•でかいてあるところが作用点だね。矢印の長さは力の大きさに比例させてかくことと，矢印は作用点から力の向きに合わせて伸《の》ばすことに注意しよう。

練習問題

解答解説▶▶別冊4ページ

1 右図のア～エのうち，1つの物体に対してはたらく2つの力がつり合っているのはどれか。

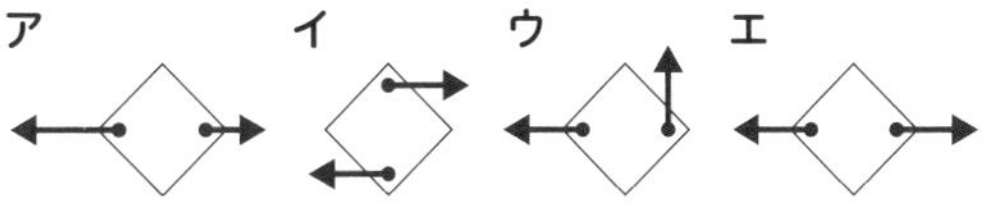

______

2 右図について，次の各問いに答えなさい。

①

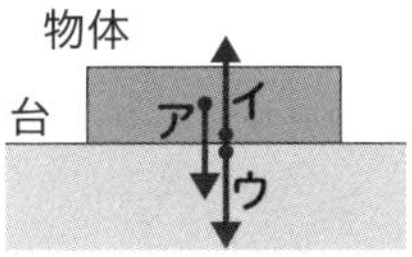

②

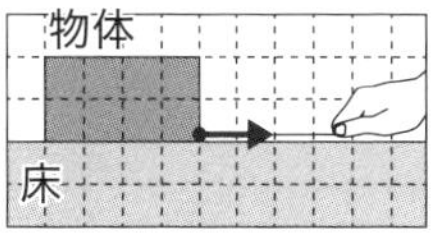

(1) 図の①は，水平な台の上に物体をのせたものである。図中のア～ウの力のうち，物体にはたらく重力と台からはたらく垂直抗力はそれぞれどれになるか。なお，図では同一直線上にはたらく力であっても矢印が重ならないようにずらして示している。

重力______ 垂直抗力______

(2) 図の②のように物体を糸で引っ張っているとき，糸が物体を引く力とつり合う力を図中に作図しなさい。

プラスα

- 力の三要素は「作用点」「力の大きさ」「力の向き」の3つ。
- 2力のつり合いの条件は「2力の大きさが等しい」「2力の向きが反対」「2力が一直線上にある」の3つ。
- 静止している物体の2力がつり合っているときは，物体は動かない。逆に，2力のつり合いの条件の1つでも欠けると，物体は動く。

Q&A 01

だれでも確実に成績が上がる勉強法って？

ハルカ：でんがん先生，確実に成績が上がる勉強法を伝授して！

でんがん先生：ハルカさん，確かに世の中にはいろいろな勉強法があるけど，これがいいって言われている勉強法をコピーしたからといって，確実に成績が上がるとは限らないぞ。

ハルカ：そうなの？

でんがん先生：うん。ハルカさんが成績を上げるために大切なのは「自分自身と向き合うこと」。
まずは自分の勉強のしかたを振《ふ》り返《かえ》ってみて。

この勉強法がいいとか，集めた情報をうのみにしないほうがいい。実際に取り組みながら，自分にとってよいか，よく考えてみること。
そういうことを繰《く》り返《かえ》していくと，自分に合う方法が見つかるよ。

COMMENTS

くめはら先生：「自分自身と向き合う」って，すごく大事なことだよね。僕《ぼく》もまだまだできていないから，これを機にじっくり考える時間をつくろうと思ったよ！

Q&A 02 苦手な科目が多すぎる。どうしたらやる気が出る？

マオ

でんがん先生，ほとんどが苦手科目だから，
やっぱ勉強ってしんどい。
どうしたら，やる気が出る？

『でんがん先生と学ぶ 中学理科のきほん 60レッスン』正誤表

本書に以下のような誤りがございました。深くお詫び申し上げますとともに，訂正の上でのご使用をお願い申し上げます。

文英堂

該当箇所	正	誤
本冊p.78 下から7行目	白い個体が出てくる。	白い**固体**が出てくる。
本冊p.95 図2(b)	(上) 雄株 (下) 雌株	(上) **雌株** (下) **雄株**
別冊p.2 ①解答 [2]③	ア	**ウ**
別冊p.6 ⑨解説 [1](2)	$\frac{100\ \mathrm{W}}{0.4\ \mathrm{A}} = 250\ \Omega$	$\frac{100\ \mathbf{V}}{0.4\ \mathrm{A}} = 250\ \Omega$

少し勉強してみただけで，
決めつけていない？

それはあるかも……。

に限らず，一度取り組んでうまくいかないっ
けで，苦手だと言う人がいる。
事も一度でうまくできたことがほとんどない
当努力してみて，どうしてもできないときに，
手だって認識するようにしてるんだ。

すぐに苦手と言う人の多くが，まだ十分に努力したわけでもないのに，苦手ってことにしてしまっている。それってもったいない！
苦手って言いそうになったら，「きっとまだ努力が足りないんだ」と考えて，もう少しがんばってみよう。
実はその科目が，きみの才能を開花させてくれるかもしれないよ。

COMMENTS

こーさく先生

でんがん先生の言う通り，苦手と決めつけるのは，まだはやい気がするよ！ 自分で苦手と思《おも》い込《こ》んじゃうと，なかなかチャレンジしづらくなるからね。みんな最初はできないところから始まるんだから，気楽にいこう！

6

2年 回路・電流計と電圧計

スマホの充電《じゅうでん》がなくなったらどうする？

おい！　ここではスマホをいじるの禁止だから，カバンにしまっときなさい。

はーい。でも先生，うちのスマホはもう充電ないからいじりたくてもいじれないよ。

外で遊ばずに家に帰れば，すぐ充電できるよ。

この充電器使ったら，めっちゃはやく充電できるらしいよ。

そんなのが今は発売されているのか！　ところで，この前の理科の授業でも「電気」について習ったって言ってたね。

授業でも聞いたけど，電気のこと意味わかんなかった。

そうなんだね。それなら，今からみんなで軽く「電気」の基礎知識《きそちしき》を振《ふ》り返ってみよう。まず，**電気の流れを電流**っていうんだ。また，**その流れる道筋《みちすじ》を回路**っていったりするのは覚えてるかな？

カイロ ?? なんか豆電球とかをバツで表したやつ？　なんとなくしか覚えてない！

そうそう！　図1 を見てみよう。こんなふうに，電気の流れる道筋をかいた図のことを 回路図 っていうんだ。図1 (a)の，電気の道筋が1本の回路を 直列回路 ，(b)の，枝分かれしている回路を 並列回路 っていうよ。
君たちのスマホの中もこの回路がいっぱいあって，電気が流れたり充電できたりするんだ！

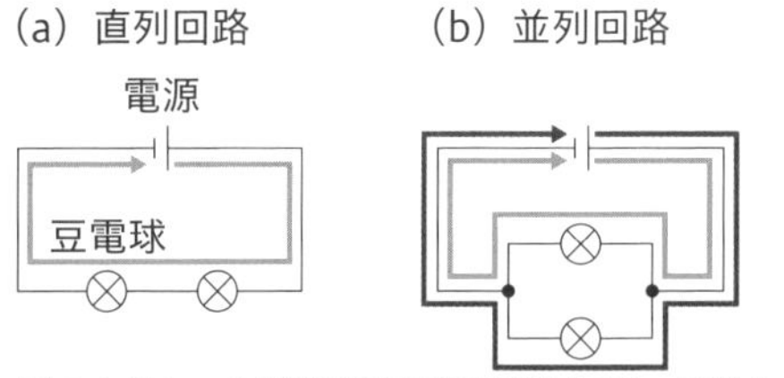

上図のように，回路は電気用図記号を用いて表す

図1

そうなんだ。スマホとか使えりゃそれでいいから，考えたこともなかった。

まあ普段《ふだん》生きてたら考えないよね。また，さっき学んだ電流の大きさは アンペア (記号は A)で表して，電流計で測定できるんだ。

電流計なら，この前の授業で使ったよ。**はかりたい点に対して直列につながないといけないんだよね？**

そういうこと！ ちなみに，図2 (a)のように，電流の大きさがわからないときは，50 mA《ミリアンペア》，500 mA，5 A の－端子《たんし》のうち，いちばん大きな 5 A につなぐんだ。

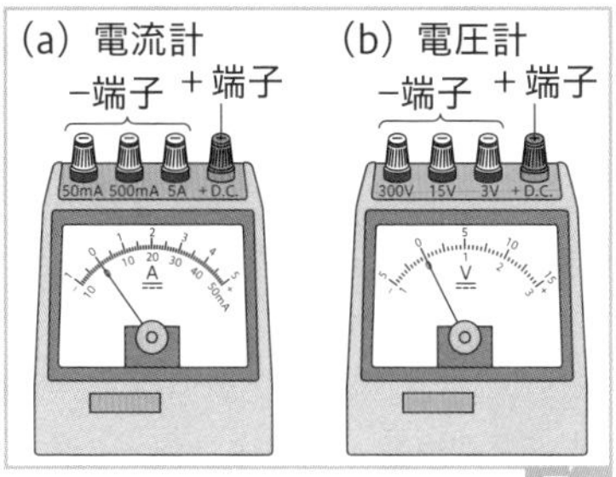

図2

なるほど！ この前授業で「電圧」っていうのも習った記憶《きおく》があるんだけど，それは違《ちが》うの？

おお！ ちゃんと授業聞いてるんだね。そう！ **電流を流そうとするはたらきの大きさを表す量を電圧**っていうんだ。この電圧は ボルト (記号は V)という単位で表されるんだ。

これはアニメで聞いたことある！

この電圧は電圧計で測定するんだけど，電流計と違って 図1 (b)のように**はかりたい区間に対して並列につながないといけない**のを覚えといて！

練習問題

解答解説 ▶▶ 別冊 4 ページ

1 次の文章中の①にはあてはまる用語を答え，②と③にはあてはまる用語を選び丸で囲みなさい。

回路を図で表したものを①(　　　　　　　　)といい，電気用図記号を用いて表す。また，回路に流れる電流を測定するときには，電流計を用いる。電流計は測定する点に対して②(　直列　　　並列　)につなぐ。それに対し，電圧を測定するときには，電圧計を用いる。電圧計は測定区間に対して③(　直列　　　並列　)につなぐ。

2 右図において，　　　内に 2 つの豆電球の電気用図記号をつけ加えて①の回路図には直列回路，②の回路図には並列回路の回路図をそれぞれ完成させなさい。

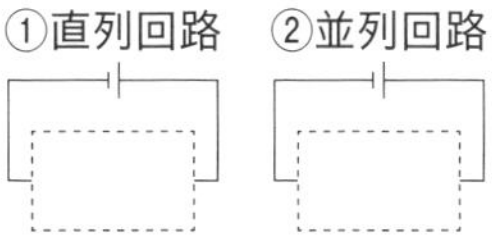

3 電流計と電圧計について，次の各問いに答えなさい。

(1) 次のア～ウの書かれた－端子のある電流計で，回路に流れる電流の大きさが予想できないとき，電流計の－端子のどれをつなぐか。

ア　50 mA　　イ　500 mA　　ウ　5 A　　＿＿＿＿

(2) 次のア～ウの書かれた－端子のある電圧計で，回路に加わる電圧の大きさが予想できないとき，電圧計の－端子のどれをつなぐか。

ア　3 V　　イ　15 V　　ウ　300 V　　＿＿＿＿

＋プラス α

・一般的な乾電池《かんでんち》の電圧は 1.5 V(ボルト)

7 2年 オームの法則

豆電球を強く光らせたい！

この前，豆電球に電池をつなぐ実験をやったんだけど，あんまり意味がわかんなかった。

あの，あれでしょ？ 直列とか並列とかいろいろあるやつでしょ？

そうだね。前回の6でも，直列回路や並列回路，電流や電圧について習ったね。

確かに学んだけど，つなぎ方次第《しだい》で，豆電球が強く光ったり，弱く光ったりするんだ。その辺りが少しわからなかったよ。

じゃあ，電気についてもう少しくわしく学んでみよう。前の6で電流や電圧ということばを習ったよね。もう１つ，大事になってくるのが，電流の流れにくさを表す［抵抗］っていう値なんだ。この抵抗《ていこう》っていうのは，［オーム］（記号はΩ）っていう単位で表すよ。

なんかオームって聞いたことある！ でも，抵抗っていうのがまだよくわかんないかも。

抵抗って初めて出てくるもんね。豆電球とか金属とかに電流を流そうとすると，図1のように，その物体の中のものが，電流を止めようとするんだ。だから，抵抗が大きい物質のほうが電流は流れにくい。これを表す法則を見てみよう。

抵抗の単位はオーム(Ω)で，電流の流れにくさを表す
図1

今まで習った「電流」「電圧」「抵抗」の３つの関係を表す法則で［オームの法則］っていうのがある。これは，抵抗器や電熱線に流れる電流の大きさは，それらに加える電圧に比例するっていう法則なんだ。式で表すと，**電圧〔V〕＝抵抗〔Ω〕×電流〔A〕**となるよ。

こんな式で表されるんだね。これだと，抵抗が大きければ，確かに電流は小さくなるね。

そう。だから，抵抗が小さすぎる回路に電流を流すと大きな電流が流れすぎて危ないんだ。では，ここまでの知識を使って，ハルカさんが言ってた豆電球の回路を考えてみよう。豆電球はまず，**電流が大きいほど，明るく光る**っていうのをおさえておこう。んじゃ，図2を見てごらん。(a)と(b)中で豆電球が強く光るのはどっちだろう？

図2の(a)は抵抗が１Ωの豆電球が２つ直列つなぎになっていて，電源電圧は４Ｖってことだよね。そして，直列回路では［電流］がどこも等しくなるって先生が言ってたから，

全体の抵抗は，2 つの豆電球の抵抗の たし算 で求められると思う。

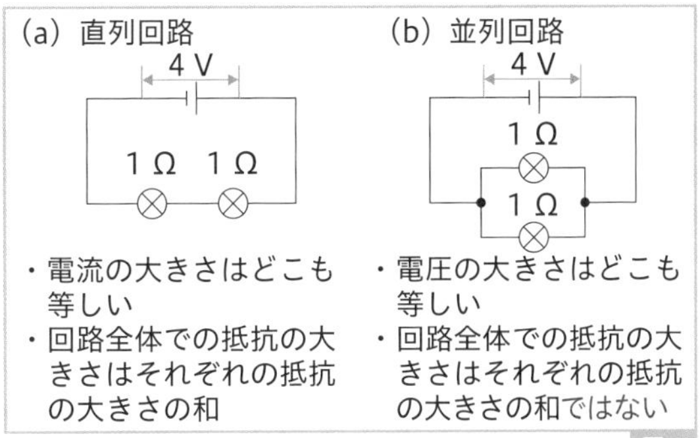

図 2

そうだね。では，図 2 の(a)の電流の値をさっきのオームの法則で求めてみよう！ ちなみに，1 つにまとめた抵抗を**合成抵抗**というよ。

1 Ωの抵抗が 2 つ直列だから，全体の抵抗は 2 Ωになって，電圧が 4 V で 4 V = 2 Ω × 電流 だから，電流は 2 A になる！

すばらしい！ では，図 2 (b)はどうなる？

これは並列回路だから， 電圧 が等しい回路だね。これも先生が言ってた！

そういうこと！ 抵抗はたし算できないけど，1 Ωの豆電球にどちらも 4 V がかかるから，オームの法則で 4 V = 1 Ω × 電流となって，4 A だね。だから，並列回路の(b)のほうが豆電球が強く光る。電流の大きさにこれからも注目しようね。

練習問題

解答解説 ▶▶ 別冊 5 ページ

1 下図の①～③の回路について，あとの各問いに答えなさい。

①

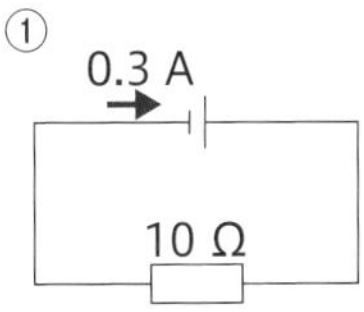

②

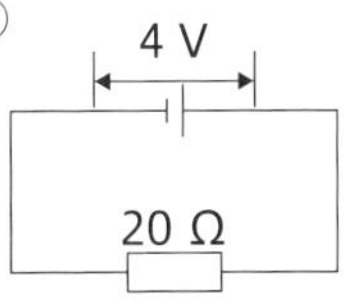

③

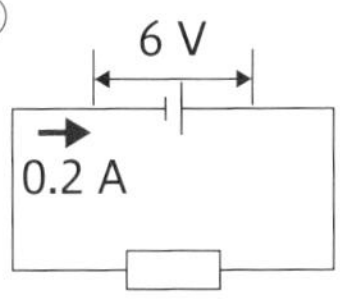

(1) ①における電源の電圧の大きさは何 V か。

(2) ②における電流の大きさは何 A か。

(3) ③における抵抗器の抵抗の大きさは何Ωか。

2 抵抗器 a と b を用いて，右図のような回路をつくり電流を流した。これについて，次の各問いに答えなさい。

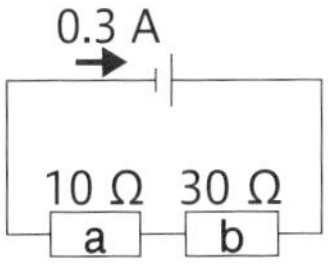

(1) 回路全体での抵抗の大きさは何Ωか。

(2) 電源の電圧は何 V か。

+プラスα

・並列回路の回路全体での抵抗(合成抵抗) R は，$\frac{1}{R}=\frac{1}{R_1}+\frac{1}{R_2}$ になる。直列回路は $R=R_1+R_2$ でただのたし算になる。

8 2年 オームの法則の応用

直列と並列を使いこなしたい！

⑦でオームの法則を習ったけど，まだテストで解けるレベルじゃないんだよね。

私なんか次のテスト多分このままだと，回路のところは0点かも。

じゃあ，いったん先生と練習してみよっか。いろんな回路の問題を見てみよう！

まずは，復習だね。図1の3つの基本的な回路について(a)は電流，(b)は電圧，(c)は抵抗《ていこう》の値をオームの法則を用いて，求めてみよう。

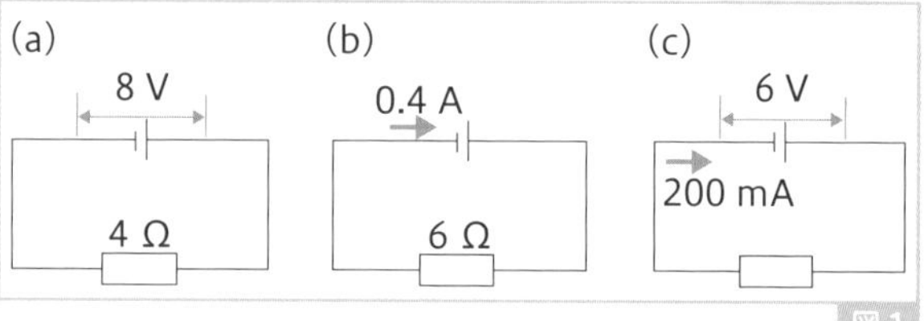

図1

(a)は，電圧8Vで抵抗が4Ωだから… どうするんだっけ？

オームの法則を思い出してみて。**電圧＝抵抗×電流** だよ。それで，電圧が8Vで抵抗が4Ωってことはどうする？

8V＝4Ω×電流 だから，電流は 2 Aだ！

正解！ じゃあ同じようにして(b)，(c)はどうなる？

(b)は抵抗にかかる電圧だから，電圧＝6Ω×0.4A＝2.4V！ (c)は200mA？ ってどうすればいいんだろう？

(b)は正解だね。オームの法則は，電圧がボルトの単位，抵抗がオームの単位，電流がアンペアの単位だから，mAをAに直す必要があるね。**1000 mA ＝ 1 A** だから，200 mA＝0.2 Aってことだね。これで同じように計算してみよう。

それなら，6V＝ 抵抗×0.2A だから，抵抗＝ $\frac{6\text{ V}}{0.2\text{ A}}$ ＝ 30 Ωってことか。

そうそう！ すばらしいね！ 回路の問題は**オームの法則を使えば，電流，電圧，抵抗のうち2つを使って残りの1つが求められる**んだよ。

んじゃ，次は少し複雑な回路に挑戦《ちょうせん》してみよう。 図2 (a)では，①回路全体の合成抵抗，②電源電圧を， 図2 (b)では，①回路全体の合成抵抗，②回路全体を流れる電流を求めてみよう。

図2 (a)は，直列回路だ！ 直列ってことは電流がどの抵抗も等しいんだっけ？

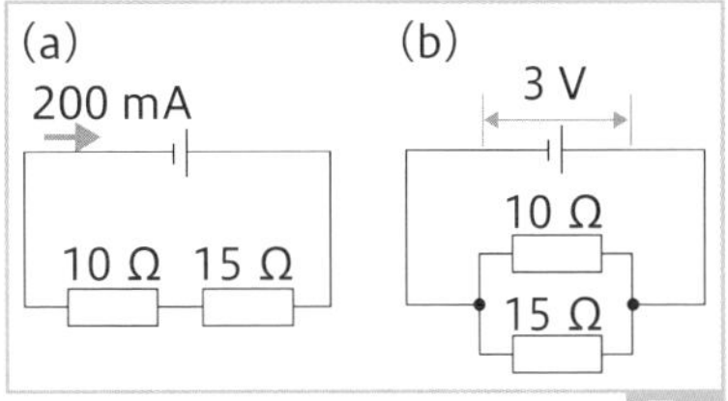

図2

そうそう！ ⑦の@《プラス》で合成抵抗の求め方を書いたけど，**直列はただ抵抗をたすだけで全体の抵抗値を求められる**んだ。だから合成抵抗は 25 Ωになるね。てことは，電源電圧はどうなるだろう？

200 mA で全体の合成抵抗が 25 Ωだから，電圧 = 25 Ω × 0.2 A = □ V になる！

正解だ！ では， 図2 (b)にいってみよう。この図はさっきと同じ抵抗だけど，つなぎ方が並列回路になってるね。てことは，各抵抗の電圧が等しいってことだね。合成抵抗は少しややこしいんだけど，⑦の@《プラス》で書いたように，$\frac{1}{R}=\frac{1}{R_1}+\frac{1}{R_2}$ の形になるんだ。ではRを求めてみよう。

10 Ωと 15 Ωだから，$\frac{1}{R}=\frac{1}{10}+\frac{1}{15}=\frac{1}{6}$ となって，$R = 6$ Ω！ ってことは，回路全体の電流は，オームの法則より，3 V = 6 Ω × 電流になるから，電流は □ A になる。ってことか。

そう。こんな感じで，直列回路も並列回路も基本をおさえていれば，解けそうだね !!

練習問題

解答解説 ▶▶ 別冊 5 ページ

1 2 つの抵抗器を用いて右図のような回路をつくり，電圧を加えた。これについて，次の各問いに答えなさい。

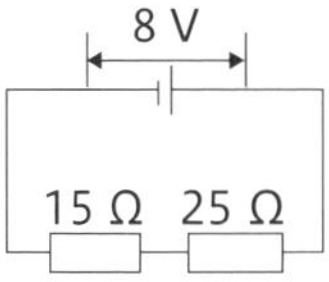

(1) この回路の合成抵抗は何Ωか。

(2) 電源に流れる電流は何 A か。

(3) 15 Ωの抵抗器にかかっている電圧は何 V か。

2 抵抗器 a と b を用いて右図のような回路をつくり，電流を流した。これについて，次の各問いに答えなさい。

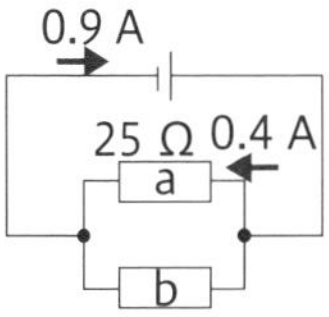

(1) 電源の電圧は何 V か。

(2) 抵抗器 b に流れる電流は何 A か。

(3) 抵抗器 b の抵抗の大きさは何Ωか。

9

2年　電力・電力量

急にブレーカーが落ちるのはなんで？

昨日，家が急に停電したんだ。急に家の電気が一斉《いっせい》に切れちゃってあせったよ。

エイタと私家近いけど，そんな停電なんか起きてなかったよ。

エイタくんもしかして，ドライヤーとかエアコンとか同時につけたりしなかった？

確かに，お父さんもお母さんも同時に家電製品使ってたかも！

それは多分，電力の使いすぎでブレーカーが落ちたんだね。

電力??って何？

ここまでみんな，電流とか電圧は習ったよね。電力っていうのは，電気エネルギーによるはたらきを表す量だよ。その大きさにはワットっていう単位を使う。ワットは，アルファベットのWという記号で表すんだよ。

聞いたことある！ 電子レンジとかドライヤーに書いてあるね。

そうそう。もし電力を一度に大量に使ってしまうと，ブレーカーが落ちるんだ。この電力の式は，**電力〔W〕＝電流〔A〕×電圧〔V〕**だよ。これは覚えておこう！

今まで習ったやつじゃん！ 電流とか電圧を使えば，電力も求められるんだね。

ちなみにこの電力は，1秒間に発生する熱量のことなんだ。んで，熱量にも単位があって，ジュールっていう単位でアルファベットだとJって書くんだよ。だから，**熱量〔J〕＝電力〔W〕×時間〔秒〕**っていう式が成り立つんだ。これも覚えておこう！

上の式を覚えさえすれば解けそうだね。

そうだね。ちなみに，電力は電力でも電気器具が消費する電力のことを，**消費電力**（記号はW）っていったりするんだ。そして，電気器具で消費された電気エネルギーの総量を**電力量**（記号はJ）っていったりもするよ。

具体的にはどんな問題になるの？

では，図1を見てみよう。図1には2つの電気ポットがあって，(a)のポットは100 V-500 W，(b)のポットは100 V-1050 Wって書いてあるよね。これはどんな家電製品にも基本的には書いてあるんだけど，どっちのほうが大きな電流が流れると思う？

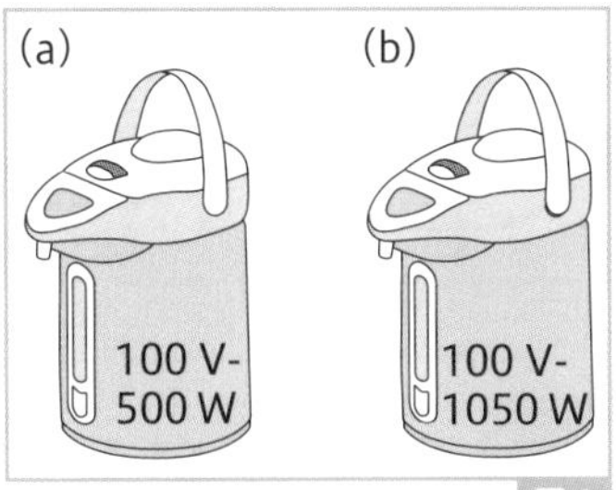

図1

ええっと，電力＝電流×電圧 だから，(a)は，
500 W＝電流×100 V で，電流は5 A だね。(b)も同じように計算すると，
1050 W＝電流×100 V だから，電流は10.5 A になって，大きな電流が流れるのは，(b)！

その通り！ よくできたね！

練習問題

解答解説▸▸別冊6ページ

1 右図は100 V-40 Wの電球Aと100 V-100 Wの電球Bを100 Vの電源につないだものである。これについて，次の各問いに答えなさい。

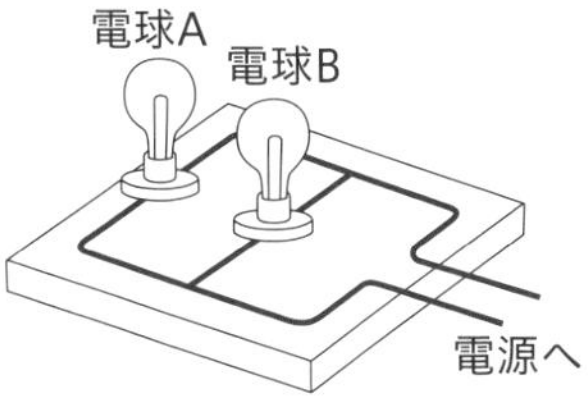

(1) 電球Aと電球Bに流れる電流はそれぞれ何Aか。

電球A ＿＿＿＿＿＿　電球B ＿＿＿＿＿＿

(2) 電球Aと電球Bのうち，抵抗《ていこう》が大きいのはどちらか。 ＿＿＿＿＿＿

(3) 電球Aと電球Bのうち，電球がより明るく光るのはどちらか。 ＿＿＿＿＿＿

(4) 電球Aと電球Bを5分間使用したとき，消費した電力量は合計何kJか。

＿＿＿＿＿＿

2 右の表は，ある家庭で使用した電気器具について，その消費電力と1日の使用時間をまとめたものである。次の各問いに答えなさい。ただし，消費電力は100 Vの電圧を使用したときのもので，電気器具は100 Vの電圧で使用されたものとする。

電気器具	消費電力〔W〕	使用時間〔分〕
テレビ	150	120
洗濯機《せんたくき》	800	30
電気ポット	700	20
ドライヤー	900	15
電子レンジ	1300	10
掃除機《そうじき》	500	20

(1) 表中の電気器具のうち，最も大きい電流が流れるのはどれか。

＿＿＿＿＿＿

(2) (1)で答えた電気器具を使用したときに流れる電流は何Aか。 ＿＿＿＿＿＿

(3) 表中の電気器具の消費電力は合計で何kWか。 ＿＿＿＿＿＿

(4) 表中の電気用具が1日に消費した電力量は合計で何kJか。 ＿＿＿＿＿＿

10

2年　静電気・放電

下じきで髪《かみ》の毛はなぜ浮《う》き上がる？

下じきで髪の毛をこすると，髪の毛が浮き上がるの知ってた？

まあ，弟がずっとやってたから知ってるけど，興味ない！

私のお兄ちゃんもやってたけど，これって静電気が原因で起きてるんでしょ？

ハルカさんすごいね。そう。違《ちが》う種類の物質を互《たが》いにこすったりしたときに発生する物体にたまった電気を 静電気 っていうんだ。この影響で下じきで髪の毛をこすると，髪の毛がくっつくんだ。

電気があるとなんでくっつくの？

電気にはね，＋《プラス》(正)と－《マイナス》(負)の2種類あるんだ。それで，プラスとプラスやマイナスとマイナスのように**同じ種類の電気の間にはしりぞけ合う力がはたらき**，プラスとマイナスのような**異なる種類の電気の間には，引き合う力がはたらく**んだ。

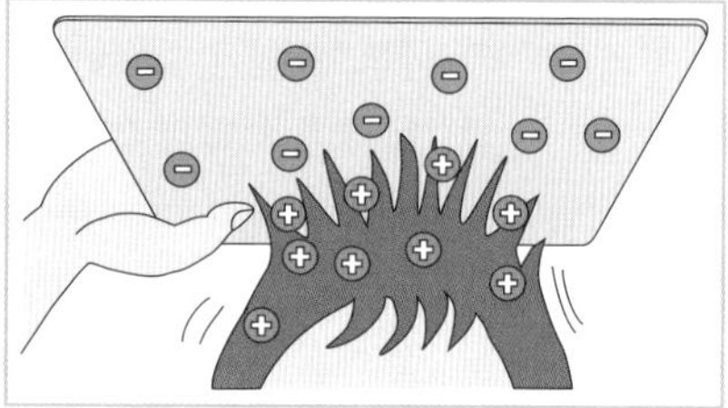

図1

それを踏《ふ》まえて，図1 を見てみよう。髪の毛を下じきでこすったようすを見てみると，下じきがマイナスの電気を帯び，髪の毛がプラスの電気を帯びてるよね。だから，引き合う力がはたらいて，髪の毛は下じきに吸い寄せられていくんだ。

なるほど！ この2種類の電気が原因で髪の毛が吸い寄せられていたんだ！

そう。こんなふうに，電気の間にはたらく力を電気の力っていって，離《はな》れていてもはたらく力なんだよ。

そうなんだ。そういえば，雷《かみなり》とかは，あれも電気だよね？

そう。あれは，たまっていた電気が一気に流れ出す現象で 放電 っていうよ。あと，ほぼ真空のような状況《じょうきょう》下《か》での放電のことを 真空放電 っていったりするから覚えといてね。

なるほど！ でも，電流って「流れる」って表現をするよね。てことは，電流は何かが流れてるの？

いいところに気がついたね。そう。実はある粒子《りゅうし》の流れを「電流」っていってるんだよ。水の流れのことを「水流」っていったりするようなものなんだ。「電流」のもとになる粒子を 電子 っていって，**この電子はマイナスの電気**をもっているんだ。

この電子と放電は関係あるの？

あるよ。**真空放電のときは，電子はマイナス極側の電極から出て，プラス極側に向かっていくんだ。**この流れのことを 電子線 っていったりするから，覚えといてね。

電子って粒子なんでしょ？ てことは質量もあるの？

もちろん！ でも質量がめちゃ小さすぎて，もう僕《ぼく》たち人間では普段《ふだん》そこに重みを感じないんだ。あと，今プラスの電気とマイナスの電気の話をしてきたけど，ふつうどの物質も電子のもつマイナスの電気を打ち消すプラスの電気ももっているから，**物質全体では電気を帯びていない**んだ。こういうのを電気的に中性っていったりもするよ。覚えといてね。

練習問題

解答解説▶▶別冊 6 ページ

1 次の文の(　　　)内にあてはまることばを選び，丸で囲みなさい。

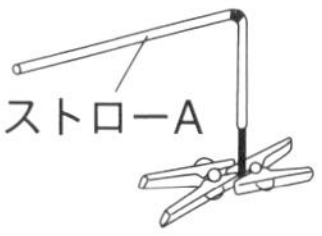

　同じ材質のストローA，Bの2本をそれぞれティッシュペーパーでこすり，ストローAを右図のように自由に回転できるようにした。このとき，ストローAの先端《せんたん》にストローBを近づけると，①(同じ　　　異なる)種類の電気を帯びているため②(引き合う　　　しりぞけ合う)力がはたらいた。また，ストローAの先端にティッシュペーパーを近づけると③(引き合う　　　しりぞけ合う)力がはたらいた。

2 次のア～エのうち，静電気による放電現象にあてはまらないものを選びなさい。

ア　真夏に入道雲ができ，雷が発生した。
イ　冬の乾燥《かんそう》した日にドアノブに触れると，パチッと音がなった。
ウ　豆電球に乾電池をつなぐと，豆電球が光った。
エ　セーターを脱《ぬ》ぐと，パチパチと音がなった。

3 電流の正体について，次の各問いに答えなさい。

(1)　真空放電管(クルックス管)を利用して発生させることができる，－極から出て蛍光《けいこう》板《ばん》を光らせる線を何というか。

(2)　(1)の正体である，小さな粒子を何というか。

(3)　(2)の粒子は，プラスとマイナスのどちらの電気を帯びているか。

11 2年 電流と磁界

磁石ってなんでくっつくの？

この前，日本一の山「富士山」に登ってきたんだ。

そうなんだ！ でも，しんどそう。道に迷ったりしなかった？

意外と大丈《だいじょう》夫《ぶ》だったよ。道に迷いそうになっても地図と「方位磁針」があればなんとかなるし！

そうそう。「方位磁針」は磁力に反応するアイテムだね。

磁力ってあれだよね。磁石による力みたいなやつ??

そう。そのような磁力のはたらく空間のことを 磁界 っていったりするんだ。方位磁針のN極が北を指すのは，地球自体が大きな磁石になっているからなんだよ。

そうなんだ。だから，方位磁針で道を迷わず行けるんだね。

磁針のN極の指す向きのことを 磁界の向き っていったりするんだ。図1 を見てごらん。こんなふうに，砂鉄の上に棒磁石を置いたら，磁石のN極からS極に向かっていく曲線のように見えるね。この線のことを 磁力線 っていうんだ。

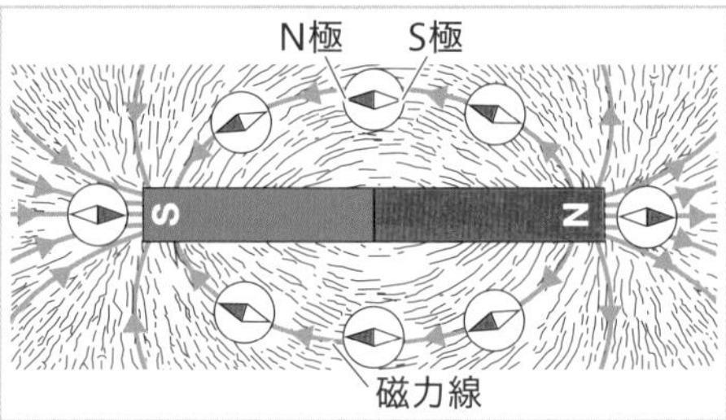

図1

なんかこの前授業で，導線に電流を流すと磁界がうんちゃらとか聞いたけどあれは何なの？

それは，電流を流すとそのまわりに磁界ができるってことだね。試しに 図2 を見てみよう。
こんなふうに，**直線の導線に電流を流すとその導線のまわりに円形状の磁界ができる**んだ。できる磁界の向きは時計回り（右回り）と反時計回り（左回り）が考えられるん

右ねじの法則
電流の向きと磁界の向きの関係は，ねじの進む向きとねじの回る向きの関係に対応している

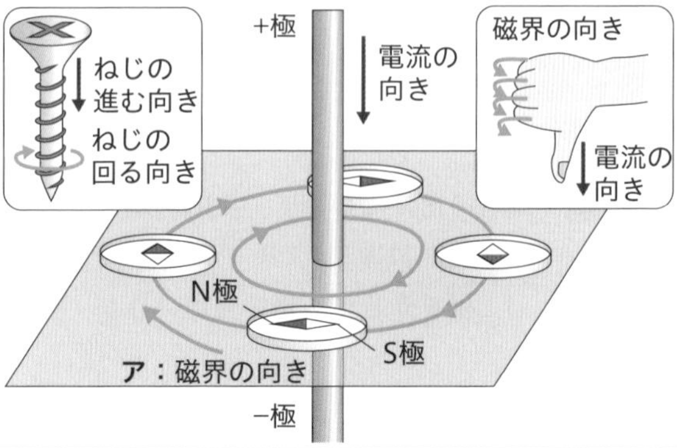

図2

だけど，それは電流の向きによって決まるんだ。磁界の向きは 右ねじ の法則でわかるよ。

その法則ってどういうの ?? 覚えるの大変そうなんだけど。

図 2 の右手を見てみんなも真似してみて。親指を流れる電流の向きに合わせてみよう。すると，残りの 4 本の指が指す向きに磁界ができるんだ。 図 2 だと，下向きに電流が流れているから，上から見て時計回り，つまり図のアの向きに磁界ができるんだ。

法則とか言い出すから難しそうって思ったけど，意外と単純じゃん。

向きは右ねじの法則！ いいね。また，この**導線のまわりにできる磁界は，電流が大きいほど，また導線に近いほど強くなる**っていうことを覚えておこう！

練習問題

解答解説 ▸▸ 別冊 7 ページ

1 次のア～エのうち，磁界に関する説明で正しいものをすべて選びなさい。

ア 磁力線は，S 極から出て N 極に入る。
イ 磁力線の間隔《かんかく》が広いほど，磁界は強くなる。
ウ まっすぐな長い導線に電流を流したとき，磁力線の形は導線を中心とした円状になる。
エ 導線に流す電流が大きいほど，磁界は強くなる。

2 右の①と②の図を見て，次の各問いに答えなさい。ただし，地磁気の影響《えいきょう》は受けないものとします。

①
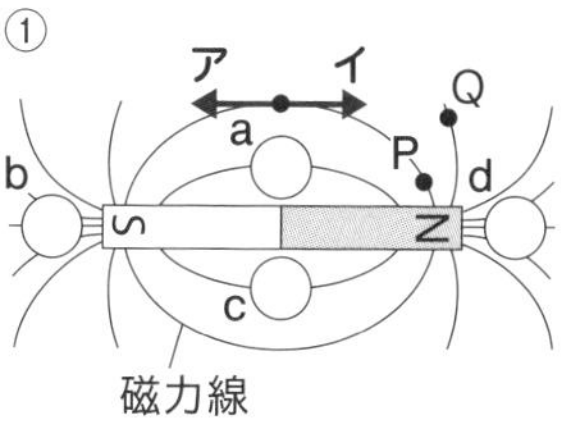

②
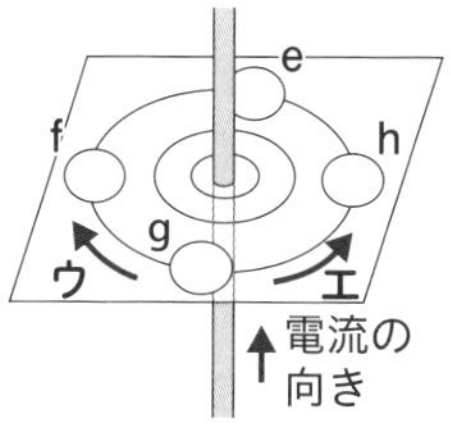

⑴ 図中の①と②において，磁界の向きはそれぞれアとイ，ウとエのどちらか。

① ②

⑵ 図中のa～hにあてはまる方位磁針の向きはどれか。次のア～エの中からそれぞれ選びなさい。

a b c
d e f
g h

⑶ 図中の①において，P と Q ではどちらのほうが磁界が強いか。

⑷ 図中の②において，電流の向きを逆にしたとき磁界の向きは**ウ**と**エ**のどちらになるか。

12 2年 電《でん》磁《じ》誘《ゆう》導《どう》

コイルに磁石を近づけてみた。

1つ前の⑪で，まっすぐな導線に電流を流すと，円形の磁界ができるって習ったよね。では，電流を流した導線に磁石を近づけたらどうなるだろう??

いや，そんなの見当もつかないよ。電流を流して，磁石を近づけても別に何も起きないんじゃないの??

そうでもないんだ。図1 を見てみよう。図1 のように，電流が流れるコイルの近くに磁石を置くと，そのコイルに力がはたらくんだ。だから，コイルが急にひとりでにピクって動くんだよ。

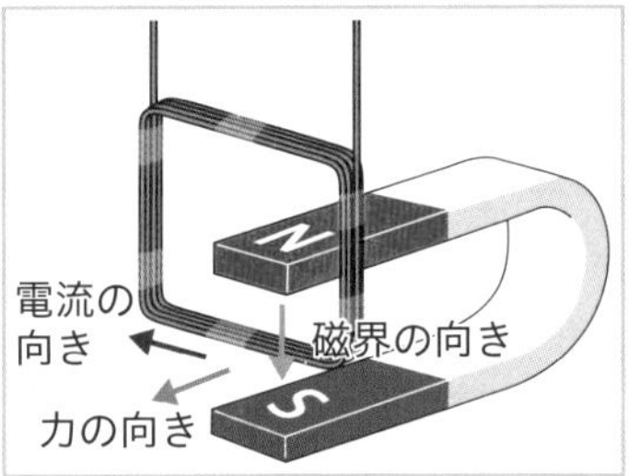

図1

そうだったんだ。知らなかった。これって電流を流す向きとか磁石の向きとかは大事だったりするの??

いい視点だね。基本的には，電流や磁界の向きを逆にすると，力の向きも［逆］になるんだ。また，電流を大きくしたり磁石を強い磁石にしたりすると，力も［大きく］なるんだ。

そうだったんだね。しっかり覚えておく！

電流って目に見えないから，難しい現象が多そうだね。ほかにも謎《なぞ》な現象ってあったりするのかな？

おお！ では，1つクイズを出してみるね。図2 を見てみよう。図2 のように，今回は電流も何も流れていないただのコイルを用意した。そこに，磁石を近づけたり遠ざけたりしたらどうなるでしょう!!

私の予想は，別に何も起きない！ だって，コイルには電池をつないでないし，そんなコイルに磁石を近づけても意味なさそう！

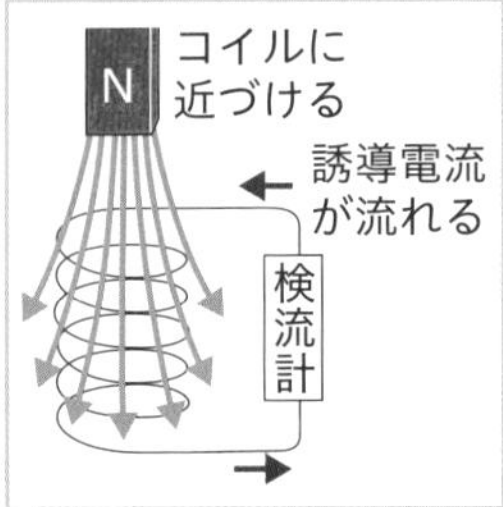

図2

私は何か起きそうな気がするんだよな。こんなクイズ形式だし…。

では正解を発表するよ！ 正解は，コイルに［電流が流れる］なんだ。

ええ！ そうだったんだ！

基本的にコイルは磁界の変化が嫌《きら》いなんだよ。だからコイルに磁石を近づけると，近づける前よりコイルの中の磁界が強く変化する。それを打ち消そうと電流が流れるんだ。この現象を［電磁誘導］っていって，生じた電流のことを［誘導電流］っていうんだ。この名前はしっかり覚えておこうね！

わかった！ でもコイルには電流を流すための電池がないのに，電流が流れるんだ。

そうだね。この電磁誘導で流れる誘導電流は，**磁界の変化が大きければ大きいほど大きくなるんだ。磁石をはやく動かしたり，磁石の磁力が強かったり，コイルの巻数《まきすう》が多くなると，誘導電流が大きくなる**っていうのもしっかり覚えておこうね！

練習問題

解答解説▶▶別冊７ページ

1 右図のように電流を流すと，コイルは**エ**の向きに動いた。これについて，次の各問いに答えなさい。

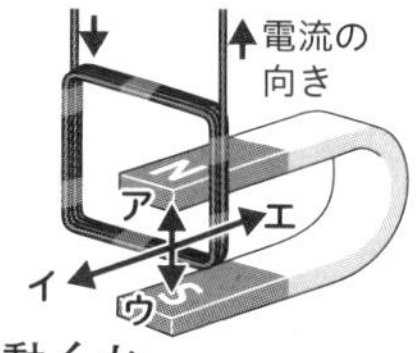

⑴ 図中の**ア**～**エ**のうち，磁石の磁界の向きはどれか。

⑵ 次の①，②のようにした場合，導線は図中の**ア**～**エ**のどの向きに動くか。

① 電流の向きを逆にする

② 電流の向きを逆にし，磁石をＳ極が上になるように置きかえる

⑶ 次の文章の（　　）にあてはまる用語を選び，丸で囲みなさい。

図中の導線が受ける力を大きくするためには，流れる電流の大きさを①（ 大きく　小さく ）したり，磁力の②（ 強い　弱い ）磁石に取りかえたりすればよい。

2 右図のように，棒磁石のＮ極をコイルに近づけたとき，電流が**イ**の向きに流れた。これについて，次の各問いに答えなさい。

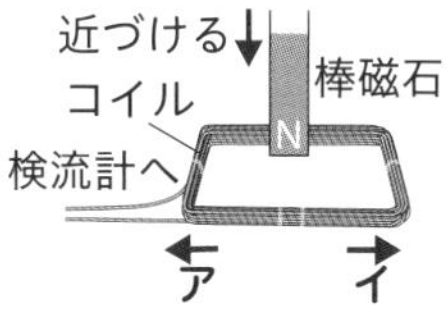

⑴ このとき流れる電流を何というか。

⑵ 次の①～③のようにした場合，電流は図中の**ア**または**イ**のどの方向に流れるか。なお，電流が流れない場合には×を記せ。

① Ｎ極を遠ざける　　② Ｓ極を遠ざける

③ 棒磁石をコイルの中に入れたままにする

⑶ 次の文章の（　　）にあてはまる用語を選び，丸で囲みなさい。

図中のコイルに流れる電流を大きくするためには，磁石を①（ すばやく　ゆっくり ）動かしたり，磁力の②（ 強い　弱い ）磁石に取りかえたり，コイルの巻数を③（ 多く　少なく ）したりすればよい。

プラスα

・向きと大きさが周期的に変わる電流を交流《こうりゅう》，向きが変わらない電流を直流《ちょくりゅう》という。
・交流の１秒間の変化の周期の回数を周波数《しゅうはすう》という。

13

3年　いろいろな運動

なんで自転車は下り坂ではやくなる？

いつも自転車通学で上り坂がキツイ。でも，帰りは逆に下り坂だからめっちゃ楽ちん！

そうだね。でも，なんで坂を下っていると自転車をこがなくてもはやくなると思う？

まあそれは，坂を下ってるからじゃない??

そのままだな。これは自転車が 重力 をもとに生じた斜面に平行な力を受けてるからはやくなるんだ。**動いている物体に対して，動く向きに一定の力がはたらき続けると，運動のはやさは一定の割合で大きくなる**んだよ。

てことは，力がはたらいていないときはどうなるの？ はやさは大きくなったりしないの？

んじゃ， 図1 を見てごらん。 図1 のように，手で持っている物体から手を離《はな》すと，静止していた物体は重力だけを受けて落ちていくよね。このような運動を 自由落下運動 というんだ。
また，人が電車の車内にいたとき，急発進すると体は進行方向とは反対に引っ張られるように感じ，急ブレーキがかかったときには体が前のめりになる。こんなふうに，物体に力がはたらいていないときや力がつり合っているとき，止まっている物体は止まり続け，動いている物体は 等速直線運動 を続ける。これを 慣性 の法則っていうんだ。

物体の落下のようす

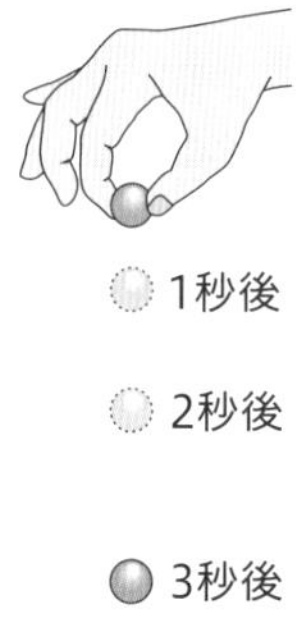

一定の大きさの重力が下向きにはたらき続ける

図1

そうなんだ。てことは，動く向きと逆向きに力がかかったらはやさは小さくなるってこと？

そういうこと！ んじゃあ，もののはやさがはやくなることを確かめる実験を考えてみよう。それが記録タイマーの実験だね。

記録タイマー？ って何?? マジ，意味わかんない！

記録タイマーは，テープに一定の時間ごとに点を打つ器具だよ。東日本では１秒間に 50 回，西日本では１秒間に 60 回打つものをよく使う。

さて，図2を見てみよう。図2は斜面《しゃめん》に台車を置いて今から下らせようとしてる場面だね。この様子を記録タイマーを使って調べてみよう。まず記録タイマーの見方から説明するね。この記録タイマーを使ったら，台車がどれだけ進んだかを時間ごとに見れるんだ。

このテープの記録は1秒間に60回点を打たれたものなんだ。**1秒で60打点だから，6打点ごとにテープを切れば，0.1秒でどれだけ進んだかが見られるよね。**

図2は台車が斜面を下るときの運動を記録したテープを6打点ごとで切った図だね。このテープよく見てみると，少しずつテープの長さが長くなるのがわかるかな？

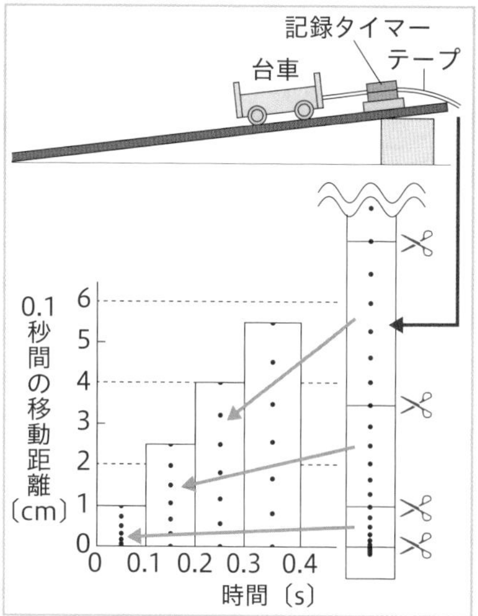

図2

うん！ それは僕《ぼく》でもわかる!!

テープの長さが長くなるってことは，0.1秒間に進んだ距離《きょり》が少しずつ大きくなったってことだからはやさが 大きく なったことがわかるんだ。さらに，はやさが一定の割合で大きくなっているってことは，**運動の向きに一定の力がはたらいている**ってことだね。

練習問題

解答解説 ▸▸ 別冊8ページ

1 右図は0.2秒ごとに発光するストロボ写真を使って水平な面上を転がる球の運動の様子を調べたものである。これについて，次の各問いに答えなさい。

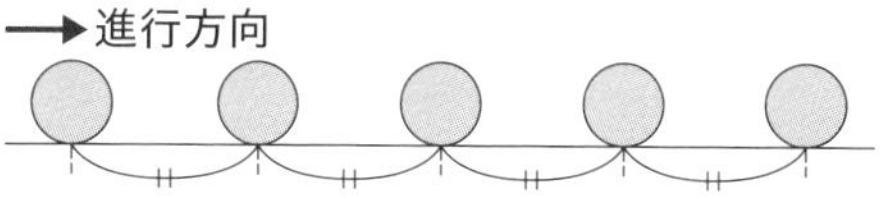

⑴ 図のような運動を何というか。

⑵ 右のア〜ウのうち，この物体の時間とはやさの関係を表しているグラフはどれか。

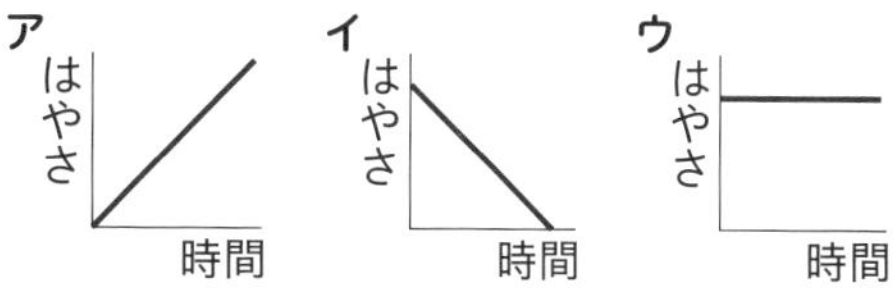

2 1秒間に60打点する記録タイマーを用いて斜面を下る台車の運動の様子を調べた。右図はこのときの台車の運動が記録されたテープを6打点ごとに区切って順に並べたものである。これについて，次の各問いに答えなさい。

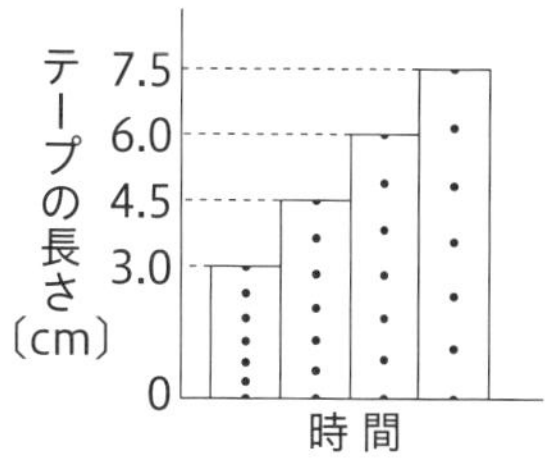

⑴ 区切った各テープは何秒間の移動距離を表すか。

⑵ 台車のはやさは6打点の区間ごとに何cm/s増加しているか。

仕事をしない引《ひ》っ越《こ》し業者って最低じゃね？

この前引っ越ししたけど，そのときに，何も運ばない仕事しない人がいたんだよね。

それは，仕事ができない業者さんだね。引っ越し業者さんの仕事は運ぶことなのにね。

その人，力を加えてるけど筋肉なくて動かせないのかな？

そうだね。理科の授業で習う「仕事」も同じ考え方だよ。

ん？ どういうこと ?? 急に意味わかんない !!

理科には「仕事」っていう考え方があるんだ。ある物体があったとして，それを動かそうとするよね。実際にその物体に力をかけてそれを動かしたとき，力は物体に 仕事 をしたっていうんだよ。せっかくだし仕事の式を教えてあげよう。

仕事の式って，動かさないとダメだから，距離《きょり》は関係ありそう。

そうだね。仕事の求め方は，**仕事〔J〕＝力の大きさ〔N〕×力の向きに動いた距離〔m〕**なんだ。だから，どんだけ力をかけても動いた距離が0だったら，仕事は0になるってことだね。ハルカさんの引っ越し業者と同じだね。

なるほど！ 引っ越しのときにめっちゃ運んでくれる業者さんは仕事ができたんだね。

ちなみに，1秒間でする仕事の量のことを 仕事率 っていったりもするよ。

仕事の意味とかはなんとなく理解したよ！

ほかにも仕事に似た考え方で「エネルギー」って考え方もあって，ついでに学ぼっか ??

えーー？ 嫌《いや》だけど，先生が言うならしかたないかな。

仕事をできる状態にある物体はエネルギーをもっているんだ。まずは高いところにある物体がもつエネルギーを 位置エネルギー っていうんだ。

図1 を見てみて。図1 のように，基準面よりも高いところにあるものほど，この位置エネルギーは大きく，質量が大きいほど大きいんだ。だからこのエネルギーは，**重たくて**

高いところにあるものが大きくもっているエネルギーといえるね！

ほかにもエネルギーってないの??

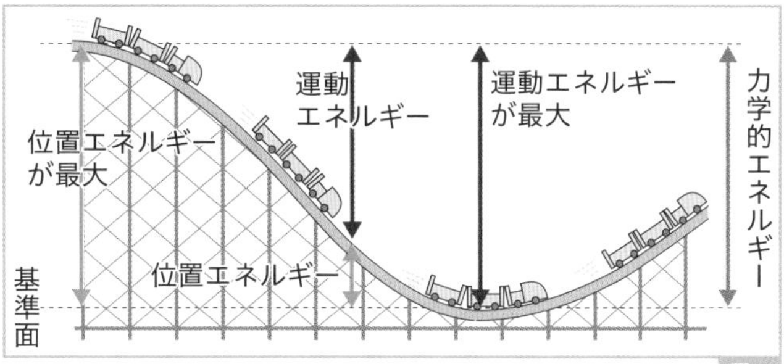

図1

ほかにも運動している，つまり動いてる物体もエネルギーをもっている。このエネルギーを［運動エネルギー］っていうよ。**運動エネルギーははやさがはやいほど大きく，また質量が大きいほど大きい**んだよ。あと，この位置エネルギーと運動エネルギーの和を［力学的エネルギー］っていうんだ。**摩擦《まさつ》や空気の抵抗《ていこう》がないときは，この力学的エネルギーは一定になる。**これを［力学的エネルギーの保存］っていうよ。たとえば，図1のジェットコースターは，最高点から落ちていくとき，位置エネルギーを運動エネルギーに変換して，落ちてるんだよ。だからその和は一定なんだ。

練習問題

解答解説▶▶別冊8ページ

1 次のア～エのうち，仕事をしているものはどれか。

ア 大きな岩を押《お》したが，動かない。 **イ** 窓のシャッターをゆっくりと上げる。
ウ 荷物を手でもって支える。 **エ** バケツをもったまま水平にゆっくりと動かす。

2 質量400 gの荷物を，床から1.5 mの高さまでゆっくりともち上げたとき，その仕事の大きさは何Jか。ただし，質量100 gの物体にはたらく重力の大きさを1 Nとする。

3 右図のようなふりこにおいて，おもりをアの位置からはなしたところ，**ア→イ→ウ→エ**の順に移動した。空気の抵抗や摩擦がないものとしたとき，次の各問いに答えなさい。

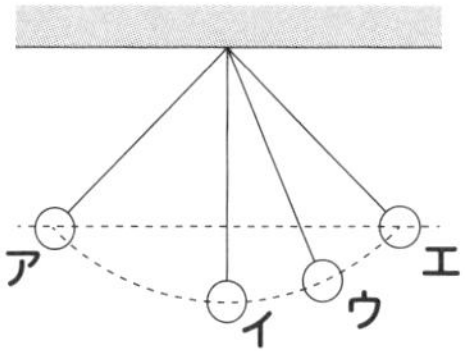

(1) 図中の**イ**～**エ**のうち，①位置エネルギーと②運動エネルギーが最も大きくなる位置はそれぞれどれか。

① ______ ② ______

(2) おもりが**ア**から**エ**の位置まで移動するとき，力学的エネルギーの変化はどのようになるか。

プラスα

- 床の上の物体を，摩擦力に逆らってゆっくり一定のはやさで動かすとき，加える力はその摩擦力と同じ大きさ。
- 滑車《かっしゃ》などの道具を使っても，道具を使わないときと仕事の量が変わらない。この原理を仕事《しごと》の原理《げんり》という。

Q&A 03 勉強しているのに，なかなか成績が上がらないのは？

エイタ：でんがん先生，僕《ぼく》はわりとマジメに勉強しているのに，なかなか成績が上がらないんだ。なんでかな？

でんがん先生：エイタくん，成績って，そんなに簡単にぐんぐん上がるものじゃないぜ。

エイタ：そうなの？

でんがん先生：もちろん，やらないよりもやったほうが成績は上がるはず。だけど，右肩《みぎかた》上《あ》がりにぐんぐん上がっていくなんてことは，そうそうない。

どちらかというと，成績があまり変わらないという状況《じょうきょう》が続くことが多い。それでも根気よく続けていくと，ある日を境《さかい》にぐんと伸《の》びるときが来ることがあるんだ。
その日が来ることを信じて，常に自分と向き合いながら続けていこう！

エイタ：わかった！ 信じてがんばってみる。

COMMENTS
すばる先生

テストや模試の結果に表れない，小さな成長をいかに楽しむかが，大事だと思うよ。たとえば英単語を 10 個覚えて，次の日にテストしたときに全部覚えていただけでも成長を感じられるよね！ 小さな成功の積み重ねで自信をつけると，勉強も楽しくなるよ。

2章 物質

ここからは，気体の発生や元素といった化学の分野を扱《あつか》っていくよ。実験器具とかの使い方とかも出てくるし，エネルギーの分野よりも具体的な話が多くなっていくから，しっかり勉強していこう！

15 1年 有機物と無機物・実験器具

身のまわりのものは何でできている？

部活の大会で勝ちたくて最近筋トレやってるんだ。食事も筋肉や骨にいいものばっかり食べたりしてるよ。

でもそういえば，筋肉や骨って何でできてるんだろうね。

いい質問だね。まず人間っていうのは，ほとんどが水でできているって知ってるかな？ だいたい成人男性で60%，成人女性で50%が水で構成されているんだよ。そのほかの筋肉や骨には炭素っていうものがふくまれているんだ。このように，炭素をふくむ物質のことを 有機物 っていうんだよ。

へえ！ 女の人のほうが水分が少ないって意外だね。あと，炭素をふくまない物質はなんていうの？

炭素をふくまない物質は 無機物 っていうんだ。ちなみに，**有機物は燃やしたら二酸化炭素が発生する**よ。

さっきから，物質物質って言ってるけど，私は物体っていうのも聞いたことある。この2つって何が違《ちが》うの??

おお。最近マオさんの目のつけ所がすばらしいな。説明してなかったね。物体っていうのは，日常生活における「もの」に近いんだよ。**形や大きさで区別するものを物体**っていうんだ。それに対して，**材質や材料で区別するときの名称《めいしょう》を物質**っていうんだよ。

そうなんだ。てことは，コップは日常生活で使うから物体，ガラスは材料だから，物質ってこと？ ずっと謎《なぞ》だったけど，やっと理解できた。

そういうこと！ では，話を戻《もど》そう。さっき話した無機物の中でもアルミニウムや鉄などの物質を 金属 っていうんだ。この金属には次のような性質がある。**①電気をよく通す。②熱をよく伝える。③みがくと金属光沢《きんぞくこうたく》が出る。④たたくと広がったり(展性《てんせい》)，引きのばしたりできる(延性《えんせい》)**。っていう4つの性質だから覚えておこう。

そうなんだね。そういえば，前に授業で，二酸化炭素とか酸素とか発生させる実験したんだけど，よく使う実験器具についても教えてほしいな。

では， 図1 を見てごらん。 図1 の4つの実験器具の名前はわかるかな??

全然わかんないけど，(c) だけはこの前授業で見た。

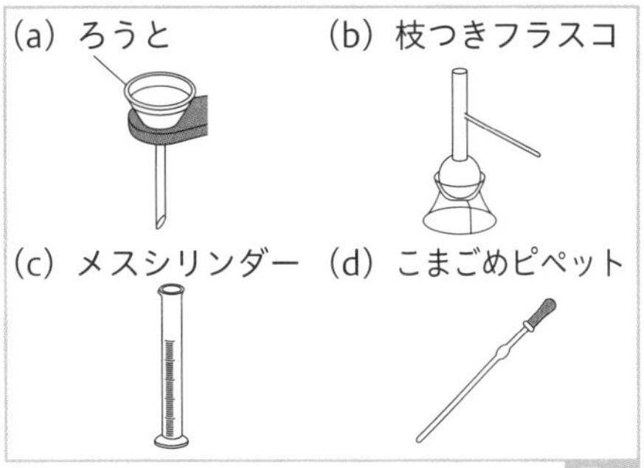

図1

(a) はろうと，(b) は枝つきフラスコ，(c) はメスシリンダー，(d) はこまごめピペットっていうんだ。名前は覚えといてね。

僕《ぼく》ももっと実験器具について教えてほしい！ ガスバーナーの使い方も教えて！

じゃあ，ガスバーナーの使い方もおさえておこう。図2 を見てみて。ガスバーナーには空気調節ねじとガス調節ねじの２つのねじがあるんだ。まずは，元《もと》栓《せん》とコックを開けて，ガス調節ねじ をゆるめながら，火をつける。そこで，ガス調節ねじを回すと，少しずつ火が上がってくるんだ。その後，空気調節ねじ を少しずつゆるめていくと，炎《ほのお》の色が青っぽくなっていくんだよ。ガスバーナーは青い炎で使うよ！

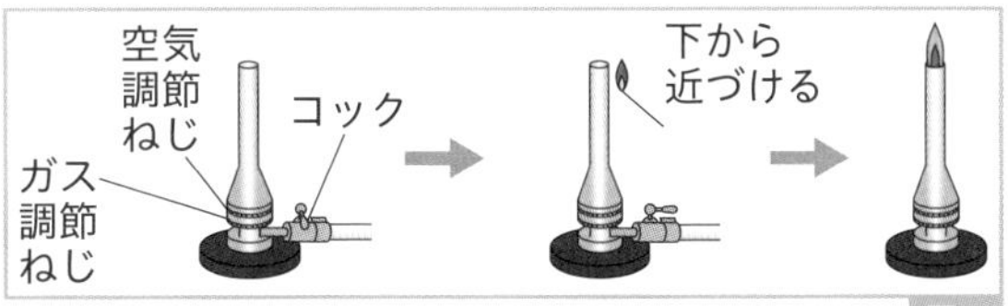

図2

練習問題

解答解説 ▶▶ 別冊 9 ページ

1 身のまわりの物質について，次の各問いに答えなさい。

(1) 有機物を燃やしたときに発生する気体は何か。

(2) 次の**ア**～**エ**のうち，金属に共通する性質ではないものはどれか。

ア 熱をよく伝え，電気をよく通す。 **イ** 磁石につく。
ウ みがくと金属光沢が出る。 **エ** 展性・延性をもつ。

2 次の①～④の実験器具の名称《めいしょう》をそれぞれ答えなさい。

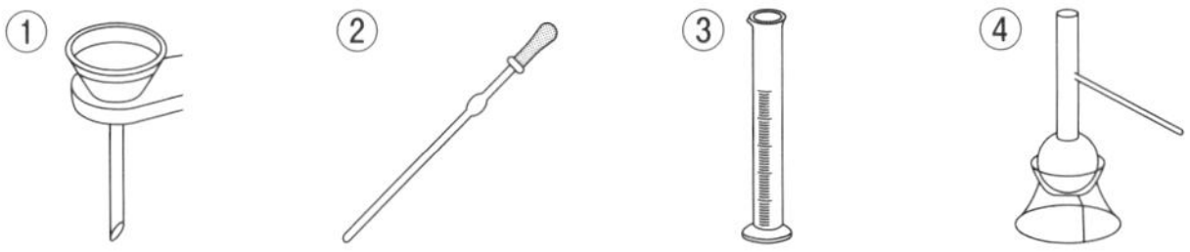

①
②
③
④

3 ガスバーナーの使い方について，次の**ア**～**エ**を正しい順序に並べかえなさい。

→ → →

ア ガス調節ねじをゆるめ，点火する。 **イ** 空気調節ねじを回し，青い炎にする。
ウ 元栓とコックを開ける。 **エ** ガス調節ねじを回し，炎の大きさを調節する。

16 1年 気体の発生

いろんな気体を発生させたい！

ねえ先生。先生 YouTube やってるんでしょ？

そうだよ。何？ マオさんも YouTube やりたいの？

そうそう。最近なんか巨大実験《きょだいじっけん》の爆発系《ばくはつけい》とか見るのにハマってるんだ。ああいうの私もやってみたい。

じゃあ，軽くやってみようか。今から YouTube ほど大きな実験ではないけど，いろんな気体を発生させたりしてみよう。

気体って，たとえばどんな気体を発生させるの？

んじゃ，今から酸素，二酸化炭素，水素，アンモニアの 4 つの気体を順に発生させてみよう。これらの気体を発生させるには，それぞれやり方が違《ちが》うんだ。

なら，そのやり方を教えてよ！ 面白い実験なら YouTube の企画《きかく》で取り入れたい！

図1 を見てみよう。こうすれば，各気体は発生するんだ。まずはみんなでこの中の(　　)に，物質名を入れてみよう。

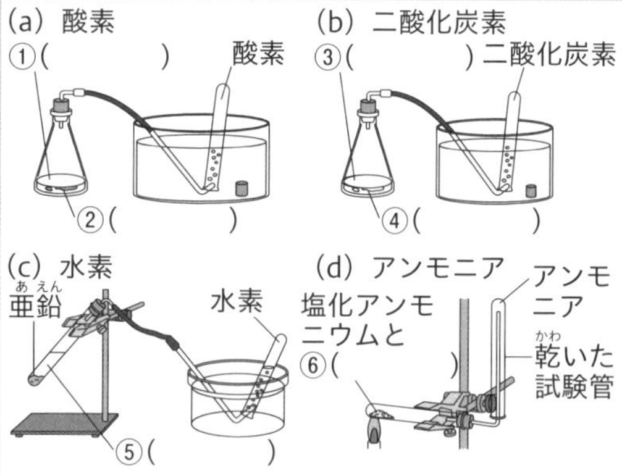

解答：①うすい過酸化水素水　②二酸化マンガン
③うすい塩酸　④石灰石
⑤うすい塩酸　⑥水酸化カルシウム

図1

なるほど。意外と簡単に発生させられるんだね。でも，どうやってその気体が発生したってわかるの？

じゃあ，各気体の性質について見ていこうか。まず，酸素 にはものを燃やすはたらきがあるから，**火のついた線香を入れると，線香が激しく燃えるんだ。**
次に 二酸化炭素 は，さっきの酸素みたいにものを燃やす性質はないんだけど，**石灰水という液体に通すと，石灰水を白く濁《にご》らせる**性質があるんだ。
次に 水素 は，非常に軽く物質の中でいちばん質量が小さいんだけど，**火を近づけると，ポッと音を立てて燃える**んだ。最後の アンモニア は，刺激臭《しげきしゅう》がする気体なんだけど，**水に非常に溶《と》けやすく，水溶液《すいようえき》はアルカリ性**なんだよ。

そうなんだね。でも，気体って手でもてないじゃん。どうやって，気体を集めるの ??

いい質問だね。図2 を見てみよう。こんなふうに気体の集め方はこの 3 種類があるんだ。このどれで気体を集めるかは，**水に溶けやすいか**，また，**空気より重いか**の 2 つで決めるよ。

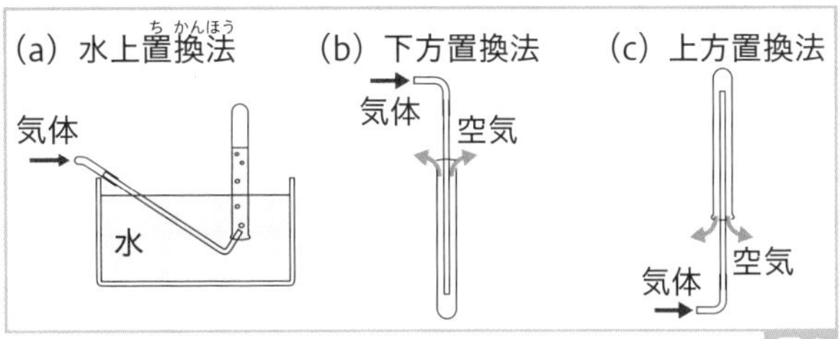

図2

まず，水に溶けにくい酸素，窒素《ちっそ》，水素のような気体は 図2 (a) の 水上置換法 で集めるんだ。水に溶けやすいと，水の中に入れたら，溶けてなくなっちゃうよね。
次に，空気より重い気体は 図2 (b) のような 下方置換法 ，アンモニアみたいに空気より軽い気体は， 図2 (c) のような 上方置換法 で集めるんだ。こんなふうに，気体によって，集め方が違《ちが》うんだよ。

二酸化炭素は今出てこなかったけど，どう集めるの？

二酸化炭素は水に少ししか溶けないし空気より重いから，水上置換法でも下方置換法でもどちらでもいいんだ。

よし，ならポッと音がなる水素の発生の実験を YouTube でやろ！

練習問題

解答解説 ▸▸ 別冊 9 ページ

1 次のア～エのうち，酸素を発生させるものを答えなさい。

ア うすい塩酸に石灰石を加える。
イ うすい過酸化水素水に二酸化マンガンを加える。
ウ うすい塩酸に亜鉛を加える。
エ 塩化アンモニウムと水酸化カルシウムを混ぜて加熱する。

2 次のア～エの気体の性質について，あとの各問いに答えなさい。

ア 酸素　**イ** 二酸化炭素　**ウ** アンモニア　**エ** 水素

(1) ア～エのうち，石灰水に通すと石灰水が白く濁《にご》るのはどれか。

(2) ア～エのうち，ものを燃やすはたらきがあるのはどれか。

(3) ア～エのうち，刺激臭をもち，水溶液がアルカリ性であるのはどれか。

(4) ア～エのうち，火を近づけると音を立てて燃えるのはどれか。

(5) ア～エのうち，水上置換法で集められないのはどれか。

17

1年 物質の状態変化

水を冷やすと氷になるのはなぜ？

かき氷食べたいけど，かき氷機が家になくて困ってる。

かき氷のような氷ってもともとは何か知ってるかな？

そりゃ，水を凍《こお》らせたものでしょ。てか，私の話は!?

まあ，聞いてよ。みんながよく見る液体の水の温度を低くして凍らせたら，固体の氷になるってことだよね。こんなふうに，固体，液体，気体と状態が変化することを 状態変化 っていうんだ。この**状態変化では，体積は変化するけど，質量は変化しないんだよ。**

気体，液体，固体の状態変化をもう少し教えて！

図1 を見てみよう。加熱すると固体から液体，液体から気体と変化するんだ。反対に冷却すると気体から液体，液体から固体と変化するよ。これだけ覚えておくだけで，状態変化をおさえられるよね。

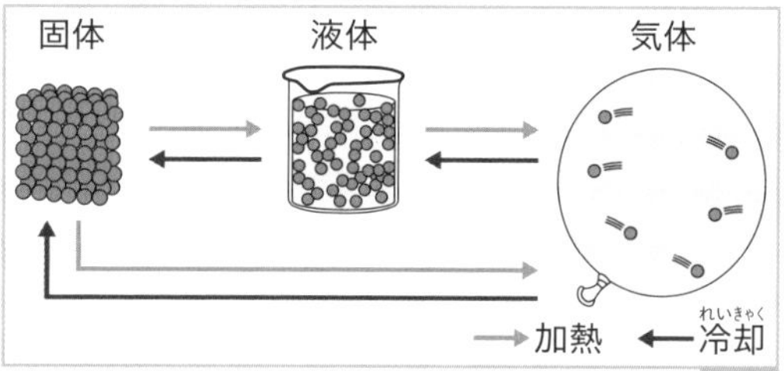

図1

なるほど！ たとえば，かき氷をつくるときは，液体の水を冷やして固体の氷にしてるっていうことなんだね。

そういうこと。すばらしいね！ あと，体積の変化については，図1 のように，固体では粒《りゅう》子《し》が集まっているけど，液体，気体となるにつれて，粒子は自由になって粒子どうしの間隔《かんかく》が広がっていくから，**体積の大きさは基本的に大きい順に気体→液体→固体の順になるんだ。**

なるほど！ 絵で見るとわかりすいね。

じゃあ，実際に状態変化させてみよう。水をかき氷のような固体の状態から少しずつ加熱してみる。図2 のグラフは，水を加熱したときの温度変化を表しているんだ。氷が水になるのは何℃か知ってる？

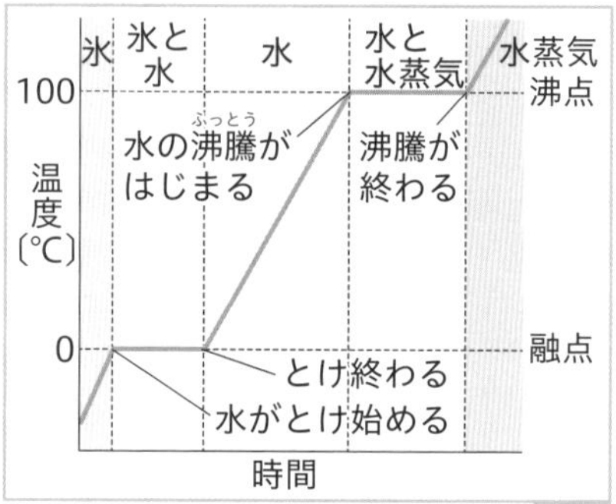

図2

0 ℃！

そうだね。この固体から液体になるときの温度を 融点 っていうんだ。んで，グラフの 0 ℃の部分では，固体の氷と液体の水が混ざっていて，この間は，グラフを見ると，**温度は一定になっているよ**。

ここは，かき氷が少しとけてきて，水が混じってきたときのことだね。

そうだね。んで，氷が全部とけると，また水が温まっていくので，温度が上がっていくんだ。そして，100 ℃になったときに，液体の水は沸騰《ふっとう》して，すべて気体の水蒸気に変わるんだ。このように，液体が沸騰して気体になる温度のことを 沸点 っていうんだよ。**この融点や沸点は物質の種類によって決まっている**んだよ。

かき氷がとけてきて水が混じっても冷たいままなのは，その間の温度は 0 ℃のままで変わらないからなんだね。勉強になった !!

練習問題

解答解説 ▶▶ 別冊 10 ページ

1 物質の状態変化について，次の各問いに答えなさい。

(1) 次のア～カのうち，加熱による状態変化を示しているものをすべて選びなさい。

ア 固体→液体　　イ 固体→気体　　ウ 液体→固体
エ 液体→気体　　オ 気体→固体　　カ 気体→液体

(2) 次のア～オのうち，状態変化によって変化しないものをすべて選びなさい。

ア 質量　　イ 体積　　ウ 密度　　エ 粒子の数　　オ 粒子の大きさ

2 右図は氷を加熱したときの時間と温度変化の関係を示したものである。これについて，次の各問いに答えなさい。

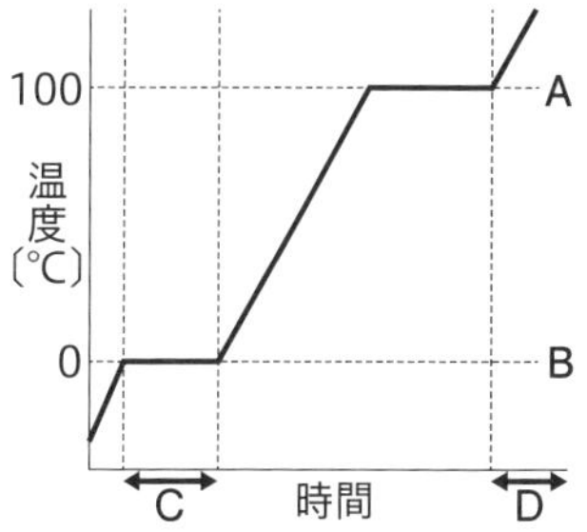

(1) 図中の A，B のように，物質の状態が変化するときの温度をそれぞれ何というか。

A＿＿＿＿＿　B＿＿＿＿＿

(2) 図中の C，D において，氷はそれぞれどのような状態となっているか。次のア～オからそれぞれ選びなさい。

C＿＿＿＿＿　D＿＿＿＿＿

ア すべて氷　　イ 氷と水が混在　　ウ すべて水
エ 水と水蒸気が混在　　オ すべて水蒸気

プラス α

・水は例外的に，水から氷になると体積がおよそ 1.1 倍になるので，密度は小さくなる。

18

1年 溶質《ようしつ》・溶媒《ようばい》・溶液

塩水で塩が見えないのはなんで？

この前海に家族で遊びにいったんだけど，海の水って食塩水みたいなのに，ただの水にしか見えないよね。塩はどこにいっちゃんたんだろう。

プライベートが充実《じゅうじつ》してるね。それでは，エイタくんの疑問に答えていこう。食塩水は水に食塩が溶《と》けた状態なんだ。溶けちゃっているから目には見えないんだよ。
食塩のように水に溶けている物質を 溶質 ，水のように溶質を溶かしている液体を 溶媒 というんだ。そして，食塩水のように溶質が溶媒に溶けたものを 溶液 っていうんだ。

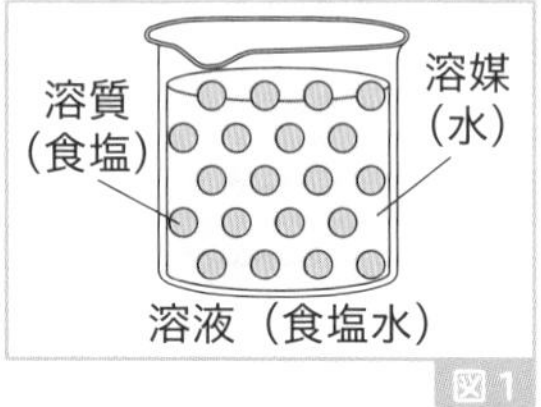

図1

図1 は食塩水を模式的に表した図で，溶質，溶媒，溶液の関係性がよくわかるね。

水に溶けちゃってるから，目に見えないんだね。ってことは，いっぱい食塩が溶ければ溶けるほど，濃《こ》い食塩水ってこと？

そうだね。ちなみに，**濃さを表すものとして質量パーセント濃度《のうど》っていうのがある**んだ。これは，溶液の質量に対する溶質の割合だから，

$$\text{質量パーセント濃度〔\%〕} = \frac{\text{溶質の質量〔g〕}}{\text{溶液の質量〔g〕}} \times 100$$

になるんだよ。たとえば，100 g の水に 20 g の食塩を溶かしたら，

濃度 $= \frac{20}{100+20} \times 100 = 16.6\cdots$ だから，約 17 % になるんだ。

なるほどね。てことは，食塩は水にいくらでも溶けるの ??

いやそれはそうはいかないんだ。水に溶ける食塩の量は温度によって決まっているんだよ。その限界まで溶けている水溶液を 飽和水溶液 っていうよ。

溶ける量って温度によって違《ちが》うんだ。

そういうこと！ んじゃ，実際に飽和水溶液《ほうわすいようえき》を用意してみよう。ここにある 100 g の水に硝酸カリウムっていう物質を溶けるだけ溶かしてみる。50 ℃だと，水に硝酸カリウムは約 85 g 溶けるから，85 g 溶かしてみよう。この 85 g のように，水 100 g に対して溶ける物質の量のことを 溶解度 っていうんだ。

で，溶かしてどうなるの ?? ただ硝酸カリウムの飽和水溶液をつくっただけじゃん。

この水溶液から溶けた溶質だけとり出すことができるんだ。図2 を見てみよう。さっき，水に溶ける食塩の量は温度によって変わるって話したよね。図2 はそれを表した図なんだ。図2 の (a) が硝酸カリウムのグラフ，(b) が食塩のグラフなんだけど，見たら食塩は温度でほとんど変わらないよね。ただ，硝酸カリウムはめっちゃ変わってるのがわかるかな。

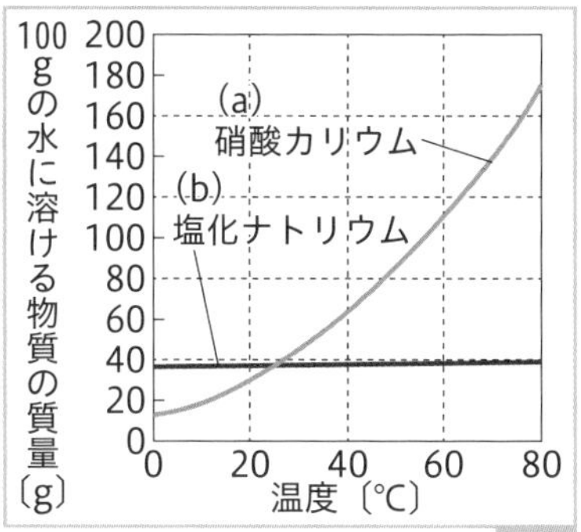

図2

だから何なの？ もう少し教えてよ！

まあまあ最後まで聞いてね！ グラフのように 50℃の硝酸カリウムを溶かした飽和水溶液をつくるよね。それを冷やしたらどうなると思う？

グラフを見ると，溶けきれなくなって何 g か出てきそうだね。

そう。**温度を下げると溶解度が小さくなって，溶けきれなくなったものが出てくる**んだ。こんなふうに，溶かした物質を再び結晶《けっしょう》としてとり出す操作を 再結晶 っていうんだ。

練習問題

解答解説 ▶▶ 別冊 10 ページ

1 次の各問いに答えなさい。

(1) 水 100 g に砂糖 25 g を加えたときの砂糖水の質量パーセント濃度は何%か。

(2) 質量パーセント濃度が 40 %である砂糖水 250 g には，何 g の砂糖がふくまれているか。

2 右図は硝酸カリウムと塩化ナトリウムにおける温度と 100 g の水に溶ける物質の質量の関係を示したものである。これについて，次の各問いに答えなさい。

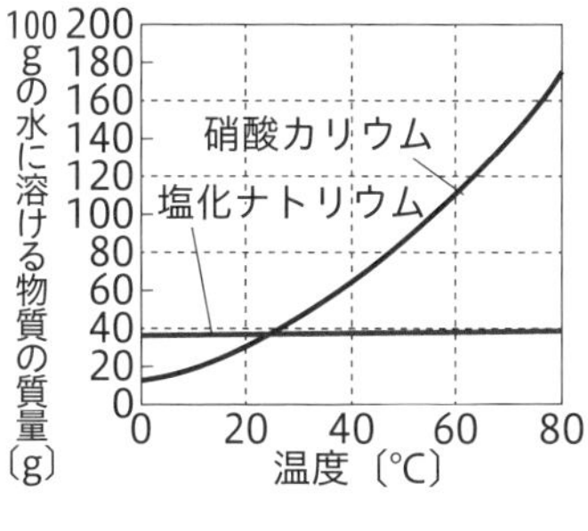

(1) 次のア〜ウのうち，塩化ナトリウム水溶液から塩化ナトリウムを結晶としてとり出すことができる方法として最も適当なものはどれか。

ア　水溶液の温度を下げる。
イ　ろ紙を用いてろ過を行う。
ウ　加熱して水を蒸発させる。

(2) 60 ℃の水 100 g に硝酸カリウム 60 g を溶かした水溶液の温度を 20 ℃まで下げたとき，何 g の硝酸カリウムが結晶として出てくるか。

19

1年 蒸留《じょうりゅう》

混ざったものを分けてとり出したい。

そうじ用にエタノールを使って，余ったぶんを片づけようと容器の中に戻《もど》したつもりだったのに，ただの水の入った容器に入れちゃった！　これまずいかも！

あーあ。やっちゃったね。でんがん先生なんとかならないかな ??

つまり容器の中に入った水とエタノールを分離《ぶんり》できたらいいってことだよね？　じゃあ，分離してみよっか！

そんなことできるの ?? 神じゃん！

まあ完全な分離は少し難しいかもだけど一応できるんだ。まず水とエタノールが混ざった液体を 図1 のような枝つきフラスコに入れて加熱しよう。すると，17 で習ったように気体が出てくるからそれを試験管で集めよう。

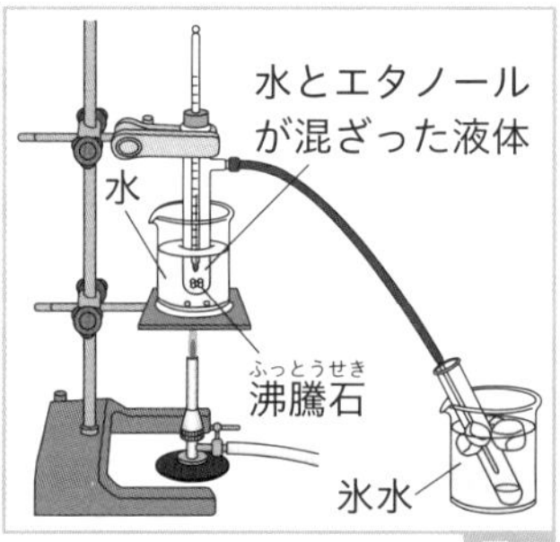

図1

これで本当に水とエタノールを分離できるの？

これで待ってたらできるよ。ほら。今だいたい 80 ℃になったけど，少しずつ試験管に液体が集まってきたね。

本当だ！　これは水？

でも水の沸点は 100 ℃だから少しおかしいよね？

そう。これはエタノールなんだ。 図2 のように，水とエタノールでは沸点が違《ちが》っていて，**水は 100 ℃で沸騰するけど，エタノールは約 78 ℃で沸騰する**。だから，先にエタノールが気体になって，試験管にはエタノールを多く集められるんだ。でもそのエタノールって沸騰して気体になるくらい熱いから，それを冷やしてもとに戻すために，試験管は氷水につけてあるんだ。

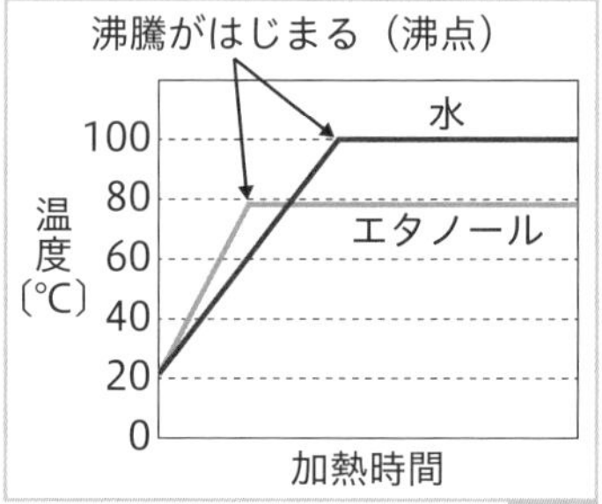

図2

なるほど！　ってことはこれである程度，エタノールと水は分離することができるってことね。

そういうこと。こんなふうに，水とエタノールといった 2 種類以上の物質が混ざったものを 混合物 っていうのに対し，1種類でできてる物質は 純物質 というんだ。
この実験のように混合物の液体を加熱して沸騰させ，出てくる気体を冷やして再び液体にして分離する方法を 蒸留 っていうよ。

はぁ。助かった！ これって水とエタノールの 沸点 が違うことを利用して分離したってことだよね？

そういうこと。ちなみに，**混合物の沸点や融点は，決まった温度にならない**んだ。だから温度変化は 図3 のような感じで，沸点の低い物質が沸騰し始めてからはじょじょに温度が上昇《じょうしょう》していくんだ。はい，じゃあこれで，エタノールと水はある程度分離できたね。次からは気をつけるんだよ。

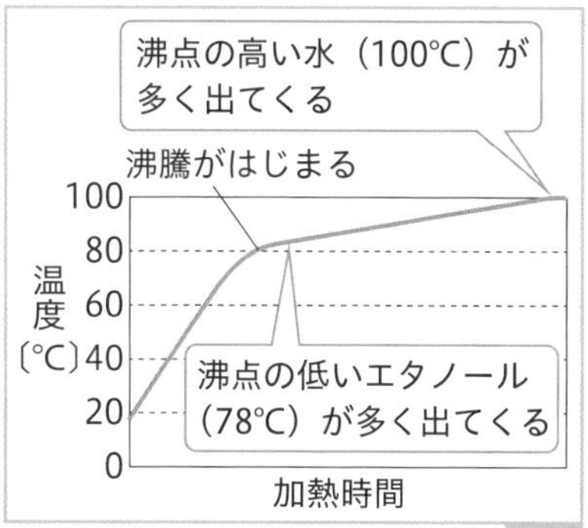

図3

はーい。

練習問題

解答解説▶▶別冊11ページ

1 次のア～クのうち，混合物であるものをすべて選びなさい。

ア 精製水	**イ** 空気	**ウ** アルミニウム	**エ** 砂糖水
オ 海水	**カ** 石油	**キ** ドライアイス	**ク** 酸素

2 右図は，エタノールと水の混合物を加熱したときの加熱時間と温度の関係を示したものである。次の各問いに答えなさい。

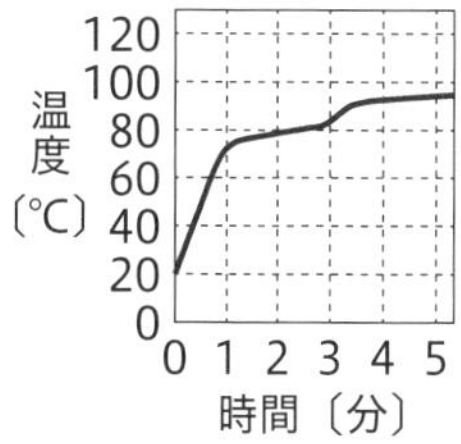

(1) 加熱することで出てくる気体を冷やし，再び液体にして集める方法を何というか。

(2) 次のア～エのうち，加熱を始めてから1～3分の間に集めた液体について正しいものはどれか。

ア 水が多くふくまれ，脱脂綿《だっしめん》につけた液体を火に近づけるとよく燃えた。
イ 水が多くふくまれ，脱脂綿につけた液体を火に近づけても燃えなかった。
ウ エタノールが多くふくまれ，脱脂綿につけた液体を火に近づけるとよく燃えた。
エ エタノールが多くふくまれ，脱脂綿につけた液体を火に近づけても燃えなかった。

プラスα

・沸騰石は，液体が突然《とつぜん》に沸騰してしまう突沸《とっぷつ》をふせぐために入れる。
・水とエタノールの混合物を蒸留すると，最初に出てくる液体にはエタノールが多くふくまれるので，においを嗅《か》げばお酒のにおいがして，よくわかる。

Q&A 04 教科書を読んだり，授業をよく聞いたりするだけじゃダメ？

マオ：でんがん先生，聞いて！ 最近，家でもめっちゃ教科書読んでるし，授業も聞くようになったよ。

でんがん先生：おっ，マオさん，やる気が出てきたな！ がんばってるじゃん。

マオ：うん，でも……。昨日も小テストがあったんだけど，ちっとも答えられなかった。ちゃんと勉強したはずなのに。

でんがん先生：「読む」や「聞く」は，知識を取り入れるインプットの作業。実はインプットだけでは，内容がなんとなくわかっているという感じで，テストで答えられるまでにならないんだ。

成績を上げるには，インプットした内容を整理して，アウトプットできるようにしなくてはならない。アウトプットとは，簡単に言えば「話す」「書く」のように，自分の頭の中にあることを外に出すこと。
声に出したり文章にしたりして，覚えたことを説明できるようになると，テストでもちゃんと答えられるようになるよ。

COMMENTS

いっせー先生：アウトプットが大事，というのは科学的にも正しい話なんだよね。コロンビア大学の研究で，インプットよりもアウトプットが多いほうが記憶《きおく》に定着しやすい，ということが証明されているんだ。

Q&A 05

おすすめのノートの取り方は？

ハルカ：でんがん先生，授業のノートの取り方がよくわからない。もっと役に立つノートにしたいんだけど……。

でんがん先生：ハルカさん，ノートの取り方でいちばん大事なのは，自分にとってわかりやすいこと！ 色分けしてあってめっちゃきれいとか，まわりの人からほめられるようなノートである必要はないんだ。

ハルカ：どうしたら，自分にとってわかりやすいノートになるの？

でんがん先生：それには，“自分のことば”で書くことが大事！

授業を聞きながら，「自分はこう思った」，「これはこういうことらしい」という補足情報を，自分で考えたことばで書《か》き込《こ》んでおくんだ。
すると，それがインプットからのアウトプットになって，学びが深まるよ。

ハルカ：へえ！ さっそくやってみる。

COMMENTS

くめはら先生

僕《ぼく》も，でんがん先生と同じ方法でノートを取っていたよ！ でも僕の場合は，先生の話す雑談までメモを取っていたし，字が汚すぎて，あとで読み返しても何のことかわからなくなるときがよくあったなぁ……(笑)。自分で読めるようにはしておきたいね。

20

2年　炭酸水素ナトリウムの熱分解

ホットケーキミックスを加熱してみた。

ふっくらしてるホットケーキはいつ食べてもおいしいよね。毎日でも食べたいもん！

ホットケーキミックスを使って作った生地を加熱すると，ふっくらするよね？ それがなんでか知りたくない？

結構興味あるかも。なんでだろう。

では，図1のような実験器具を使って，炭酸水素ナトリウムの加熱をしてみよう。炭酸水素ナトリウムはホットケーキミックスの粉に入っているもので，これを加熱すると，**白色の固体の炭酸ナトリウムと気体の二酸化炭素と水という3つの物質に分かれる**んだ。こんなふうに，1種類の物質が加熱によって2種類以上の物質に分解することを 熱分解 というよ。

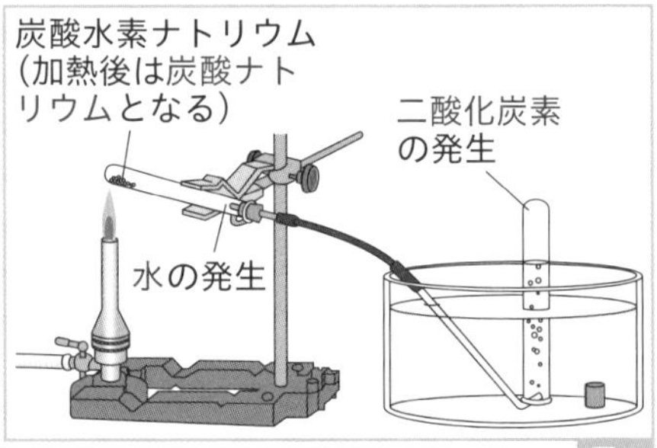

図1

なるほどね。でも，結局なんでホットケーキはふくらむの？

さっき出た3つの物質の中に二酸化炭素があるよね。この気体が発生するからふっくらふくらむんだよ。

なるほど!! でもさ，炭酸ナトリウムとか水が発生するってどうしてわかるの？

水は青色の塩化コバルト紙を赤色に変えることを確かめればわかるし，炭酸ナトリウムは炭酸水素ナトリウムよりも強いアルカリ性だから，**フェノールフタレイン溶液《ようえき》を加えると，濃い赤色になる**ことを確かめればわかるよ。

フェノールフタレイン??

物質が酸性かアルカリ性かを見極めるために使うもので，こういう薬品を 指示薬 ってよんだりするよ。代表的な指示薬を，表にまとめといたよ。よくテストに出るのは，BTB溶液とフェノールフタレイン溶液とリトマス紙だから色の変化をしっかり覚えといてね。

	酸性	中性	アルカリ性
BTB溶液	黄色	緑色	青色
フェノールフタレイン溶液	無色	無色	赤色
リトマス紙	青色→赤色	変化なし	赤色→青色
紫《むらさき》キャベツ液	赤色	紫色	黄色

もともと炭酸水素ナトリウムだったものが，「炭酸ナトリウム」と「二酸化炭素」と「水」に分かれてるけど，これも前に習った状態変化なの？

いい質問だね。じつは，これは状態変化ではないんだ。なぜなら，反応前と反応後で違《ちが》う物質に変わってるからだよ。固体の氷が液体の水になっても水であることに変わりはない。こういうのを 状態変化 っていう。それと違ってこんなふうに，反応後にもとの物質と違う物質が生じる変化を 化学変化 または 化学反応 っていうんだ。

ホットケーキとかみたいな身近なものにも化学変化が利用されてるんだね。

練習問題

解答解説 ▶▶ 別冊 11 ページ

1 右図は，炭酸水素ナトリウムを加熱する様子を模式的に示したものである。これについて，次の各問いに答えなさい。

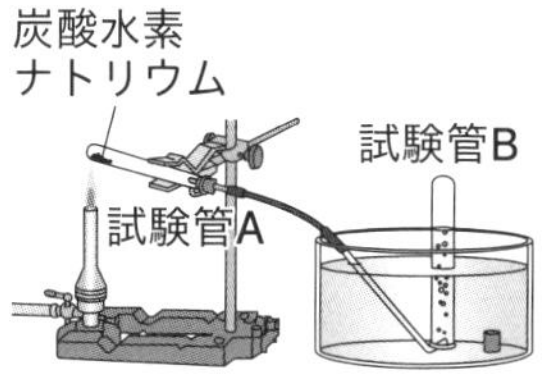

(1) 試験管Bに集まった気体を石灰水に通すと石灰水が白く濁《にご》った。この気体は何か。

(2) 試験管A内の口の部分についた液体を青色の塩化コバルト紙につけるとどのように変化するか。

(3) (2)の結果から，この液体は何と考えられるか。

(4) 加熱後に試験管A内に残った固体は何という物質か。

(5) (4)の固体を溶かした溶液にフェノールフタレイン溶液を加えると，溶液の色はどうなるか。

2 次のア～エのうち，化学変化による現象をすべて選びなさい。

ア ドライアイスを室温で放置しておくと消えてなくなった。

イ ベーキングパウダーがふくまれている生地を焼くと，ふくらんだ。

ウ 寒い日の朝，外に出ると霧《きり》が発生していた。

エ ろうそくを燃やすと気体が発生した。

プラスα

・熱分解にはほかに，酸化銀を加熱すると酸素と銀に分かれるといった反応もある。
・熱分解するときは，試験管の口を少し下げて加熱する。そうしないと，発生した水が加熱部に流れて試験管が割れてしまう。

21 2年 水の電気分解

水って結局何なの？

最近暑すぎて水分とらないとやばいよね。脱水症状《だっすいしょうじょう》になりそう。

ハルカがんばりすぎだよ。しっかり水分とらないとバテちゃうから給水しないとだね。

そうだね。でも，水って世の中にありふれてるけど，水自体が結局何かあんまり知らないよね。

まあわかるけど，水は水なんだからそれでよくない？

CM とかではよく H_2O とかいってるけど，意味もよくわかってないんだよね。

２人とも最近はいろんなことに興味をもってくれるね。よし。「水」っていうのが何なのか，勉強してみよっか。

教えて教えて !!

さっきハルカさんが言ってたように，水っていうのは，H_2O って表されたりするんだよね。また次の 22 でくわしいことは教えるけど，H は水素，O は酸素を表すんだ。実は，水っていうのは，水素 と 酸素 からできてるんだよ。

なんか感覚的にはよくわかんない。

そうだよね。それじゃあ，図1 を見てみよう。これは，水を分解して水素と酸素にする実験だよ。
図1 のように，H っぽい形の管（H 字管）に水を入れてここに電流を流すんだ。実は**純粋《じゅんすい》な水は電気を通さないので**，電流が流れやすくなるように水酸化ナトリウムを少し入れる。

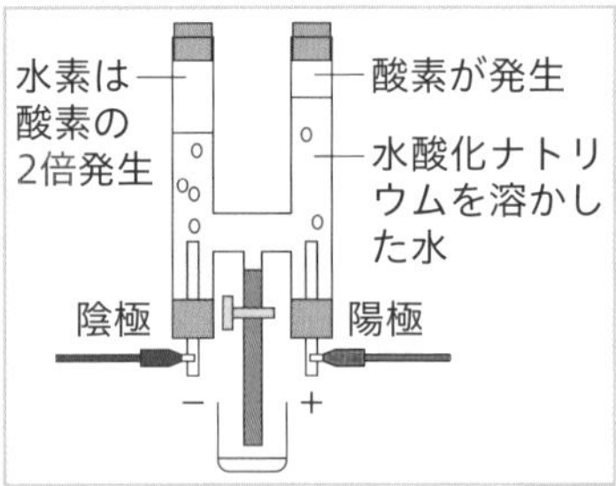

図1

そして，電流を流すということは，電源にプラス極とマイナス極があるよね。プラス極につながってる電極を 陽極 ，マイナス極につながっている電極を 陰極 といい，**陰極《いんきょく》側で水素，陽極側で酸素が発生する**んだ。

へぇ。てことは，陰極側にたまった気体にマッチの火を近づけるとポッと音を立てて燃えるってこと？

すばらしいね！ そういうこと！ ちなみに，陰極側の水素と陽極側の酸素で発生してる体積がぱっと見で違《ちが》うのわかるかな？

図1 を見てたらよくわかる!! だいたい，水素が酸素の 2 倍くらい発生してそう！

そうそう！ **陰極側の水素と陽極側の酸素は体積比 2：1 で発生する**んだ。こんなふうに，電流を流すことで物質を分解することを 電気分解 っていうんだよ。覚えておいてね！

うん。実験についてはよく理解できたよ！

これで水が水素と酸素からできているってことがわかったよね。じゃあ，さっそく練習問題をやってみよう！

はーい。

練習問題

解答解説▶▶別冊 12 ページ

1 右図のような装置を用いて，少量の水酸化ナトリウムを溶かした水を入れ，電源装置に電圧を加えた。これについて，次の各問いに答えなさい。

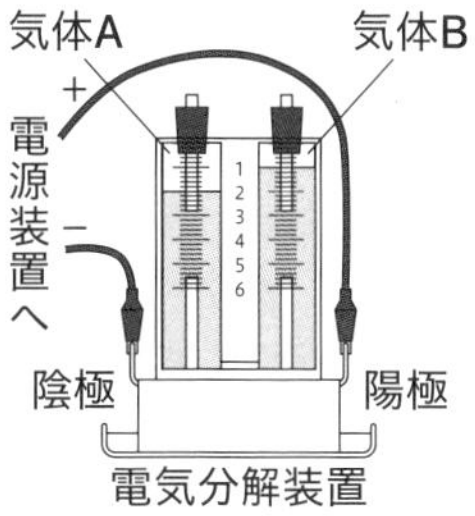

(1) 下線部において，水に水酸化ナトリウムを溶かす理由は何か。

(2) 陰極に集まった気体 A に，マッチの火を近づけると，爆《ばく》発《はつ》して燃えた。この気体は何か。

(3) 陽極に集まった気体 B に，火のついた線香を入れると，線香は炎《ほのお》を上げて燃えた。この気体は何か。

(4) この実験によって発生した気体 A と気体 B の体積比を，最も簡単な整数比で答えなさい。

気体 A：気体 B=　　　　：

(5) この実験のように，電流を流すことで物質を分解することを何というか。

プラスα

- 電気分解は水だけでなくほかにも，塩化銅を電気分解すると塩素と銅に分かれるといった反応がある。
- 塩化銅の電気分解によってできた銅が溶けている水溶液は有毒である。そのため，この水溶液は捨てずに回収しておく。

22 2年 原子・分子

1円玉は何でできている？

エイタはどれくらい貯金額あるの？

47円。

それ，もはや貯金とはいえない金額…!!

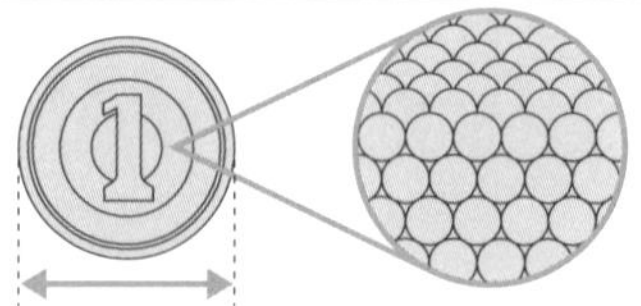

7000万個のAl原子が並んでいる

1枚の1円玉に2億個×1億×100万倍のアルミニウム原子がふくまれる
→原子1粒《つぶ》＝お米1粒としたとき，1年間に日本で生産されているお米5000万年分の米粒の数に等しい。

図1

いやだって，1円玉貯金だもん。しかたないよ。そういえば1円玉って何でできてるんだろうね。

エイタくんいいところに注目するね。まず，1円玉のような物体ってただ見ててもわからないけど，すごい顕微鏡《けんびきょう》とか使ってめっちゃズームしてみたら，図1のように，粒子《りゅうし》が並んだようになってるんだ。このような，物質をつくる，ふつうそれ以上分けることはできない粒子のことを 原子 っていうんだよ。
まず1円玉もこの原子でできているってことを知っておこう。ちなみに，**原子は化学変化でそれ以上分けられない最小の粒子だから，急に現れたり，なくなったり，種類が変わったりすることはない**んだ。これも覚えておこう！

へぇ。そうなんだ。原子ってあんまり聞きなれないことばだね。

そうだね。似たことばに 元素 っていうのがあるよ。この元素ってことばは，物質を構成する原子の種類のことなんだ。似た意味だけど，簡単にいうと，粒に注目したら原子，種類に注目したら元素って覚えておこう。
そして，1円玉の話に戻《もど》るけど，1円玉はアルミニウムっていう元素で構成されてるんだ。ちなみに，いくつかの原子が結びついてできた粒子で物質の性質のもとになる最小の粒子を 分子 っていうからこれも覚えておこう！

そういえば，理科室にアルファベットが並んだ表があったけど，あれは何？

それは次ページの表みたいなものだね。これを周期表《しゅうきひょう》っていうんだ。この周期表によると，Nは窒素《ちっそ》，Oは酸素，Hは水素を表すってことがわかるよね。こんなふうに**元素をアルファベットで表したものを元素記号っていう**んだ。表の色がついている元素はテストで出やすい元素だから教科書を見て覚えておこう！

理科なのに，急に英語みたいになってる。

でも，酸素がOとかはなんか聞いたことあったよ。

周期＼族	1	2	3	4	5	6	7	8	9	10	11	12	13	14	15	16	17	18
1	$_{1}$H																	$_{2}$He
2	$_{3}$Li	$_{4}$Be											$_{5}$B	$_{6}$C	$_{7}$N	$_{8}$O	$_{9}$F	$_{10}$Ne
3	$_{11}$Na	$_{12}$Mg											$_{13}$Al	$_{14}$Si	$_{15}$P	$_{16}$S	$_{17}$Cl	$_{18}$Ar
4	$_{19}$K	$_{20}$Ca	$_{21}$Sc	$_{22}$Ti	$_{23}$V	$_{24}$Cr	$_{25}$Mn	$_{26}$Fe	$_{27}$Co	$_{28}$Ni	$_{29}$Cu	$_{30}$Zn	$_{31}$Ga	$_{32}$Ge	$_{33}$As	$_{34}$Se	$_{35}$Br	$_{36}$Kr
5	$_{37}$Rb	$_{38}$Sr	$_{39}$Y	$_{40}$Zr	$_{41}$Nb	$_{42}$Mo	$_{43}$Tc	$_{44}$Ru	$_{45}$Rh	$_{46}$Pd	$_{47}$Ag	$_{48}$Cd	$_{49}$In	$_{50}$Sn	$_{51}$Sb	$_{52}$Te	$_{53}$I	$_{54}$Xe
6	$_{55}$Cs	$_{56}$Ba	57～71 ランタノイド	$_{72}$Hf	$_{73}$Ta	$_{74}$W	$_{75}$Re	$_{76}$Os	$_{77}$Ir	$_{78}$Pt	$_{79}$Au	$_{80}$Hg	$_{81}$Tl	$_{82}$Pb	$_{83}$Bi	$_{84}$Po	$_{85}$At	$_{86}$Rn
7	$_{87}$Fr	$_{88}$Ra	89～103 アクチノイド	$_{104}$Rf	$_{105}$Db	$_{106}$Sg	$_{107}$Bh	$_{108}$Hs	$_{109}$Mt	$_{110}$Ds	$_{111}$Rg	$_{112}$Cn	$_{113}$Nh	$_{114}$Fl	$_{115}$Mc	$_{116}$Lv	$_{117}$Ts	$_{118}$Og

元素記号 H　原子番号 1

ちなみに，すべての物質は元素記号と数字を使った 化学式 で表すことができるんだよ。たとえば，水素分子は H_2，水分子は H_2O と表すよ。

じゃあ，二酸化炭素はどうやって表すの？

CO_2 だよ。1円玉の話のときに出てきたアルミニウムは Al って表すけど，金属や炭素は1種類の元素だけで書くことが多いんだ。Al のように1種類の元素でできている物質を 単体 ，それに対し CO_2 のように，2種類以上の元素が組み合わさることによってできた物質を 化合物 っていうんだ。

練習問題

解答解説 ▶▶ 別冊 12 ページ

1 次のア～エのうち，原子の性質にあてはまらないものはどれか。

ア　原子の質量や大きさは，原子の種類によっては決まっていない。
イ　化学変化によって，原子がほかの種類の原子に変わることはない。
ウ　化学変化によって，原子はそれ以上に分割することができない。
エ　化学変化によって，原子がなくなったり，新しくできたりすることはない。

2 原子と元素の違いについて，簡単に説明しなさい。

3 次のa～eの物質について，あとの各問いに答えなさい。

a　水素　　b　酸素　　c　銅　　d　塩化ナトリウム　　e　水

(1)　a～eをそれぞれ化学式で表しなさい。a ＿＿＿　b ＿＿＿　c ＿＿＿　d ＿＿＿　e ＿＿＿

(2)　a～eを，単体と化合物にそれぞれ分けなさい。単体 ＿＿＿　化合物 ＿＿＿

プラスα

・元素は現在の時点で 118 種類確認されている。

23 2年 元素・化学式

物質をアルファベットで書けません。

1つ前の22で水を H_2O ，二酸化炭素を CO_2 って書くって習ったけど，Hの後ろの2とかはなんでつくの?? その意味を教えて！

確かに元素記号の後ろにつく数字の意味は教えてなかったね。この数字には原子の数で，物質ごとにきまってるよ。突然だけど**実は原子には手がある**んだ。

手ってどういうこと？ 私たちにも生えてるこの手が原子にもあるの？ そんなわけないじゃん。

いやそれはそうなんだけど，手が生えてると考えるとわかりやすいんだ。んで，各元素ごとに，原子に生えてる手の数が違《ちが》うんだ。

人間はみんな基本的に手が2本だけど，原子は元素によって生えてる本数が違うって面白いね。

そうなんだ。そして，**化学式をつくるときはこの手の数が合うように数をそろえなければならない**んだ。

もう少し具体的に教えて！

表を見てみよう。表は，各元素と手の数の表になってるんだけど，この表によると，水素原子は手が1本，酸素原子は手が2本だよね。だから，水分子をつくろうと思ったら水素原子が2個ないと，酸素原子の手が1本あまっちゃうけどあまりが出たらダメなんだ。だから水は H_2O になるってこと。同じ理由で，二酸化炭素は炭素原子が手が4本，酸素原子が2本だから CO_2 になるんだよ。わかったかな？

グループ1	手の数	グループ2	手の数
Cu	2	O	2
Mg	2	Cl	1
Na	1	OH	1
Fe	2		
Ag	1		
H	1		
C	4		

なるほど!! んじゃ，ほかの物質も化学式で表してみたい！

じゃあ，酸化銀を表してみよう。酸化銀は酸素と銀の組み合わせだから，原子の手の数を見てみよう。

酸素原子が手が2本で銀原子の手が1本だから 2AgO になる！

それは間違ってるよ。銀を2つにしたいときは，銀原子の後ろに小さく2って書くんだ。だから，酸化銀の化学式は Ag_2O になるんだよ。

なるほど！ この表さえあれば，だいたいの物質は化学式で表せるね。

1つ注意しておこう。表を見たら，左のグループ1の元素と右のグループ2の元素で分かれてるよね。**化学式をつくるときは，この表のグループ1の元素とグループ2の元素の組み合わせでつくろう。**たとえば，ナトリウム原子 Na と塩素原子 Cl は化合物をつくって NaCl になれるけど，ナトリウム原子と銅原子を組み合わせて，Na_2Cu にはできないってこと。必ず，このルールだけ守っておけば，おおよその物質は表に従って化学式にすることができるよ。だから，表の手の数などはだいたい覚えておこう！

でもなんで水素とか酸素は水素どうしで H_2 になったり，酸素どうしで O_2 になったりするの？

とてもいい質問だけど，その理由を説明するのは高校の範囲《はんい》になっちゃうから，こう覚えておこう。水素，窒素《ちっそ》，酸素，塩素はとても寂《さみ》しがりだから，この4つは分子になって2つで1つになるんだ。ほかにもそういう元素はあるけど，とりあえずこれだけ覚えておこう！

練習問題

解答解説 ▸▸ 別冊 13 ページ

1 次の文の(　　)にあてはまる元素記号や化学式，数を答えなさい。

　二酸化炭素は炭素と酸素からなる物質であり，炭素は元素記号で表すと①(　　　　)，酸素は②(　　　　)である。また，二酸化炭素は1個の炭素原子に対して③(　　　　)個の酸素原子が結びついているので，化学式で表すと④(　　　　　　)となる。

2 次のア〜キにあてはまる数を答えなさい。ただし，数が入らず省略される場合には×としなさい。

ア＿＿＿＿　イ＿＿＿＿　ウ＿＿＿＿　エ＿＿＿＿

オ＿＿＿＿　カ＿＿＿＿　キ＿＿＿＿

酸化マグネシウム：$Mg_{\text{ア}}O_{\text{イ}}$　　塩化鉄：$Fe_{\text{ウ}}Cl_2$

水酸化ナトリウム：$Na_{\text{エ}}OH_{\text{オ}}$　　硫化水素《りゅうかすいそ》：$H_{\text{カ}}S_{\text{キ}}$

3 次のa〜dにおいて，2つの物質が化学反応によって結びついた物質の化学式をそれぞれ答えなさい。

a＿＿＿＿　b＿＿＿＿　c＿＿＿＿　d＿＿＿＿

a　酸素と銅　　b　酸素と銀　　c　塩素と銀　　d　硫黄《いおう》と鉄

24

2年　化学反応式

化学反応式って何？

1つ前の㉓で原子と元素記号について習ったじゃん？　じゃあ，この前習った水の電気分解とかも，元素記号とかで書いたりできるの？

できるよ。元素記号を使った化学式を使えば，物質をただ表すだけじゃなくて化学変化がどうなったかも表すことができるんだ。こんなふうに化学式で化学変化を表したものを 化学反応式 っていうんだ。

実際にその化学反応式ってどんなやつなの？

表1を見てみよう。㉑で習った水の電気分解によると，水は水素と酸素に分かれるんだったよね。

これを化学式で表すと，水 H_2O が水素 H_2 と酸素 O_2 に分かれる。これが②の反応式だよね。でもこれだけじゃダメなんだ。

表1

	手順	反応式
①	反応前と反応後の物質名を書く	水 ⟶ 水素＋酸素
②	それぞれを化学式で表す	$H_2O \longrightarrow H_2+O_2$
③	左辺と右辺の原子の数が等しくなるよう数を合わせる	$2H_2O \longrightarrow 2H_2+1O_2$
④	1は省略する	$2H_2O \longrightarrow 2H_2+O_2$

なんでダメなの？　水が水素と酸素に分かれるって表されてるじゃん。

それはね，**右辺にある原子の種類や数と左辺にある原子の種類や数を同じにしなきゃダメ**だからなんだ。表1をもう1回見てみよう。表1の②の反応式では水素原子の数は左辺2個，右辺2個だよね。でも酸素原子の数を数えてみよう。左辺は H_2O のOが1個だけだけど，右辺は O_2 でOが2個あるから酸素原子の数が合ってないんだ。これを合わせるようにしないといけないんだ。

んじゃあ，どうやって合わせるの??

表1の③の反応式を見てみよう。Oの数が合うように，H_2O の数を2倍してみる。そうすると，Oの数が合うよね。でも，さっきまで数が同じだった左辺のHが4つになっちゃった。だから，右辺の H_2 も2倍して，③の反応式のようにするんだ。これで，水素原子も酸素原子も数が左辺で合ったよね。これで化学反応式の完成だよ。こんなふうに**左辺と右辺で原子の種類と数が等しくなるように，数を合わせる**ことを忘れないでね。

なるほど!!　理解できた。じゃあほかのパターンの化学反応式も教えてほしい！

じゃあ，酸化銀の熱分解について考えてみよう。酸化銀は化学式で書くと，1つ前の㉓によると Ag_2O ，酸素は O_2 ，銀は Ag になるよね。つまり表2の②の反応式まで書けたね。んじゃあ，これの左辺と右辺で数を合わせる練習をしてみよう。

まず，銀原子は左辺が2つで右辺が1つだよね。だから，右の銀原子に2をつけてみよっと！

表2

	手順	反応式
①	反応前と反応後の物質を書く	酸化銀 ⟶ 銀＋酸素
②	それぞれを化学式で表す	$Ag_2O \longrightarrow Ag+O_2$
③	左辺と右辺の原子の種類と数が等しくなるよう合わせる	$2Ag_2O \longrightarrow 4Ag+1O_2$
④	1は省略する	$2Ag_2O \longrightarrow 4Ag+O_2$

考え方は正しいよ！　でも，酸素原子の数がまだ合わないから左辺の Ag_2O にも2をつけないとダメだね。そうなると，こんどは銀原子の数がまた合わなくなる。そして，右辺の Ag に4をつけるとようやく数が合うね。最後に1を省略して完成だよ！

なるほど！　こんなふうにすれば，どんな化学変化でも目で見てわかるようになるんだね。

練習問題

解答解説▶▶別冊13ページ

1 次の文の（　　）にあてはまる数を答えなさい。

水の電気分解を化学反応式で表すと，左辺の水分子①（　　　　）個に対して，右辺の水素分子が②（　　　　）個，酸素分子が③（　　　　）個である。この式から，左辺と右辺でそれぞれ原子の数は等しく，水素原子は④（　　　　）個，酸素原子は⑤（　　　　）個である。

2 次のア〜オのうち，化学反応式として誤っているものをすべて選びなさい。

ア　$2Cu + O_2 \longrightarrow 2CuO$　　イ　$C + O_2 \longrightarrow CO_2$　　ウ　$2Ag_2O \longrightarrow 2Ag + O_2$

エ　$2Cu + S_2 \longrightarrow 2CuS$　　オ　$NaHCO_3 \longrightarrow Na_2CO_3 + H_2O + CO_2$

3 次のa〜cにおいて，化学反応式をそれぞれ答えなさい。

a　　　＋　　　⟶　　　　b　　　＋　　　⟶

c　　　＋　　　⟶

a　銅と塩素によって塩化銅ができる。
b　鉄と硫黄《いおう》によって硫化鉄《りゅうかてつ》ができる。
c　マグネシウムと酸素で酸化マグネシウムができる。

25 2年 化学変化と熱

カイロはなぜ熱くなる？

最近寒くない?? 部活のときとか，寒すぎて練習に集中できなかったよ。

わかるわ～。私も授業中はずっとカイロもってたよ。

でもなんで，カイロってあったかくなるんだろうね。

それはね。**カイロの中の化学変化で熱が発生して温度が上がる**からなんだよ。そういう反応を 発熱反応 っていうんだ。逆に，化学変化が起きて，熱を吸収してまわりの温度が下がる反応を 吸熱反応 っていうんだよ。

てことは発熱反応に冬は助けられてるってことね。

そういうこと。カイロのような発熱反応の中でもかなり基本的な鉄と硫黄《いおう》の混合物の加熱の実験をしてみよう。まずは， 図1 を見てみよう。 図1 のように，鉄と硫黄を混ぜ合わせて加熱するんだ。そうすると，どんどん黒くなってきて黒い物質に変化していく。そして，もとの物質と違《ちが》う 硫化鉄 っていう物質になるんだ。

図1

でも本当に違う物質に変わったの？ 鉄と硫黄の混合物が加熱されただけじゃないの？

そういうなら確かめてみようか。 図2 を見てみよう。 図2 にある2つの試験管のうち，一方にはもとの鉄と硫黄をただ入れただけ，もう一方には加熱後の黒い化合物。 図2 (a) では，そのそれぞれの物質に磁石を近づけてる。もともとの鉄と硫黄のほうには，鉄っていう金属が入ってるから当然磁石にくっつくよね。**でも混合物の加熱後の黒い物質は磁石にくっつかないんだ。てことは，もともとあった鉄は違う物質に変わったってことがいえるね。**

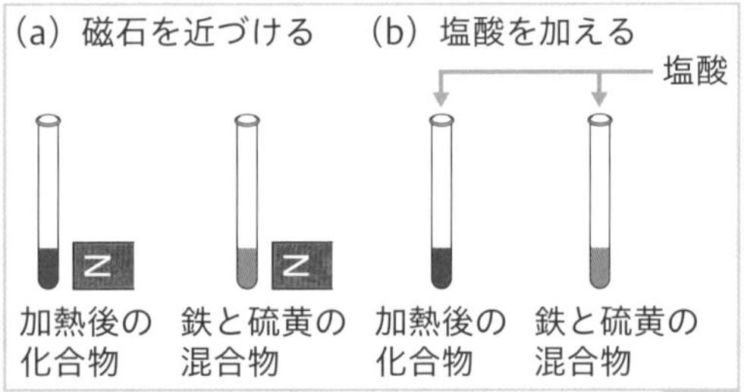

図2

ほかにも 図2 (b) のようにそれぞれに塩酸を加えると，鉄ではにおいのない水素が発生するけど，加熱後の物質では卵の腐《くさ》ったようなにおいがする 硫化水素 っていう気体が発生するんだ。要するに，加熱前と加熱後で違う物質になったってこと！

うん！ わかった！ これを化学反応式で書くと，Fe+S ⟶ FeS っていうふつうな感じであってるの？

正解だよ！ 反応式を見たらわかるけど，この化学反応では，鉄と硫黄の 2 種類の物質が結びついて，硫《りゅう》化《か》鉄《てつ》というもとの物質とは性質の異なる別の 1 種類の物質になってるよね。このような化学変化によってできた物質が 化合物 なんだ。

化合物と混合物ってどう違うんだっけ？ 忘れちゃった…。

化合物は 2 種類以上の物質が化学変化によってもとの物質とは違う物質になるから，性質も変わるんだけど，**混合物は，2 種類以上の物質がただ混ざってるだけなので，もとの物質から性質は変化しない**んだ。

練習問題

解答解説 ▶▶ 別冊 14 ページ

1 次のア～エのうち，発熱反応であるものをすべて選びなさい。 ＿＿＿＿

ア 鉄と酸素の化学反応により，酸化鉄ができる。
イ 酸化カルシウム(生石灰)に水を加えると，水酸化カルシウムができる。
ウ 塩化アンモニウムと水酸化バリウムと水を混ぜると，アンモニアが発生する。
エ 炭酸水素ナトリウムとクエン酸の化学反応により，二酸化炭素が発生する。

2 右図のような装置を用いて，鉄と硫黄の混合物を加熱した。これについて，次の各問いに答えなさい。

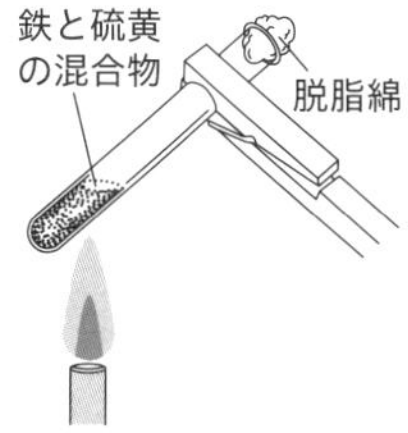

(1) 加熱後にできた物質は何色をしているか。 ＿＿＿＿

(2) 加熱後にできた物質は何か。 ＿＿＿＿

(3) 加熱前の混合物と加熱後の物質にそれぞれ磁石を近づけるとどうなるか。

加熱前の混合物 ＿＿＿＿

加熱後の物質 ＿＿＿＿

(4) 加熱前の混合物と加熱後の物質にそれぞれうすい塩酸を加えたとき，それぞれ何という気体が発生するか。

加熱前の混合物 ＿＿＿＿

加熱後の物質 ＿＿＿＿

(5) 鉄と硫黄の混合物を加熱したときの化学変化を化学反応式で表しなさい。

＿＿ + ＿＿ ⟶ ＿＿

プラスα

・塩化アンモニウムと水酸化バリウムを混ぜる反応は吸熱反応である。

26

2年 酸《さん》化《か》還《かん》元《げん》反《はん》応《のう》

さびた10円玉をピカピカにしたい！

この前コンビニに行ってもらったお釣《つ》りの10円玉がめっちゃ黒くさびてたんだけど，どうにかならないのかな？

そんなのどうでもよくない？

でもきれいな10円玉のほうがいいじゃん！ なんとなく，そんなことできるやり方はないのかなって思って。

んじゃ一緒《いっしょ》にさびを取る方法を考えていこうか。まずは，さびの原因から考えてみよう。10円玉は銅でできてるよね。**この銅が空気中の酸素にさらされてると，銅に酸素がくっついてこれがさびになる**んだ。このように，物質が酸素と結びつく化学変化を 酸化 っていうんだ。

そして，この酸化によってできた物質を 酸化物 という。10円玉はもともと銅でできてるんだけど，酸素と結びつくことによって酸化されて 酸化銅 という化合物になってこれがさびになるってことだね。

じゃあ，どうしたらそのさびが取れるの??

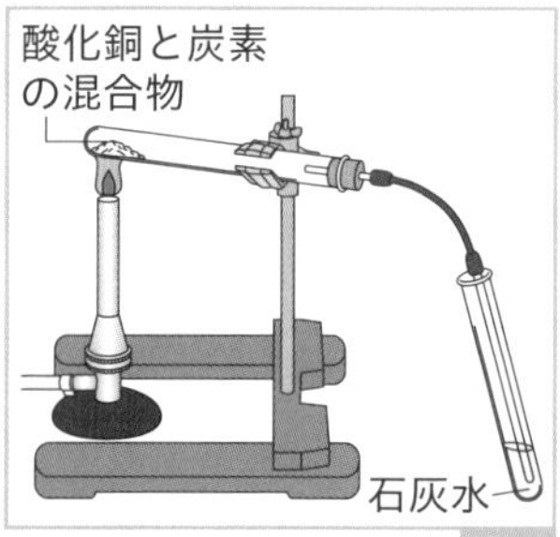

図1

そこだよね。今さっきの反応は酸化っていう反応だったよね。だからその逆反応をしよう。つまり，くっついた酸素を酸化物から取り除《のぞ》こうって実験をやってみよう。
図1 を見てみよう。実際に10円玉を加熱したら犯罪になりかねないから，さびの正体である酸化銅で実験する。酸化銅に活性炭っていう炭素を混ぜて，この混合物を加熱してみよう。すると，酸化銅が銅になって，炭素が二酸化炭素になる。
つまり，酸素がくっついてた酸化銅の酸素が取れて銅になってるんだ。そして，関係なかった炭素に酸素が結びついて，二酸化炭素になってる。こんなふうに，酸化物から酸素を取り除く化学変化を 還元 というんだ。

こんなふうに還元してあげたら，10円玉のさびが取れるってことなんだね。

そういうこと！ ちなみに，銅に注目すると，酸化銅が銅になってるから還元されてるけど，炭素に注目すると，炭素には酸素がくっついて二酸化炭素になってるよ。これって酸化だよね。こんなふうに，**酸化と還元は必ず同時に起こる**ってことは覚えておこう！

ほかに酸化とか還元するような例ってあるの？

ほかにもあるよ。たとえば 図2 を見てみよう。 図2 はマグネシウムを加熱したところだよ。そうすると，激しく熱や光を出すんだけど，このときに加熱されて酸化マグネシウムになるんだ。これもマグネシウムに酸素がくっついてるから酸化だよね。
こんなふうに，激しい熱や光を出す酸化のことを特別に 燃焼 っていったりもするよ。

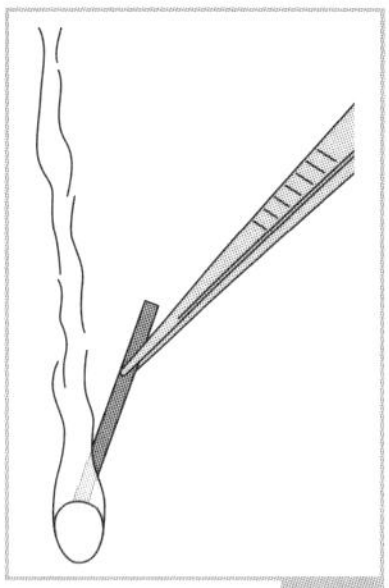

図2

そうなんだね。この化学反応式書いてみてもいい？
マグネシウム Mg に，酸素 O_2 がくっついて，酸化マグネシウム MgO になるから，
Mg ＋ O_2 ⟶ MgO　左辺と右辺の数を合わせると，2Mg ＋ O_2 ⟶ 2MgO になる！
合ってる？

すばらしい！ 正解だよ！ こんな感じで，新しい化学反応を習ったら，できなくてもいいからいったん化学反応式を書いてみるよう心がけてみよう！

練習問題

解答解説 ▶▶ 別冊 14 ページ

1 右図のように，酸化銅と炭素の混合物を加熱した。これについて，次の各問いに答えなさい。

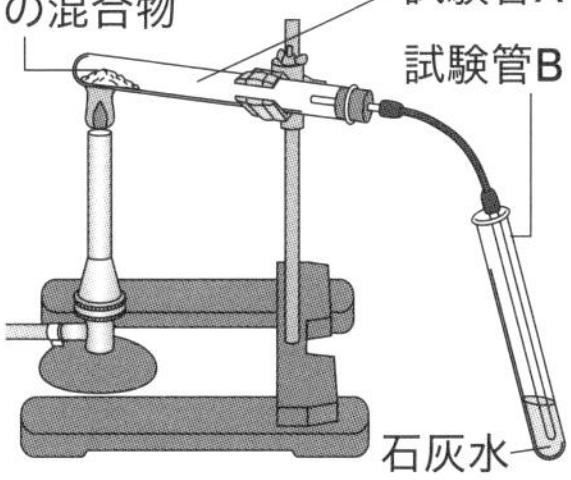

(1) 加熱してからしばらくすると，試験管 B の石灰水は白く濁《にご》った。このことから，発生した気体は何か。

＿＿＿＿＿＿＿＿

(2) 十分加熱をしたあと，試験管 A 内の混合物の色は何色に変化したか。

＿＿＿＿＿＿＿＿

(3) この実験において酸化された物質と還元された物質はそれぞれ何か。

酸化された物質＿＿＿＿＿＿　還元された物質＿＿＿＿＿＿

(4) この実験で起こった化学変化を化学反応式で表しなさい。

＿＿＿＿ ＋ ＿＿＿＿ ⟶ ＿＿＿＿ ＋ ＿＿＿＿

2 マグネシウムを皿にのせて質量をはかり，皿ごと空気中で加熱すると，熱や光を出しながら激しく反応した。反応がおさまったらさまして，再度質量をはかった。これについて，次の各問いに答えなさい。

(1) 下線部のような反応を何というか。　＿＿＿＿＿＿

(2) 加熱後の質量は加熱前と比べてどうなっているか。

＿＿＿＿＿＿＿＿＿＿＿＿＿＿＿＿＿＿

(3) この実験で起こった化学変化を化学反応式で表しなさい。

＿＿＿＿ ＋ ＿＿＿＿ ⟶ ＿＿＿＿

27 2年 質量保存の法則

人がもの食べたらその分太るよね？

先生！ 私この前 YouTube で初めて「大食い企画《きかく》」やったんだ！ それで，牛丼《ぎゅうどん》を 10 杯《ぱい》食べたら本当に死ぬかと思ったよ。

それだけ食べたら太っちゃうよ！ そういえば，理科の授業で似た法則習わなかった??

あんまり習った記憶《きおく》ない…。

んじゃあ少し復習してみようか。 図1 を見てみよう。 図1 では，1人の 50 kg の人間がいるよね。この人間が今から 1 kg の肉や米を食べたとしよう。食べた直後，体重は何 kg になることが予想されるだろう？

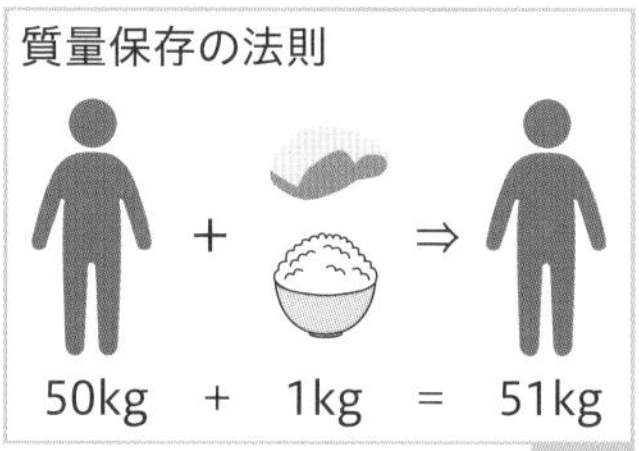

図1

もちろん 51 kg じゃないの？

そうだね。もちろんほかの要因もあるんだけど，こんなふうに，食べる直前と直後で全体の質量は変わってないでしょ。化学の世界でも同じことが成り立って，化学変化の前後で，物質全体の質量が変化しない。このことを 質量保存の法則 っていうんだよ。

へぇ。てことは，私は単純計算すると，食べた直後は牛丼 10 杯分の体重がふえたってことなんだね。

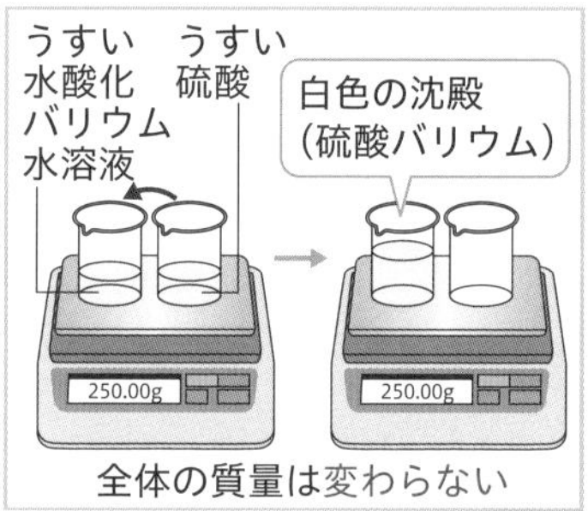

図2

そういうこと。では，化学変化における質量保存の法則の例を見てみよう。 図2 を見てごらん。2つのビーカーには，うすい硫酸《りゅうさん》とうすい水酸化バリウム水溶液が入っていて，これを混ぜ合わせるんだ。すると，硫酸バリウムっていう白い個体が出てくる。こういうのを 沈殿 っていうんだ。この反応全体の質量を見てみると， 図1 のはかりの数値はどちらも 250 g ってなっているよね。だから，反応の前後で物質全体の質量は変化しないんだ。

なるほど！ 反応の前後で質量が変わらないことはとりあえず理解できたよ！

ほかにも，閉じたフラスコの中に銅の粉末《ふんまつ》と酸素を入れて加熱すると，前に習った 燃焼 って反応で酸化銅になるよね。この反応とかとくに太るメカニズムと似てるんだ。銅が酸素っていう食べ物を食べて酸化銅になるけど，その分質量は増えてるし！

確かに！ 質量保存の法則は理解できたよ。

あと，反応する質量比の話をしておこう。実はある質量の金属を酸化させてくっつく酸素の質量には限界があるんだ。

図3 では，**銅もマグネシウムも，くっつく酸素の量は一定の割合で増えていて**，銅と酸素の質量比は約 4：1 ，マグネシウムと酸素の質量比は約 3：2 であることがわかるよね。反応する物質どうしの質量比は常に一定なんだ。

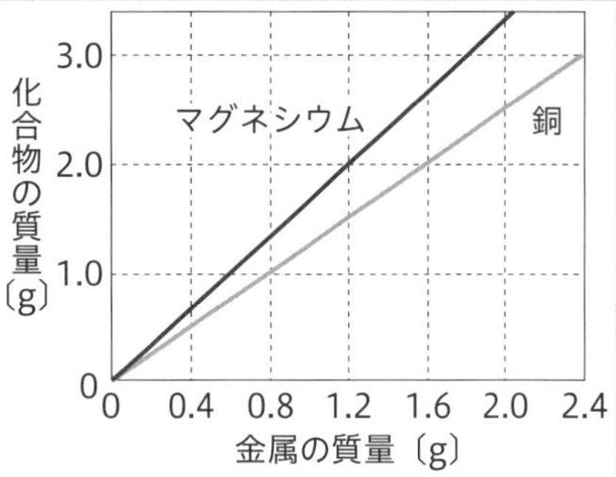

酸素の質量=化合物の質量－金属の質量

図3

練習問題

解答解説 ▸▸ 別冊 15 ページ

1 右図のような密封した容器の質量をはかったあと，容器を傾《かたむ》け，炭酸水素ナトリウムとうすい塩酸を混ぜると化学反応が起こった。これについて，次の各問いに答えなさい。

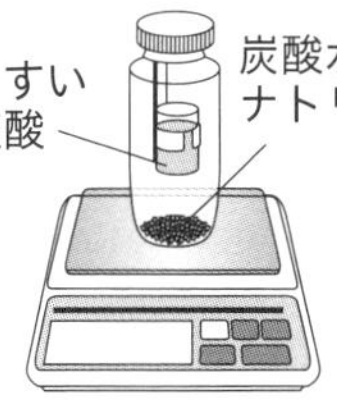

(1) この実験における化学反応を化学反応式で表しなさい。

＋

⟶ ＋ ＋

(2) 次のア～ウのうち，密封《みっぷう》した容器をふくめた全体の質量は化学反応の前後でどのようになるか。

ア 増加した　　イ 減少した　　ウ 変化なし

(3) (2)のような法則を何というか。

(4) 化学反応が起こったあと，容器のふたを緩《ゆる》めるとプシューと音がした。このとき，容器をふくめた全体の質量はふたを開ける前と比べてどうなるか。(2)のア～ウから選びなさい。

2 物質を加熱したときの化学変化について，次の各問いに答えなさい。

(1) 銅を十分に加熱したとき，反応する銅と酸素の質量の比は 4：1 の割合である。銅の粉末 2.0 g を十分に加熱すると，反応する酸素は何 g か。

(2) マグネシウムを十分に加熱したとき，反応するマグネシウムと酸素の質量の比は 3：2 の割合である。マグネシウムの粉末 2.4 g を十分に加熱すると，得られる酸化マグネシウムは何 g か。

＋プラス α

・化学変化では反応に関係する物質の質量の比は，常に一定である。

28

3年 電解質

水《すい》溶《よう》液《えき》に電流を流すとどうなる？

この前テレビで，純粋《じゅんすい》な水は電気を通さないってやってたんだけど，あれって本当なの？

そうだよ！ 純粋な水は実は電気を通さないんだ。**電気を通すのは，そこに溶《と》けてる物質なんだ**。たとえば，塩水なら水が電気を通すんじゃなくて，溶けてる塩が電気を通すんだよ。

へぇ，そうなんだ！ 知らなかった！

んじゃ，水に溶かすと電気を通す物質を教えて！

たとえば，食塩つまり塩化ナトリウムとか，塩化銅とかがあてはまるんだ。こんなふうに，水に溶けるとその水溶液に電流が流れる物質のことを 電解質 ，水に溶けてもその水溶液に電流が流れない物質のことを 非電解質 っていうよ。

そうなんだね。非電解質にはどんなものがあるの？

たとえば，エタノールとか砂糖とかは水に溶けても，その水溶液は電気を通さないよ。

なるほど！ そうなんだね！

じゃあ，今度は電気分解を考えてみよう。以前 21 で電流を流すことで，水を水素と酸素に分解する水の電気分解を習ったよね。あのときも，水に電流を流しやすくするように 水酸化ナトリウム を加えたよね。そんな感じで，電気分解するには，電解質を水に溶かす必要があるんだ。じゃあ，電解質である塩化銅を電気分解してみよう。図1 を見てみよう。まず，塩化銅水溶液の色は何色か知ってる？

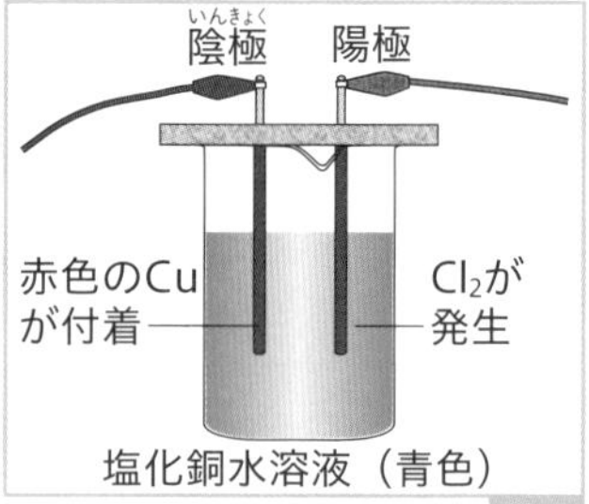

図1

わかんないけど， 図1 を見る限り青色じゃない？

そうだね。でも， 図1 のように塩化銅水溶液に電流を流すと，陰極側では赤色の 銅 が，陽極側では， 塩素 が発生するんだ。塩化銅という化合物を，銅と塩素という単体に分けたんだね。

なるほど！　でも，陰極側で銅が発生して，陽極側で塩素が発生するけど，逆はないの ??

逆はありえないんだ。水溶液中の銅が陰極側に吸い寄せられるのは，水溶液中では，銅原子や塩素原子が電気を帯びるからなんだ。陰極に吸い寄せられるのはプラスの電気だよね。こんなふうに，水溶液中での銅原子はプラスの電気を帯びていて，逆に塩素原子はマイナスの電気を帯びているんだよ。

なるほど！　そうなんだね。でもさっきの実験で陽極側で発生した塩素って，どこかで聞いたことある気がする。

多分，プールの時間じゃないかな ?? **塩素はプールを消毒するときに使われていたこともあるんだけど，特有のにおいがして，漂白《ひょうはく》作《さ》用《よう》がある気体なんだ。**

絶対聞いたのそのときだ！

そうだよね。こんなふうに前に水の電気分解を習ったけど，電解質であれば化合物を単体にしてとり出すことができるって覚えておこう！

練習問題

解答解説 ▸▸ 別冊 15 ページ

1　次の**ア**～**エ**のうち，水に溶かしたときに電流が流れる物質をすべて答えなさい。

ア　ショ糖　　**イ**　塩化水素　　**ウ**　エタノール　　**エ**　水酸化ナトリウム

2　右図のような装置において，塩化銅水溶液に電圧を加えた。これについて，あとの各問いに答えなさい。

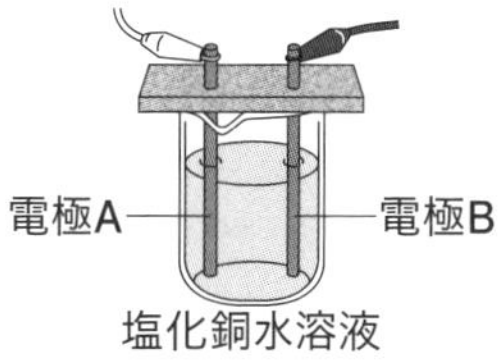

(1)　電極 A の表面には，赤い物質が付着した。この物質は何か。

(2)　電極 B からは気体が発生した。この気体は何か。

(3)　次の**ア**～**エ**のうち，電極 B で発生した気体の性質にあてはまらないものはどれか。

ア　無色の気体である。　　**イ**　脱色《だっしょく》作《さ》用《よう》をもつ。
ウ　殺菌《さっきん》作《さ》用《よう》をもつ。　　**エ**　特有の刺《し》激臭《げきしゅう》をもつ。

(4)　この実験における化学反応を化学反応式で表しなさい。

$\longrightarrow$　　＋

29

3年 イオン

水に溶《と》けると原子が電気を帯びるらしい。

28で，原子が水に溶けたら電気を帯びるみたいな話してたけど，くわしく教えて！

オッケー。みんな好奇心旺盛《こうきしんおうせい》になってきたな！ では教えていこう！ まずは水に溶ける物質もすべては原子だって話を前にしたよね。この原子って何でできているかの話からしてみよう。まずは 図1 を見てごらん。 図1 のように，原子は中心にあるプラスの電気をもつ部分 原子核 と，そのまわりにあるマイナスの電気をもつ 電子 からなるんだ。そして，その原子核の中をさらにのぞいてみると，プラスの電気をもつ 陽子 と電気をもたない 中性子 が集まってできているんだ。ここまでは大丈夫《だいじょうぶ》かな ??

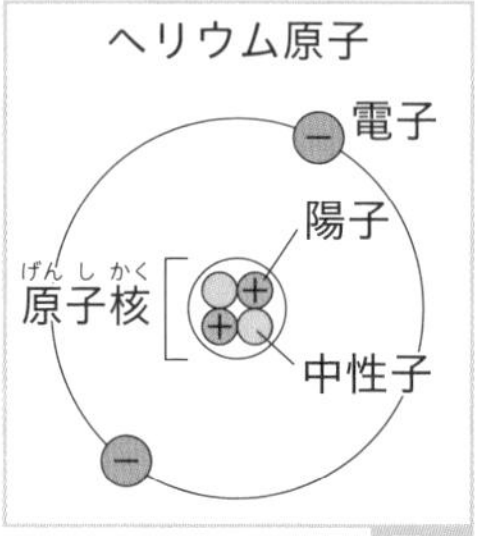

図1

うん。とりあえず，原子の構造はなんとなく理解したよ。陽子とか電子とか名前がちょっと覚えるの大変なだけかな！

そうだね。でもそこは，がんばって覚えよう！ テストに名前は出やすいからね。ちなみに，この 図1 を見てみると，**原子はプラスの電気の数とマイナスの電気の数が同じだから電気的には中性になる**んだ。ここもおさえておこう！

なんでその原子の話と水に溶けたら電気を帯びる話がつながるの ??

では， 図2 を見てみよう。さっきの 図1 では，真ん中にプラスの電気があって，外に同じだけマイナスの電気があるから中性だったんだけど， 図2 のように，その中性が崩《くず》れることがあるんだ。中性が崩れるということは，電気を帯びるってことだよね。こんなふうに原子が電気を帯びたものを イオン っていうんだ。 図2 (a) を見てみよう。 図2 (a) のように，原子のまわりにある電子を失うと，マイナスが1つなくなるから，電気的にプラスを帯びるんだ。こういうプラスの電気を帯びたイオンを 陽イオン っていうよ。

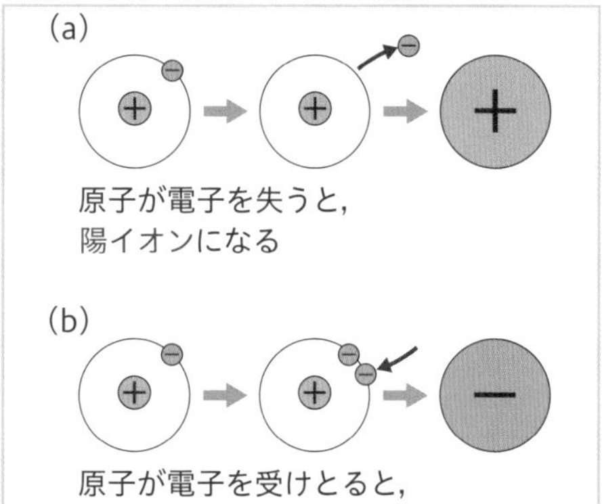

図2

へぇ！ てことは，逆に電子をもらうパターンもあるの？

それが 図2 (b) だね。これは原子が電子を受けとると，マイナスが増えるから電気的にマイナスになるんだ。このように，マイナスの電気を帯びたイオンを 陰イオン っていったりもするよ。

てことは，水溶液中では原子がイオンになってるってこと？

そういうこと !! 28 で習った電解質が水に溶けると，陽イオンと陰《いん》イオンに分かれるんだ。だから，電気を通すようになるんだけど，この**水に溶けて陽イオンと陰イオンに分かれる現象を電離《でんり》っていう**んだ。だから，電離する物質ほど電気を通しやすいってことだね。

なるほど！ 電離してるから，電解質の水溶液はイオンが存在してるんだね。

そういうことだよ！ たとえば，電解質である塩酸について見てみると，水に溶けている塩酸は陽イオンの水素イオンと，陰イオンの塩化物イオンに分かれているんだ。逆に非電解質は，電離せず分子のまま存在しているから，電流が流れにくいんだ。

練習問題

解答解説▶▶別冊 16 ページ

1 次のア〜エのうち，原子の構造として正しいものを選びなさい。

ア　原子は原子核と陽子だけから構成されている。
イ　電子はプラスの電気をもち，陽子はマイナスの電気をもつ。
ウ　中性の原子中にある陽子と電子の数は等しい。
エ　陽子と電子の質量は等しい。

2 次のア〜エのうち，イオンのでき方について正しいものを選びなさい。

ア　原子が陽子を受けとると陽イオン，陽子を放出すると陰イオンとなる。
イ　原子が陽子を受けとると陰イオン，陽子を放出すると陽イオンとなる。
ウ　原子が電子を受けとると陽イオン，電子を放出すると陰イオンとなる。
エ　原子が電子を受けとると陰イオン，電子を放出すると陽イオンとなる。

3 次のア〜エのうち，電解質の水溶液について正しいものを選びなさい。

ア　水溶液内にイオンが存在し，電流が流れやすい。
イ　水溶液内にイオンが存在し，電流が流れにくい。
ウ　水溶液内にイオンが存在せず，電流が流れやすい。
エ　水溶液内にイオンが存在せず，電流が流れにくい。

30 3年 中和・塩《えん》

プラマイ0《ゼロ》にした人が勝ちチャレンジ！

この前お年玉で１万円もらったんだけど，その日に１万円の服を買ったからもうプラマイ０になっちゃった。

この前の理科の授業でも，なんかプラマイ０にするやつあった気がする。あれなんだっけ？　酸性とかアルカリ性とか…。

酸性とアルカリ性の性質を打ち消し合うみたいなやつ??

それは 中和 っていう反応だね。これもさっきのマオさんの話と似ていて，プラマイ０にする反応だよ。実際にチャレンジしてみよう！

プラマイ０って何をどうプラマイ０にするの？

それから説明していこう。図１ を見てみよう。図１ (a) は，水に溶《と》かしたときに水素イオン (H^+) を生じているよね。こういう物質を 酸 っていうんだ。

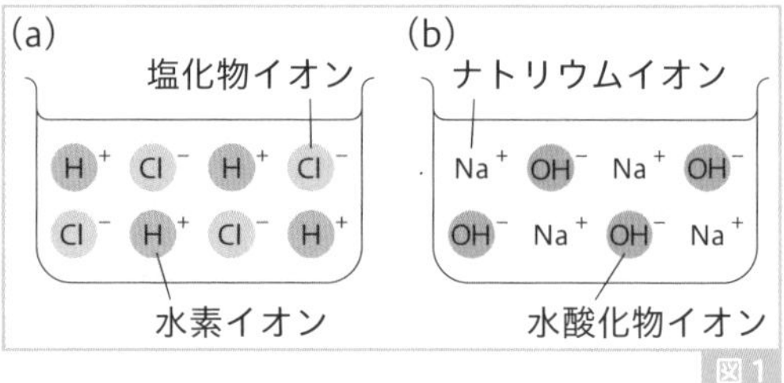

図１

酸って酸性の酸？

そうだよ。この水素イオンっていうのがいっぱいあればあるほど，酸性が強いんだ。

なるほど！　じゃあアルカリ性はどうなってるの？

図１ (b) を見てみよう。アルカリ性代表で，水酸化ナトリウムの図だけど，水に溶かして電離《でんり》したときに，OH^-をいっぱい出してるよね。このOH^-を水酸化物イオンっていうんだけど，この水酸化物イオンを生じる物質を アルカリ っていうんだよ。酸性かアルカリ性かを調べるのは，⑳の表の指示薬を使えばできるね。

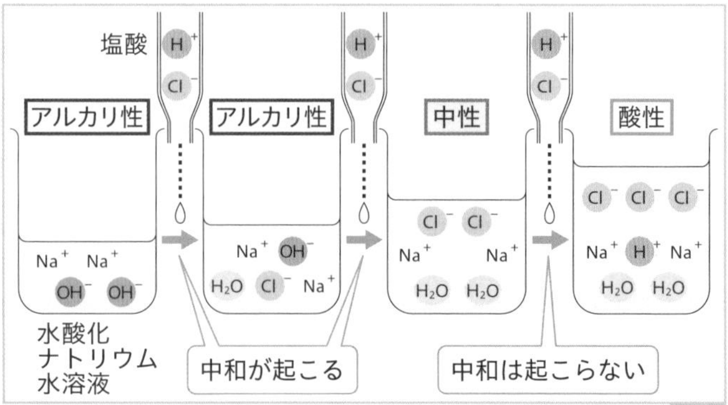

図２

それで，さっきの中和はどうなった状態なの？

さっきの酸とアルカリの話を踏《ふ》まえた上で 図2 を見てみよう。中和っていうのは，酸が出す水素イオン H^+ とアルカリの出す水酸化物イオン OH^- が合わさって，H_2O，つまり水ができる反応なんだ。**酸とアルカリの成分が打ち消されて，中性になるから中和ってよばれる**んだよ。その様子を表したのが 図2 だよ。水酸化ナトリウムがビーカーの中に入っていて，そこに酸性の塩酸を加えていくと，H^+ と OH^- が合わさって少しずつ水に変わっていってるのがわかるよね。

確かに！ でも，残った Na^+ とか Cl^- とかはどうなるの？

よい質問だね。残ったこのイオンもくっついて，NaCl になるんだ。これって塩化ナトリウムだよね。こんなふうに，中和の反応で水以外にできる物質のことを 塩 っていうからこれも覚えておこう。

この塩って「しお」って読むの？

いやこれは塩と書いて，「えん」と読むから注意しよう。**酸とアルカリをプラマイ0にするのが中和っていう反応で，それによって水と塩ができる**ことは必ずおさえよう！

練習問題

解答解説 ▶▶ 別冊 16 ページ

1 次のア～カのうち，酸性の水溶液について正しいものをすべて選びなさい。

ア OH^- がふくまれている。　**イ** H^+ がふくまれている。
ウ 電流が流れる。　**エ** フェノールフタレイン溶液《ようえき》を赤色にする。
オ BTB 溶液を青色にする。　**カ** 亜鉛《あえん》と反応し，水素を発生させる。

2 右図のように，緑色の BTB 溶液を加えたうすい塩酸に，うすい水酸化ナトリウム水溶液を 1 滴《てき》ずつ加えていくと，やがて水溶液の色が変化した。これについて，次の各問いに答えなさい。

(1) この実験によって，水溶液の色は何色から何色に変化したか。

→

(2) 水溶液の色が変化したとき，その水溶液の性質は何性であるか。

(3) (2)の水溶液にさらにうすい水酸化ナトリウム水溶液を加えていくと，水溶液の色は何色に変化するか。

(4) この実験で起きた，酸性とアルカリ性が互いの性質を打ち消す反応を何というか。

Q&A 06

自分に合う参考書を見つけるには？

エイタ

でんがん先生，自分に合う参考書って，どういう基準で選んだらいいの？

でんがん先生

エイタくん，僕《ぼく》は参考書を選ぶ基準って，人によって違《ちが》うと思ってる。

そうなんだ。

参考書は問題集と違って，教科書のように説明メインの本。つまり，知識を身につけるインプット段階で必要な本ということ。

たとえば，苦手な科目があったとして，「どこが苦手か？」「その苦手を克服《こくふく》するためにどんな情報が必要か？」を，よーく考えてみよう。自分と向き合い，自分の弱点を明らかにしてから，書店に行ったほうがいい。
そうすれば，自分に必要なものを選びやすくなるぞ。

なるほど。そうしてみるよ。

COMMENTS

こーさく先生

自分の弱点を明らかにしてから書店に行く，かぁ……。さすがでんがん先生，めちゃくちゃ大事なアドバイスだ！ あとは，実際に自分がその参考書をやる気になれるかどうかも重要だね。やるのは自分自身だから，その参考書をとことん好きになれるといいよね。

3章 生命

ここでは生物の分野，つまり僕たちヒトのような「生き物」について扱《あつか》うよ。生き物っていっても，植物からはじめてヒト，それ以外の動物みたいにいろんな生物が出てくるから，動物園に来たような感覚で楽しんでいってね。

31 1年 微生物《びせいぶつ》・顕微鏡《けんびきょう》

目に見えない生物とかいるの？

夏休みの宿題の自由研究だるすぎ!!

わかる！ 私も自由研究とか何していいかわかんないし！

僕《ぼく》は目に見えない生物を観察する，っていうのをやろうかと思うんだよね！ なんか，目に見えないところで生きてる生物について知りたいじゃん！

目では見えないものを見るには顕微鏡《けんびきょう》がいるけど… エイタは顕微鏡とかもってるの？

もってないな。どうしよう…。

それなら，一緒《いっしょ》にやってあげるよ。今からやろうか。

やったー！

まずは 図1 を見て。水中の小さな生物を観察するために，採集した液体を スライドガラス の上に1滴《てき》だけ落とし，そこに カバーガラス をかけて， プレパラート をつくるんだ。これを顕微鏡で観察すると， 図1 のような生き物が見られるよ！

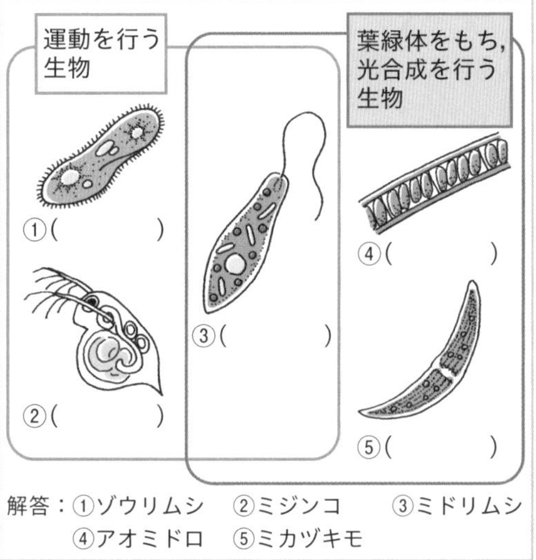

図1

なるほど！ この生き物が何なのか図鑑《ずかん》で調べて書いてみるよ。みんなも 図1 の中の(　　)に生物の名前を入れてみよう。

この生物たちってどんな生物なの？

これらは 微生物 といって，運動を行う生物と葉緑体をもち 37 で扱《あつか》う光合成を行う生物に分かれてるんだ。 図1 の5つの微生物では，**ミドリムシは運動も光合成も行う珍《めずら》しい生き物**なんだ。

なるほど！ でも，顕微鏡の使い方をもっと知って，自分で生物を見つけてみたい！

じゃあ，図2を見てみよう。まず，(　　)に顕微鏡の各部分の名前をうめて整理しておこう。次は使い方だね。**顕微鏡は低倍率であればあるほど，広い視野で，明るく見ることができるんだ。**だからまず，**対物レンズの低倍率から使っていき，少しずつ高倍率にしていって，その度にピントを合わせていくよ。**

なるほど！ 低倍率から高倍率にするんだね。わかったよ！

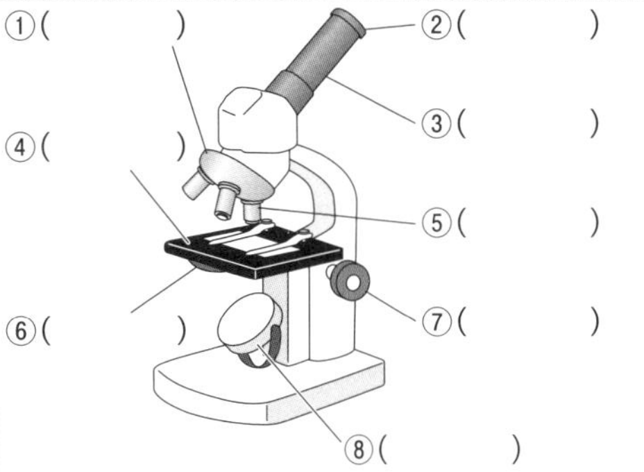

解答：①レボルバー　②接眼レンズ　③鏡筒
④ステージ　⑤対物レンズ　⑥しぼり
⑦調節ねじ　⑧反射鏡

図2

ほかにも，肉眼《にくがん》で見えるような大きさの生物を観察するときは，より立体的に見えてプレパラートをつくる必要がない 双眼実体顕微鏡 とか，持ち運びが簡単な ルーペ とかもあるから，目的に応じて使い分けてね！

わかった！

あと，顕微鏡の各部位の名前や使い方はテストに出やすいから，必ずおさえておこう！

練習問題

解答解説▶▶別冊 17 ページ

1 次のア～オは，水中で生活する小さな生物である。これについて，あとの各問いに答えなさい。

ア　ゾウリムシ　　**イ**　ミカヅキモ　　**ウ**　ミジンコ
エ　ミドリムシ　　**オ**　アオミドロ

(1)　ア～オのうち，運動を行う生物をすべて選びなさい。　＿＿＿＿

(2)　ア～オのうち，緑色の生物をすべて選びなさい。　＿＿＿＿

2 顕微鏡などの観察に使う器具について，次の各問いに答えなさい。

(1)　次のア～エのうち，顕微鏡に関する説明として正しいものはどれか。　＿＿＿＿

ア　顕微鏡の倍率が低倍率であるほど，視野は狭《せま》い。
イ　顕微鏡の倍率が低倍率であるほど，明るく見える。
ウ　観察するとき，対物レンズは高倍率のものから使う。
エ　顕微鏡は対物レンズ，接眼レンズの順に取りつける。

(2)　次のア～ウのうち，野外での観察に適している器具はどれか。　＿＿＿＿

ア　ルーペ　　**イ**　双眼実体顕微鏡　　**ウ**　顕微鏡

プラスα

・顕微鏡の拡大倍率＝接眼レンズの倍率×対物レンズの倍率 で求めることができる。

32

1年　花のつくり・種子植物

植物ってどうやってふえていくの？

私は自由研究でお花について調べてみたいけど，いろんなつくりの名前とか全然知らないから，まず勉強しないといけないかも！ でんがん先生教えてよ！

よし！ 一緒《いっしょ》に花のつくりを勉強していこう。図1はアブラナという花の断面図なんだけど，図の各部分の名前を教科書で調べて書き入れてみよう。**花は外側から見ると，がく，花弁，おしべ，めしべの順についている**んだ。花弁っていうのは，いわゆる花びらのことだと思うとわかりやすいかもね。一番外側にあるがくは，つぼみのときに，中のつくりを保護する役割があるんだよ。

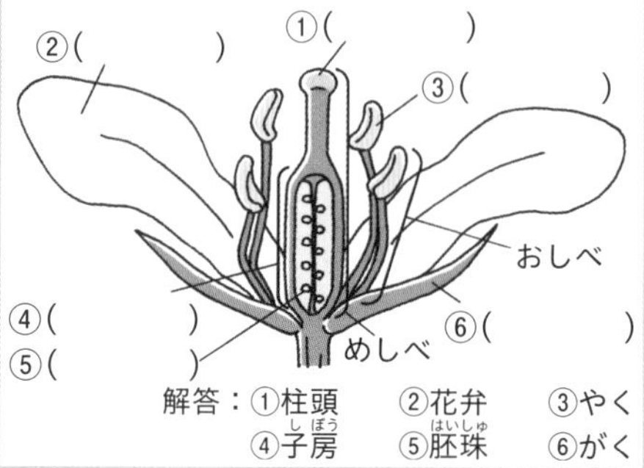

図1

おしべとかめしべはどんな役割を果たしているの？

まず，植物も人間と同じように子孫を残して，次の世代の植物を生み出したいよね。そこで活躍《かつやく》するのが，おしべとめしべなんだ。これらは人間でいう「男性」と「女性」みたいなものだよ。
おしべの先端《せんたん》には，やくという花粉を入れておく袋《ふくろ》がついているんだ。この花粉が風や動物などの力によって，めしべの先端にある柱頭という部分に運ばれていくんだ。そして，花粉がめしべの柱頭につく 受粉 が行われるんだ。受粉の結果，果実と種子ができて，種子によって次の植物がうまれるんだよ。

そうなんだ。でも図1には，果実や種子はどこにもないよ!?

図1のめしべの根元のふくらんだ部分を 子房 といって，その子房の中に 胚珠 とよばれる粒《つぶ》が入っているんだよ。**受粉の結果，子房が果実になって，胚珠が種子になる**んだ。
図2は受粉後のアブラナが変化する様子を表した図だよ。図中の(　　)に名前を入れてみよう。

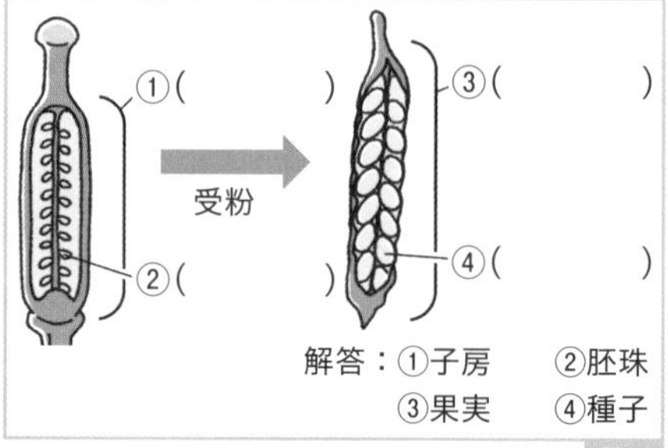

図2

わかった！ ところで，どんな植物でもこのアブラナと同じような花のつくりになっているの??

いや，そんなことはないんだ。さっきの 図2 のめしべの構造を見てみると，胚珠っていうつくりが子房の中に収まっているよね。こういう植物を 被子植物 っていうんだ。対して，子房がなく胚珠がむき出しになっている植物もあるんだ。 図3 を見て。 図3 はマツの花の図なんだけど，**マツの花は図のように，雌花《めばな》と雄花《おばな》に分かれていて，アブラナにはあった花弁とがくがない**んだ。これだけでも，さっきのアブラナと結構違《ちが》うよね。

確かに！ 全然違うね。

さらに一番違うところは，さっきのアブラナにはあった子房がないんだ。 図3 の雌花には子房がなく胚珠がむき出しになっていて，受粉後に種子を覆《おお》う果実ができないんだ。こんなふうに，子房がなく胚珠がむき出しの植物を 裸子植物 っていう。**代表的な裸子植物としてマツ，スギ，イチョウがある**からこれを覚えておこう。

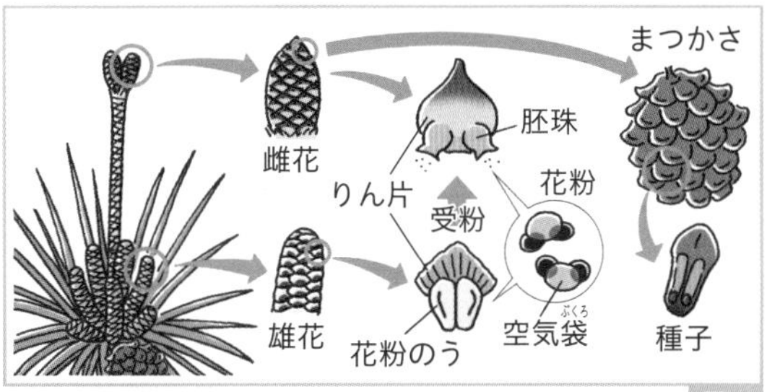

図3

最後に，今やったアブラナのような被子植物《ひししょくぶつ》と，マツのような裸子植物《らししょくぶつ》は，花を咲《さ》かせて種子で仲間をふやす植物なので，まとめて 種子植物 っていうんだ。

練習問題

解答解説 ▶▶ 別冊 17 ページ

1 右図は，アブラナの花をつくりごとに分けて示したものである。これについて，次の各問いに答えなさい。

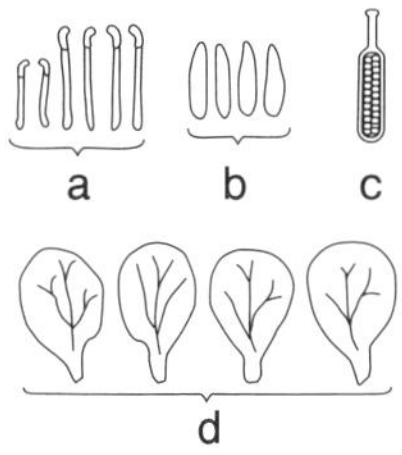

(1) 図中のa～dはそれぞれ何というつくりか。

a ＿＿＿＿＿＿　b ＿＿＿＿＿＿

c ＿＿＿＿＿＿　d ＿＿＿＿＿＿

(2) 図中のa～dを，花の外側から中心へ順に並べなさい。

＿＿＿ → ＿＿＿ → ＿＿＿ → ＿＿＿

(3) 受粉について，簡単に説明しなさい。 ＿＿＿＿＿＿

2 右図は，マツの花のりん片を模式的《もしきてき》に示したものである。これについて，次の各問いに答えなさい。

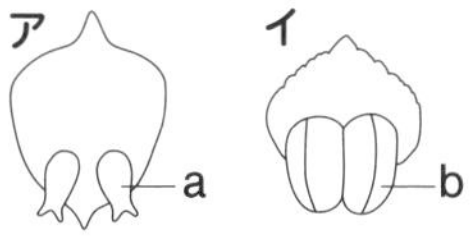

(1) 雌花のりん片は図のアとイのどちらか。 ＿＿＿＿＿＿

(2) 図中のaとbはそれぞれ何というか。a ＿＿＿＿＿＿　b ＿＿＿＿＿＿

(3) 裸子植物であるマツと被子植物であるアブラナの違いを，「子房」，「胚珠」という2つの語を用いて簡単に説明しなさい。

＿＿＿＿＿＿＿＿＿＿＿＿

33

1年　葉・茎《くき》・根の違《ちが》い

葉っぱの模様って植物によって違う？

お花についてはよくわかったよ！　でももう少しほかにもいろいろな分類とかあったりしないの？　もしあるならそれも知りたい!!

そうか。ならもう少し勉強してみよう！　図1 を見てみよう。32 で習った胚珠《はいしゅ》が子房《しぼう》の中にある被子植物《ひししょくぶつ》は，さらにもっと細かく分類ができるんだ。
まず注目したいのは，子葉の数だね。子葉っていうのは，種子から初めて芽を出した葉っぱのことなんだけど，これが１枚のものと２枚のものがあるんだ。この子葉が１枚のものを 単子葉類 ，２枚のものを 双子葉類 っていうんだ。

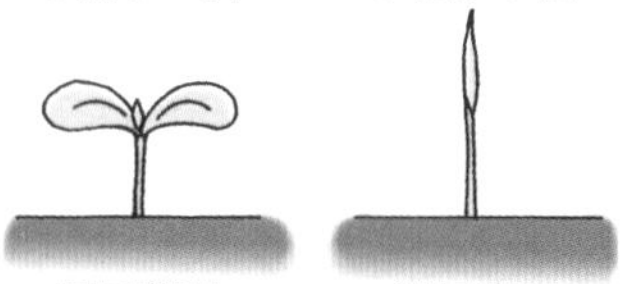

図1

そうなんだ。あんまり聞いたことない！

これは習った記憶《きおく》ある！　子葉の数だけじゃなくて，葉や茎や根も違うんでしょ??

そうそう！　よく知ってるね。では，双子葉類《そうしようるい》や単子葉類の葉や茎や根の違いを見ていこう。

	葉(葉脈)	茎(維管束)	根	例
双子葉類	 網状脈	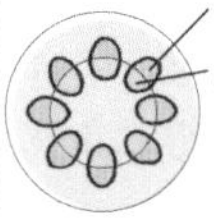 師管 道管 }維管束 維管束が 輪状に分布	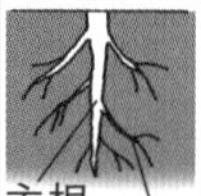 主根 側根	アブラナ アサガオ タンポポ
単子葉類	 平行脈	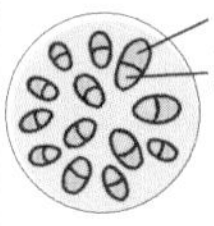 師管 道管 }維管束 維管束が 不規則に分布	 ひげ根	イネ ツユクサ トウモロコシ

右の表を見ると，葉の葉脈は，**双子葉類が網目状《あみめじょう》の網状脈《もうじょうみゃく》で，単子葉類が平行脈になっているよね。**
続いて茎！　表の茎の断面図なんだけど，根から吸収した水分が通る管を 道管 ，葉でつくられた栄養分が通る管を 師管 っていって，**この道管と師管が合わさった束のことを維管束《いかんそく》っていう**んだ。そして，**双子葉類はこの維管束が輪状に並んでいるけど，単子葉類は維管束が不規則に並んでいる**んだ。維管束は茎の中心に近いほうに道管が集まっているから覚えておこうね。
最後に根っこの話ね。表のように，双子葉類は１本の太い根である 主根 と，そこから枝分かれする 側根 があるのに対して，単子葉類は，ただたくさんの細い根が生えているだけで，この根を ひげ根 というんだ。表の双子葉類と単子葉類の違いをしっかりおさえておこうね！

もうさすがにこれ以上分類はできないよね??

実はまだ最後に双子葉類を2つに分類することができるんだ。 図2 を見てみよう。双子葉類は被子植物だから花弁っていう花びらがついているんだけど，アサガオやツツジのように，この花弁が1つにくっついてるものと，アブラナやサクラのように，花弁が1枚1枚離《はな》れているものがあるんだ。春に咲《さ》くサクラとかは，花びらがヒラヒラ落ちてくるし，花びらが離れているのをイメージしやすいかもね！

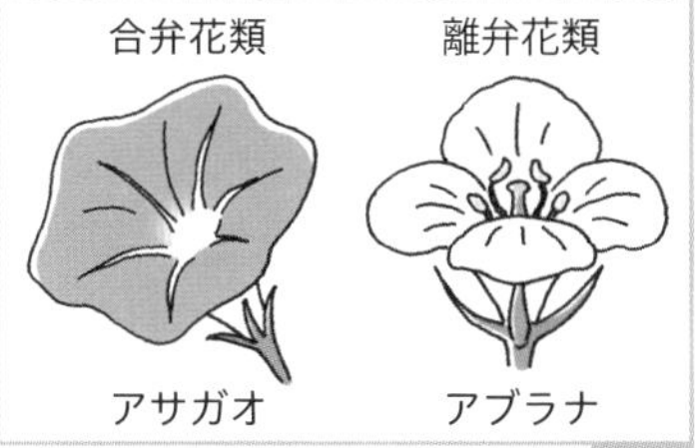

図2

花弁の違いで，どんな名前のなかまに分けられるの？

花弁が1つにくっついている植物を合弁《ごうべん》花《か》類《るい》，1枚1枚花弁が離れている植物を離《り》弁《べん》花《か》類《るい》っていうんだ。双子葉類の中でもさらに2つに分かれるって覚えておこう！

練習問題

解答解説▸▸別冊18ページ

1 双子葉類と単子葉類について，次の各問いに答えなさい。

(1) 次の**ア**〜**カ**のうち，双子葉類と単子葉類にあてはまる特徴《とくちょう》をそれぞれすべて選びなさい。

双子葉類＿＿＿＿＿＿　単子葉類＿＿＿＿＿＿

ア 子葉は1枚である。　**イ** 子葉は2枚である。

ウ 葉脈は網状脈である。　**エ** 葉脈は平行脈である。

オ 根は主根と側根からなる。　**カ** 根はひげ根である。

(2) 次の**ア**〜**カ**のうち，双子葉類と単子葉類の植物をそれぞれすべて選びなさい。

双子葉類＿＿＿＿＿＿　単子葉類＿＿＿＿＿＿

ア アサガオ　**イ** マツ　**ウ** アブラナ

エ イチョウ　**オ** イネ　**カ** トウモロコシ

2 次の文の(　　)内にあてはまる用語を選び，丸で囲みなさい。

アサガオとアブラナはどちらも①(　双子葉類　　単子葉類　)に分類されており，①はさらに花弁のつくりによって，合弁花類と離弁花類の2つに分類することができる。このとき，アサガオは②(　合弁花類　　離弁花類　)，アブラナは③(　合弁花類　　離弁花類　)として分類される。

プラスα

・単子葉類の代表的なものとして，イネ・トウモロコシ・ツユクサ・ユリ・スズメノカタビラなどが有名。

34 1年 植物の分類

植物の特《とく》徴《ちょう》を分類別に覚えたい！

ここまでで，種子植物の分類をおさえることがある程度できたね。んじゃあ，せっかくだから，この分類をさらにマスターするために，まとめの表をみんなで見ていこうか。

まあ，どうせテスト前には覚えないといけないし，やるよ！

僕《ぼく》も，微生物《びせいぶつ》だけじゃなく植物についてもしっかり知っておきたい！

よし。じゃあ，図1 を見てみよう。壮大《そうだい》な表に見えるかもしれないけど，上半分くらいは今まで学んだことが書いてあるだけだから，みんなで確認していってみよう！ まず植物の分類のスタートは，種子をつくる植物かつくらない植物か，だね。

- **種子植物**（種子をつくる植物）
  - **被子《ひし》植物**
    子房《しぼう》の中に胚珠《はいしゅ》がある
    - **双子葉類《そうしようるい》**
      ・子葉が２枚
      ・葉脈は網状脈《もうじょうみゃく》
      ・根は主根と側根
      - **合弁花類**（アサガオ，ツツジなど）
        花弁が１枚にくっついている
      - **離弁花類《りべんかるい》**（アブラナ，サクラなど）
        花弁が１枚１枚離《はな》れている
    - **単子葉類**（イネ，トウモロコシなど）
      ・子葉が１枚　・葉脈は平行脈　・根はひげ根
  - **裸子《らし》植物**（マツ，イチョウなど）
    子房がなく，胚珠がむき出し
- **種子をつくらない植物**
  - **シダ植物**（イヌワラビ，ゼンマイなど）
    ・胞子《ほうし》でふえる　・葉，茎《くき》，根の区別がある
  - **コケ植物**（ゼニゴケ，スギゴケなど）
    ・胞子でふえる　・葉，茎，根の区別がない

図1

でも，種子をつくらない植物とか，まだ習ってないよ。

まあまあそれは 図2 で説明していくから，とりあえず，種子をつくる植物だけでも確認しておこう。

双子葉類と単子葉類の違《ちが》いは，めっちゃやったし，ある程度はテストでも答えられそう！

そうだね。また一番下にその代表的な植物も書いてあるからちょっとずつ覚えておくといいよ！

そろそろ種子をつくらない植物のことも教えて！

オッケー！ では，種子をつくらない植物を説明していこう。図2 のように，種子をつくらない植物には シダ 植物と コケ 植物があるんだ。種子植物の場合は，種子で子孫を残すよね？ それに対し，このシダ植物やコケ植物は 胞子 というもので子孫をふやしていくんだ。

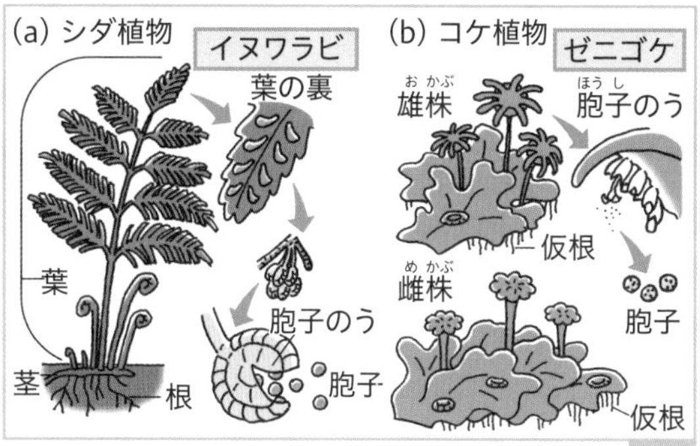

図2

シダ植物とコケ植物はどうやって見分けるの？

いい質問だね！ 図2 を見てもらえればわかるように，**シダ植物には，葉・茎・根の区別があるの**に対して，**コケ植物は葉・茎・根の区別がない**んだ。だからこの２つを見分けるときには，葉や茎や根の区別の有無に注目するといいよ！

今までよりは単純な見分け方だね！

ちなみに，胞子は，図2 のように 胞子のう から出てきて地面に落ちて発芽するんだ。

練習問題

解答解説 ▸▸ 別冊 18 ページ

1 右図は，サクラ，イネ，マツ，イヌワラビを３つの観点によって分類したものである。次のア〜オのうち，図中の観点①〜③にあてはまるものをそれぞれ選びなさい。

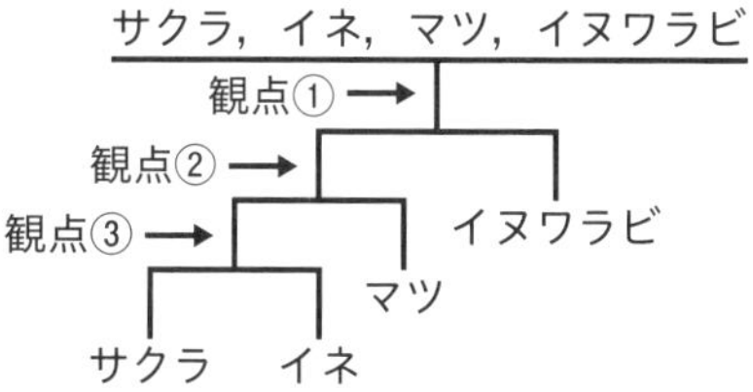

① ＿＿＿＿ ② ＿＿＿＿ ③ ＿＿＿＿

ア 種子をつくるか，つくらないか。
イ 花弁が１つにくっついているか，１枚１枚離れているか。
ウ 胚珠は子房の中にあるか，子房の中になくむき出しであるか。
エ 子葉は１枚であるか，２枚であるか。
オ 葉，茎，根の区別があるか，ないか。

2 次の**ア**〜**エ**のうち，イヌワラビとゼニゴケの特徴としてあてはまるものをそれぞれすべて選びなさい。なお，同じ選択肢を複数回選んでもよいものとする。

イヌワラビ ＿＿＿＿ ゼニゴケ ＿＿＿＿

ア おしべとめしべをもつ。 **イ** 葉，茎，根の区別がある。
ウ 胞子によってふえる。 **エ** 仮根をもつ。

35 1年 脊椎動物《せきついどうぶつ》

人間以外ってどんな動物がいるの？

この前，動物園に行ってきたんだけど，マジで動物っていろんな特徴《とくちょう》があるよね。ここでいろんな動物について改めて勉強したいな。

いい心構えだね！　では，ここからは動物の分類について話していこう。まず動物を大きく２つに分類するには，何があるかないかで分類すればよいと思う？

骨格とかに注目するんじゃないかな？

おおお！　いい視点だ！　体を支える背骨があるかないかで分類を始めるんだ。背骨をもつ動物を［脊椎動物］，背骨をもたない動物を［無脊椎動物］っていうよ。

なるほど !! じゃあ私たち人間は，背骨があるから，脊椎動物ってことだね？

そういうこと！　じゃあ脊椎動物をさらに５つのなかまに分類してみよう。それが右表だ！　まず，５つのなかまの名前はおさえておこう。フナやコイなどの**魚類**，イモリやカエルなどの**両生類**，トカゲやヘビなどの**は虫類**，ペンギンやツバメなどの**鳥類**，ヒトやクジラ，ウシなどの**哺乳類**に分けられるんだ。この名前はテストでよく出題されるから覚えておこう！

	生活の場所	体表の様子	呼吸のしかた	なかまのふやし方
魚類（フナなど）	水中	うろこ	えら	卵生
両生類（カエルなど）	子：水中 親：陸上（水辺）	うすく湿《しめ》った皮膚《ひふ》	子：えら，皮膚 親：肺，皮膚	卵生
は虫類（ヤモリなど）	おもに陸上	うろこ	肺	卵生
鳥類（ハトなど）	陸上	羽毛	肺	卵生
哺乳類《ほにゅうるい》（ウサギなど）	おもに陸上	毛	肺	胎生

この表は，その５つのグループの特徴をまとめた表になってるんだね。しっかり確認しておくよ！

すばらしい！　分け方としては，生活の場所や体の表面や呼吸のしかた，なかまのふやし方といったところが項目《こうもく》になっているね。とくに大切なのは，呼吸のしかたとなかまのふやし方！　**両生類の子や魚類は，えらで呼吸をする**のに対して，**それ以外の動物は肺で呼吸する**んだ。なかまのふやし方も，哺乳類だけが母親のお腹である程度育てて

からうむ 胎生 で，そのほかの動物はみんな卵でふやす 卵生 だね。

わかった !! とりあえずこの表をしっかり覚えるようにする！

すばらしいね！ では最後に，哺乳類の中での違《ちが》いを見てみよう。
ライオンはほかの動物を食べたりする動物で，こういう動物を 肉食動物 っていうんだ。対して，シマウマのように草などの植物ばかり食べてる動物を 草食動物 っていうんだよ。そしてこの２種類では 図１ のように目のつき方と歯に違いが出てくるんだ。ライオンはほかの動物を追いかけて捕《つか》まえたいから，目が顔の正面についていて**立体的に見える範囲が広く，獲物《えもの》をしとめるための犬歯が発達しているん**だ。対して，シマウマは**草を切る門歯と，草をすりつぶす臼歯《きゅうし》が発達しているん**だ。そして，**目が横のほうについているから，視野が広いん**だ。

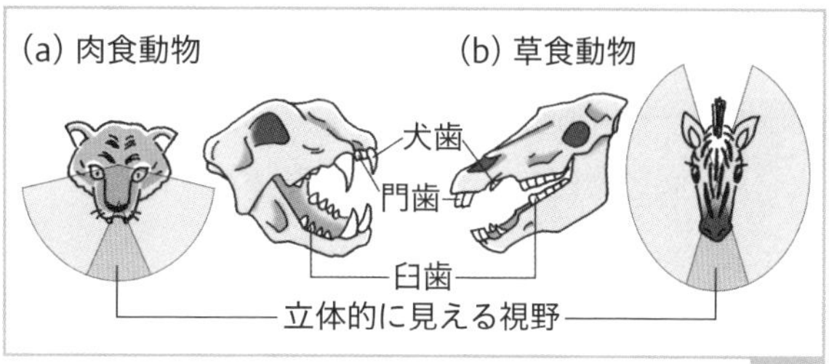

図１

練習問題

解答解説 ▶▶ 別冊 19 ページ

1 右表は，脊椎動物をＡ～Ｅの５つのグループに分類したものである。これについて，次の各問いに答えなさい。

A	スズメ，ペンギン
B	イヌ，コウモリ
C	コイ，サメ
D	トカゲ，ヤモリ
E	カエル，イモリ

(1) Ａ～Ｅは，それぞれ何類に分類されるか。

A ＿＿＿＿＿＿　B ＿＿＿＿＿＿

C ＿＿＿＿＿＿　D ＿＿＿＿＿＿

E ＿＿＿＿＿＿

(2) Ａ～Ｅのうち，一生をおもに陸上で生活するものをすべて選びなさい。

＿＿＿＿＿＿

(3) Ａ～Ｅのうち，胎生であるものはどれか。

＿＿＿＿＿＿

2 次の文の（　　）内にあてはまる用語を選び，丸で囲みなさい。

シマウマなどの①（ 草食　　肉食 ）動物では，２つの目が②（ 前方　　側方 ）寄りに向いており，広い範囲を見渡《みわた》すことができるため，敵の接近にすばやく気づくことができる。また，③（ 犬歯　　門歯や臼歯 ）が発達しており，草を切り，すりつぶすのに適している。

それに対し，ライオンなどの④（ 草食　　肉食 ）動物では，２つの目が⑤（ 前方　　側方 ）寄りに向いており，立体的に見える範囲が広いため，獲物との距離《きょり》をはかって捕《とら》えることができる。また，⑥（ 犬歯　　門歯や臼歯 ）が発達しており，肉を食いちぎり，骨をくだくのに適している。

36

1年 無脊椎動物《むせきついどうぶつ》

タコってなんであんなフニャッとしてる？

1つ前の 35 で，背骨をもってる脊椎動物の話をしていたけど，ということは背骨をもたない動物もいるってことだよね ??

そうだね。もちろん背骨をもっている動物もいれば，もっていない動物もいるよ！ その話をしていこう！ 背骨をもっている動物を脊椎動物っていうのに対して，背骨をもっていない動物を 無脊椎動物 っていうんだ。今回はこの無脊椎動物について話していくよ。

無脊椎動物の中でも，体や足が多くの節に分かれている動物を 節足動物 っていうんだ。この節足動物は，体の外側がかたい殻で覆《おお》われていて，体の内部が保護されているんだ。こんなふうに，**体の外側を覆う骨格のことを外骨格**っていうよ！

そうなんだ！ 35 で習った脊椎動物と無脊椎動物ならどっちのほうが数が多いの？ 背骨のある動物のほうが多そうな気がするけど…。

実はこの地球上の動物の中で，約 95 % は無脊椎動物なんだ。だから，僕《ぼく》たち人間とか魚みたいに，背骨をもつ動物は珍《めずら》しいんだよ。

そうなんだ！ なら，無脊椎動物のことをもっと教えて！

オッケー！ では，さっきやった節足動物を見ていこう。図1 (a) はバッタだね。このバッタやカブトムシみたいに，体が頭部・胸部・腹部に分かれて胸部に足が3対ついている仲間を 昆虫類 っていうんだ。

この昆虫類《こんちゅうるい》は，胸部や腹部の気門を使って空気を取り入れて呼吸しているんだ。

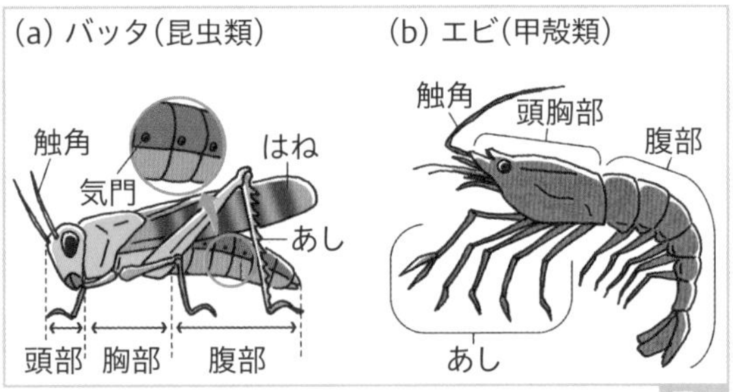

図1

なるほど !! 小学校のときにも，虫の体の構造は習った気がするよ！ 足が6本っていうのをなんか覚えてる！

そうだね。次は 図1 (b) を見てみよう。今度は，エビだね。このような，エビやカニのような仲間を 甲殻類 というんだ。甲殻類《こうかくるい》の多くは，**水中で生活していてえらで呼吸しているんだ**。体が頭胸部・腹部，あるいは頭部・胸部・腹部に分かれているよ。

いろんな動物がいるんだね！ 私が昨日食べたタコはどんな動物なの？

タコおいしいよね！ でもそんなタコやイカにも，名前がついているんだ。この**タコとかイカのような動物は，外骨格がないかわりに内臓を覆う外《がい》とう膜《まく》というものをもっていて，**この外とう膜をもっている動物を 軟体動物 っていうんだ。ふにゃふにゃしてるから，わかりやすい名前だね！ これまでに習った動物をまとめると 図2 のようになるよ。

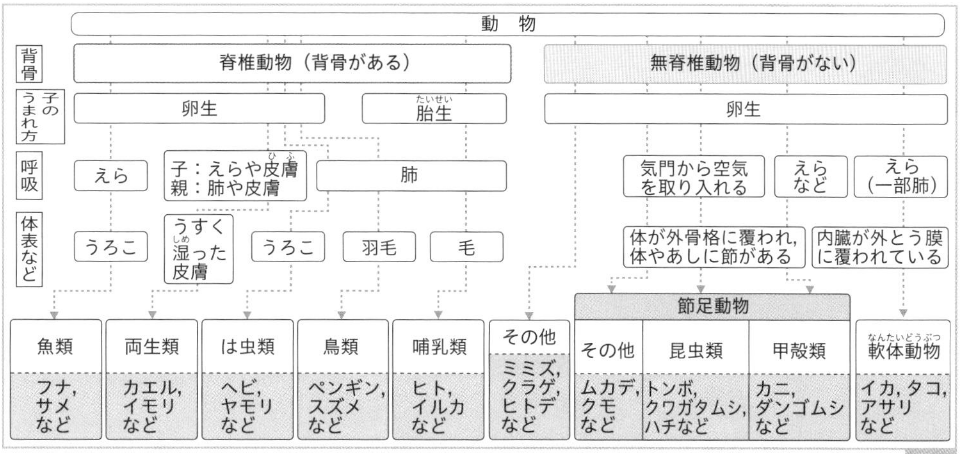

図2

練習問題

解答解説 ▸▸ 別冊 19 ページ

1 節足動物と軟体動物について，次の各問いに答えなさい。

(1) 次の**ア**～**キ**のうち，バッタ，エビ，タコにあてはまるものをそれぞれすべて選びなさい。なお，同じ記号を複数回選んでもよいものとする。

バッタ＿＿＿＿　エビ＿＿＿＿　タコ＿＿＿＿

ア 節足動物である。　**イ** 軟体動物である。　**ウ** 昆虫類である。

エ 甲殻類である。　**オ** 外骨格をもつ。

カ 気門から空気を取り入れて呼吸する。　**キ** 内臓は外とう膜で覆われている。

(2) バッタやタコなど，背骨をもたない生物をまとめて何というか。

＿＿＿＿

2 右図について，カブトムシ，イモリ，ヤモリ，アサリ，ウサギはA～Eのいずれかのグループに分類される。

カブトムシ，イモリ，ヤモリ，アサリ，ウサギはそれぞれA～Eのどのグループになるか。

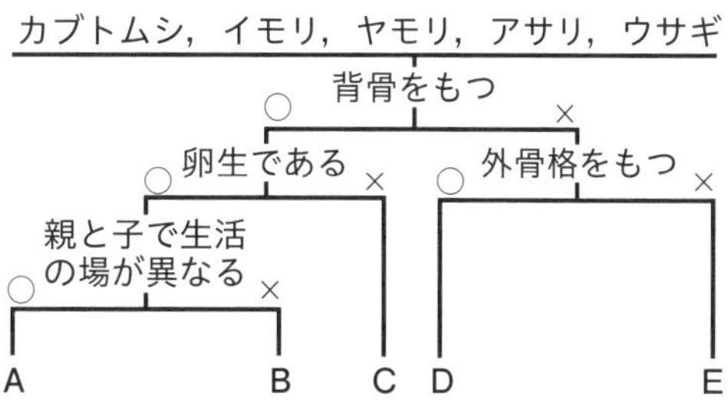

カブトムシ＿＿＿＿　イモリ＿＿＿＿　ヤモリ＿＿＿＿

アサリ＿＿＿＿　ウサギ＿＿＿＿

Q&A 07

勉強へのモチベーションを爆《ばく》上《あ》げするには？

マオ

でんがん先生，勉強へのモチベを爆上げする方法ってないの？

でんがん先生

マオさん，さてはモチベーションが下がりぎみなんだな。物理学の考え方では，一度下がったものを再び上げるのは，かなりのエネルギーを必要とするとされている。

モチベーションとは，実はとっても重たいもの。だから，一度下がったモチベを上げるのってめっちゃ大変なんだ。ましてや爆上げなんて！

えーっ，そうなんだ。じゃあ，どうしたらいいの？

モチベーションは爆上げするよりも，下がりすぎないように維持《いじ》していくほうがいい。では，どうしたらモチベを維持できるか？
それには，毎日の目標を着実にこなしていくこと。これが大事だよ。

COMMENTS

すばる先生

モチベーションを一時的に爆上げできたとしても，維持するのが大変だよね。でんがん先生の言うとおり，下げないことにフォーカスしたほうが，長期的な成果につながると思うよ。小さなごほうびを日々，自分にあたえて，まずは勉強を継続《けいぞく》してみよう！

Q&A 08

友達のほうが成績がよくて落《お》ち込《こ》む。立ち直るには？

エイタ：でんがん先生，たいして勉強していないっていう友達のほうが，僕《ぼく》より成績がいいんだ。へこむなあ。

でんがん先生：エイタくん，気持ちはわかるけど，人と比べて落ち込んでいても，その時間，きみはまったく成長していないんだ。時間がもったいないよ！

エイタ：言われてみれば，そうだね。

でんがん先生：比べるのは，友達じゃなくて昨日の自分。昨日までの自分が比較《ひかく》の対象なら，振《ふ》り返《かえ》ってできなかったところを探し，そこを見直せば，１％は確実に成長できる。

少しでも昨日の自分をこえること。それを積み重ねていけばいいんだよ。

エイタ：そっか。なんかやる気がわいてきたよ！

COMMENTS

いっせー先生：昨日の自分と比べよう，というのは，さすがでんがん先生！ いいこと言うなあ。あと，成績って急激に上がるときがあるから，上がっていないのは「今は耐《た》えるときなのかもしれない」と思ったほうがいいよ！

37

2年 光合成

世の中になぜ植物は必要なのか？

最初は動物にしか興味なかったけど，32〜34みたいに少し学ぶと植物も奥《おく》が深くて楽しいね！

いい心構えだね！ 実際，僕《ぼく》ら人間も植物がこの世になかったら，生きていけないんだ。

え？ なんで?? 別に肉とか食べれば生きていけそうじゃん！

植物って実は僕ら生き物が生きるために必要な 酸素 をつくってくれるんだよ。そこで，酸素を植物がつくるはたらきである 光合成 について勉強していこう。じゃあまず，図1 を見てみよう。図1 のように，植物の葉っぱの緑の部分が太陽の光を受けることで，デンプンなどの栄養分をつくり出すんだ。このはたらきを光合成というんだよ。

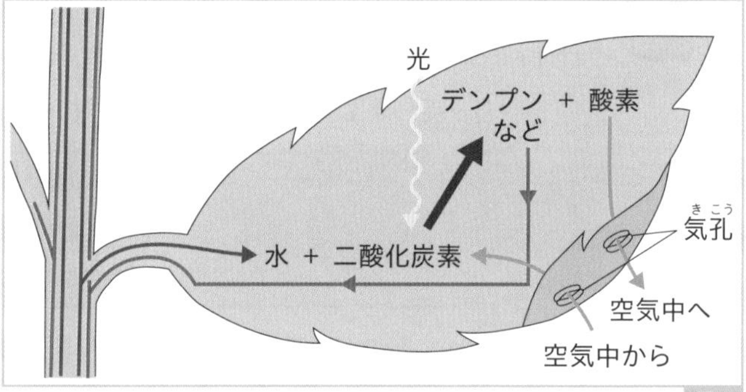

図1

光合成ってなんかゲームとかでは見たことある！

そうだよね。この光合成をするためには，太陽の光だけじゃなくて，水と二酸化炭素が必要なんだ。図1 にも書いてあるけど，**水と二酸化炭素を使って，酸素とデンプンをつくり出すのが光合成**なんだ。

デンプンができたってどうやって調べるの？

いい質問だね！ デンプンがあると青紫色《あおむらさき》に変色する ヨウ素液 を用いれば，デンプンが実際できてるかわかるよ！ ちなみに光合成は，緑色の葉っぱの細胞《さいぼう》の中にある 葉緑体 っていうところで行われるからこれも覚えておこう！

わかった!! そういえば，植物って上から見ると，葉っぱが重ならないように 図2 みたいについてるよね?? これってもしかして，多くの葉っぱがちゃんと太陽の光を受けられるようにするためじゃない？

その通り！ 葉っぱが重なっていたら，下のほうの葉っぱは，光を受けられないよね。だから，図2 みたいに，葉っぱどうしで空気を読んで，みんな平等に太陽の光を受けられるようになってるんだ。すごいでしょ！

葉っぱどうしって会話できないのに，そういう空気読めるんだね！

そういうこと！ 今説明した光合成は，二酸化炭素を使って酸素をつくるって反応だけど，その逆が僕たち人間もずっとしている 呼吸 だね。**呼吸では酸素を吸って，二酸化炭素を出す**よね。だから，世の中の植物が光合成してくれないと，僕たちのような動物が吸う酸素が減ってしまうんだ。

ちなみに，光合成にばかり焦点《しょうてん》が当たりがちだけど，**植物も呼吸している**こともおさえておこう。

図2

練習問題

解答解説 ▸▸ 別冊 20 ページ

1 右図のように，ふ入りのアサガオの葉の一部をアルミニウムはくで覆《おお》い，日光を十分に当てた。その後，葉をつみとってアルミニウムはくを取り，エタノールで脱色《だっしょく》後，水洗いしてからヨウ素液につけた。これについて，次の各問いに答えなさい。

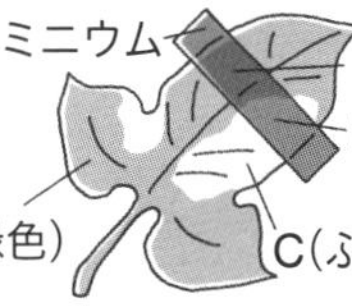

(1) 図中のA～Dのうち，ヨウ素液によって青紫色に染まった部分はどれか。

(2) 図中のAとBを比較《ひかく》することで，デンプンをつくるのに何が必要であると判断できるか。

(3) 図中のAとCを比較することで，デンプンをつくるのに何が必要であると判断できるか。

2 植物の体のつくりとはたらきについて，次の各問いに答えなさい。

(1) 光合成について簡単に説明しなさい。

(2) 右図のように，ヒマワリを真上から観察すると，葉は互《たが》いに重ならないようについていた。この理由について簡単に説明しなさい。

プラスα

・葉でつくられたデンプンは，水に溶《と》けやすい物質に変えられて，植物の体全体に運ばれる。その結果植物は成長する。

38

2年 食物の消化

人間が食べたものってどうなってる？

今日は，人間が食べたものがどうなってるかを考えてみよう。僕《ぼく》たちが食べる栄養分を大きく３種類に分けると，炭水化物，脂肪《しぼう》，タンパク質で，これらは 有機物 だよね。こういった食物を食べても，そのままの形では体に吸収されないんだ。

え？ どういうこと ?? 食物はそのまま吸収されないの？

そうなんだ。食べた食物は，その食物にふくまれる栄養分を分解して，体に吸収されやすい状態に変えられていくんだ。このはたらきのことを消化っていうよ。

なるほど！ 消化によって栄養分を体内に吸収しているから，私たちはいつも元気なんだね。

そうなんだ。図１を見てみよう。食べた食物は，まず口の中に入って，食道を通って，胃にいくよね。そして，小腸，大腸と向かい肛門《こうもん》へとつながる。この食物の通り道を 消化管 っていうよ。

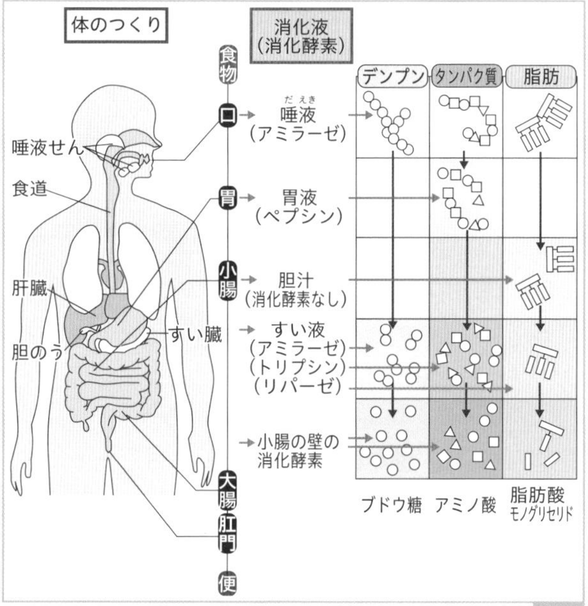

図１

食べたものが栄養分に変わるのはどこなの？

それは，栄養分によるよ。たとえば，炭水化物にふくまれる**デンプンは，唾液やすい液の中にふくまれるアミラーゼや，そのほか小腸の壁《かべ》にある消化酵素によって，最終的にブドウ糖に分解される**んだ。この消化酵素は決まった物質にだけはたらくので，デンプン以外の物質には何もはたらかない。ほかにも，**タンパク質は，胃液にふくまれるペプシンやすい液，小腸の壁にある消化酵素によって，最終的にアミノ酸に分解される**んだ。

なら，脂肪はどうなるの？

脂肪は，すい液にふくまれるリパーゼによって，最終的に脂肪酸とモノグリセリドに分解されるんだ。ちなみに，この分解にかかわっているような唾液や胃液，すい液を 消化液 っていうよ。

わかった！ でももう少し 図1 の各部分でのはたらきを知りたい !!

では，栄養分の話の続きをしよう。胃までで分解された栄養分が小腸に入ると，栄養分はさらに分解されたあと吸収され全身へと運ばれるんだ。図2 は小腸の中なんだけど，小腸の壁《かべ》の内側にはたくさんのひだがあって，この表面には図のような 柔毛 という突起《とっき》が無数にあるんだ。ここから栄養分が吸収されるよ。

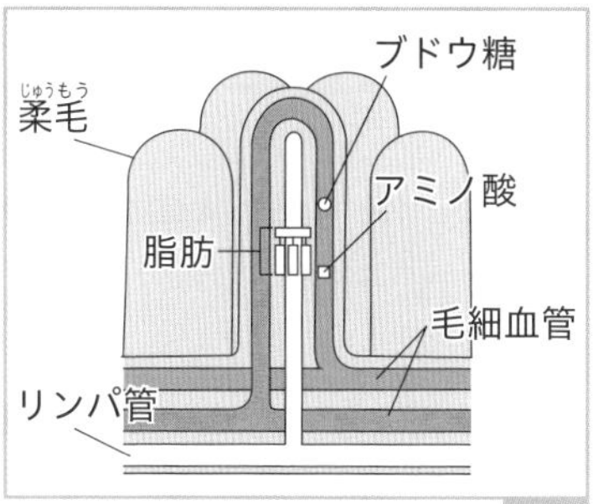

図2

この段階では，ブドウ糖とかアミノ酸とか脂肪酸とかモノグリセリドになってるよね？ それが吸収されて全身に運ばれるってこと？

うーん，半分正解だよ！ ブドウ糖とアミノ酸は柔毛の 毛細血管 に入って肝臓《かんぞう》を通って全身に運ばれるんだけど，脂肪酸とモノグリセリドは，再び脂肪になってから リンパ管 に入って，その後血管と合流し，全身へと運ばれるんだ。この流れをしっかりおさえておこう！

練習問題

解答解説 ▸▸ 別冊 20 ページ

1 次のA～Dの物質について，次の各問いに答えなさい。

A アミラーゼ　　B ペプシン　　C トリプシン　　D リパーゼ

(1) A～Dのような，食物の養分を分解するはたらきをもつ物質を何というか。

____

(2) A～Dはそれぞれどの消化液中にふくまれているか。次の**ア**～**ウ**から，あてはまるものをそれぞれすべて選びなさい。

A__________ B__________ C__________ D__________

ア すい液　**イ** 唾液　**ウ** 胃液

(3) A～Dにはそれぞれどのようなはたらきがあるか。次の**ア**～**ウ**から，あてはまるものをそれぞれ選びなさい。

A__________ B__________ C__________ D__________

ア タンパク質を分解する　**イ** 脂肪を分解する　**ウ** デンプンを分解する

2 右図は，小腸の内側のひだの表面にある突起を模式的に示したものである。図中のA～Cをそれぞれ何というか。

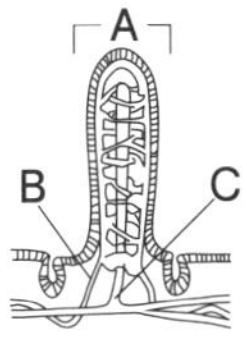

A__________ B__________ C__________

＋プラス α

・脂肪の消化を助ける胆汁《たんじゅう》というものもある。この胆汁には消化酵素はふくまれていない。

39

2年 肺・腎臓《じんぞう》・肝臓《かんぞう》

呼吸のとき，体はどうなってる？

さっきは，人間の「食べる」っていう行動の話だったけど，呼吸のときはどうなってるの？

よし。じゃあ一緒《いっしょ》に勉強してみよう。まず，人間は二酸化炭素と酸素の出し入れを肺で一気に行うんだ！

図1 を見てみよう。**肺は肋骨《ろっこつ》と横隔膜《おうかくまく》の間の空間にあり，肋骨と横隔膜が上下することでその空間の体積が変わって空気の出し入れができるんだ。** 図1 はその肺を細かく見た様子だからそれぞれの名前をよく確認しておこう。

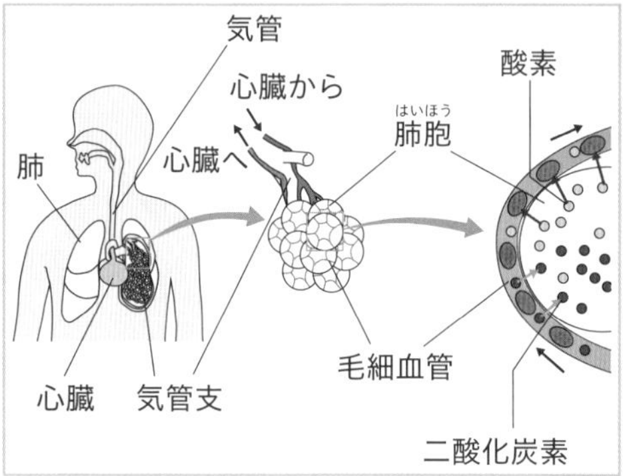

図1

こうやって人間は呼吸しているんだね。

そうだよ。空気は気管から細かく枝分かれした 気管支 に入って，その先にたくさんある 肺胞 で酸素と二酸化炭素のやりとりをするんだ。

なるほど！ とりあえず，肺でのやりとりと各部分の名前を覚えておけばテストで高得点取れるかな？

おそらく取れるようになるよ！ 中学校のテストでは，いろんな名前や呼吸のしくみがよく聞かれるからね！

わかった！ しっかり覚えておくよ！ 呼吸以外にも人間のはたらきとして，尿《にょう》を出すとかあるよね。それはどうなってるの？

お！ 知的好奇心《こうきしん》がすごいなエイタくんは！ じゃあ説明していこう！ 図2 を見てみよう。不要な物質や余分な水分をこし出すはたらきがあるのは腎臓《じんぞう》という部分だよ。では腎臓について見てみよう。アミノ酸を分解すると有害なアンモニアができるんだけど，これは，肝臓《かんぞう》で害の少ない 尿素 に変えられるんだ。

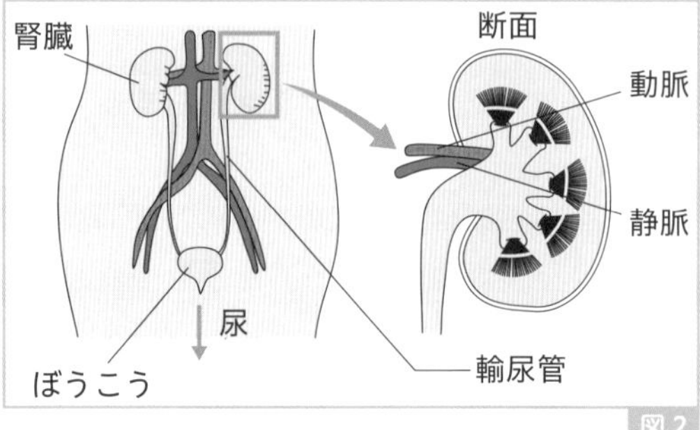

図2

なるほど！ 肝臓が無害なものに変えるのにかかわっているんだね。

そうだね。アンモニアは害の少ない尿素に変えられた後，**余分な水分や塩分と一緒《いっしょ》に腎臓で血液中からこしとられて，尿として体の外に出される**んだ。このように，体に不要な物質を外に出すはたらきを**排出《はいしゅつ》**というよ。

この辺りもテストで出ても，答えられそう！ でも肝臓ってすごいね！ 有害なものを無害なものに変えるなんて！

お！ マオさんも知的好奇心満載《まんさい》ですばらしいね！ では，補足で肝臓のはたらきについて整理してみよう。肝臓のはたらきでテストに出やすいのは 3 つあるんだ。みんなは答えられるかな？

さっきやった，「有害なものを無害なものに変える」はとりあえず 1 つだよね。ほかは，何だろ… わかんない！

前の㊳での柔毛《じゅうもう》のはたらきを思い出してみよう。小腸の柔毛で吸収されたブドウ糖やアミノ酸は，柔毛の毛細血管で吸収されたのち，肝臓に入って全身に送られるって説明したよね！ このときに，肝臓に入ってきた栄養分を蓄《たくわ》えるっていう役割もあるんだ。ちなみに，肝臓に入ってきた栄養分は，［グリコーゲン］として蓄えておくっていうことを覚えておこう。あと 1 つは，脂肪《しぼう》を分解するのを助ける［胆汁］をつくるっていう役割もあるんだ。
まとめると，肝臓には，**①有害なものを無害なものに変える，②栄養分をグリコーゲンとして蓄えておく，③胆汁《たんじゅう》をつくる**っていう 3 つの役割があるっていうことを覚えておこう！

練習問題

解答解説 ▶▶ 別冊 21 ページ

1 肺について，次の各部分の名前を答えなさい。

① 呼吸運動時に上下に動く，肺の下にある筋肉の膜。

② 肺の中にあるうすい膜の袋《ふくろ》で，酸素と二酸化炭素の交換《こうかん》を行う部分。

2 腎臓について，次の文の（　　）にあてはまる用語を答えなさい。

腎臓では，尿素などの不要な物質が血液中からこし出されて①（　　　　　）となる。①は②（　　　　　）という管を通って③（　　　　　）に一時的にためられてから，体外へ排出される。

3 次のア～オのうち，肝臓のはたらきとして正しいものをすべて選びなさい。

ア　胆汁の生成　　イ　有害物質の無害化　　ウ　胆汁の貯蔵
エ　栄養分の貯蔵　　オ　脂肪の吸収

40　2年　血液・心臓

ねえ先生！怪我《けが》して血が出てきたんだけど。

ねえ先生！ 怪我して血が出てきた！

それなら保健室行かないとダメじゃん！ はやく行ってきなよ！

でもそういえば血が出たときって，なんでしばらくしたら血が出なくなるの ??

いい質問だね！ では，図1を見てみよう。
図1には，血液の4成分がかいてあるんだけど，この4成分はテストによく出るからしっかり覚えておこう！ まず，図1にある血液の固形成分のうち赤い色のものを［赤血球］っていって，酸素を運ぶ役割があるんだ。
その酸素を運ぶ赤い色素のことを［ヘモグロビン］っていうことも覚えておこう！

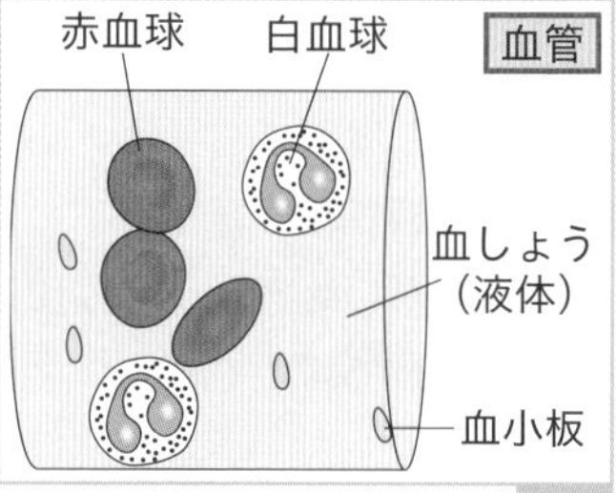

図1

なるほどね！ ほかの3つはどうなってるの？

まず，固形成分は赤血球以外に2つあって，外部から入ってきた細菌《さいきん》などを分解する役割をもつ［白血球］と，血液を固める役割をもつ［血小板］なんだ。固形成分はまずこの3つ。しっかり覚えておこう！

もしかしてこの血小板があるから，血液が固まるのかな？

そういうことだよ。血小板による血液を固めるはたらきがなかったら，怪我したときの血はドバドバ流れすぎちゃってすぐ貧血になっちゃうんだ。だから，赤血球，白血球だけじゃなくて，血小板も大切な存在なんだよ。

そうなんだね！ ちなみにさっき血液の4成分って言ってたけど，あと1つは何なの？

それは，赤血球や白血球や血小板と違《ちが》って唯一《ゆいいつ》液体の血しょうっていう成分なんだ。この液体には，**栄養分や二酸化炭素が溶け込んでいて，それらを全身に運ぶ役割がある**んだ。

これで，この4成分はしっかり理解できたよ！ でも，全身に血液を運ぶのもすごいね！

マオさんの言うように，血液は全身を流れているよね。この全身を流すのに必要なのは，止まることのない心臓の動きなんだ。

ではもう少し血液の循環《じゅんかん》において大切な心臓についても少し学んでいこう。図2 を見てみよう。まず，血液が通る太い血管には2種類あるんだ。それは，**心臓から送り出される血液が流れる動脈と心臓に戻《もど》ってくる血液が流れる静脈**だよ。
また，動脈は壁が厚く弾力があるんだけど，**静脈には，血液の逆流を防ぐ弁っていうのがついてたりする**っていうのも覚えておこう！

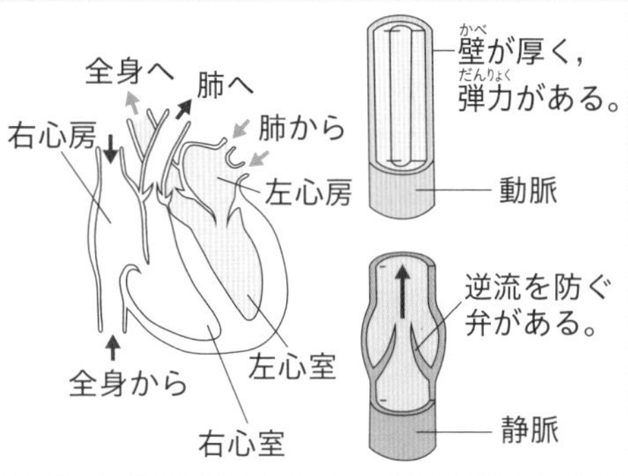

図2

全身を流れる血液は，体の中を循環してるんだね。

ちなみに，心臓から血液が全身に出ていき，その後心臓に戻《もど》ってくる循環を 体循環 ，心臓から肺に血液が行きその後心臓に戻ってくる循環を 肺循環 っていうんだ。あと，**酸素を多くふくむ血液を動脈血，二酸化炭素を多くふくむ血液を静脈血**っていうよ。

練習問題

解答解説 ▶▶ 別冊 21 ページ

1 次のA～Cは血液の固形成分である。これについて，次の各問いに答えなさい。

A 赤血球　　B 白血球　　C 血小板

(1) A～Cはそれぞれどのようなはたらきをするか。次のア～エからそれぞれあてはまるものを選びなさい。

A ______　B ______　C ______

ア 出血したときに血液を固める　　**イ** 酸素を運ぶ
ウ 体に入った細菌などの異物を分解する

(2) A～Cに対して，血液における液体成分を何というか。 ______

(3) Aにふくまれる赤い色素を何というか。 ______

2 心臓と血液の循環について，次の各問いに答えなさい。

(1) 次のア～エのうち，動脈と静脈についてあてはまるものはそれぞれどれか。

動脈 ______　静脈 ______

ア 心臓へと戻ってくる血液が流れる血管　　**イ** 酸素を多くふくむ血液
ウ 心臓から送り出される血液が流れる血管　**エ** 二酸化炭素を多くふくむ血液

(2) 静脈についている弁のはたらきについて，簡単に説明しなさい。

______

(3) 血液の循環について，肺循環と体循環の経路をそれぞれ簡単に説明しなさい。

肺循環 ______

体循環 ______

2年 目・耳・骨格《こっかく》

41 目や耳の構造をもっと知りたい！

よし。怪我《けが》がよくなったよ！ でも人間ってやっぱすごいね。怪我とかしても，適切な処置すればすぐ治るんだもん。

確かに。私たち人間ってすごいね。目とか耳とかもよくできてるよね。普通《ふつう》にくっきりものが見えるし，音もはっきり聞こえるもんね。

君たちもここまで結構勉強してきて，世の中のさまざまなことに疑問をもつようになったね。すごいよ！ では一緒《いっしょ》に目と耳の構造について勉強していこうか。

まずは，目とか耳の部位の名前から覚えていきたい !!

そうしよう。では 図1 を見てみよう。 図1 は，目とか耳のつくりを表しているんだ。

目でいうと，虹彩《こうさい》とかレンズや網膜《もうまく》，耳でいうと鼓膜《こまく》や耳小骨なんかの役割を知りたいな。

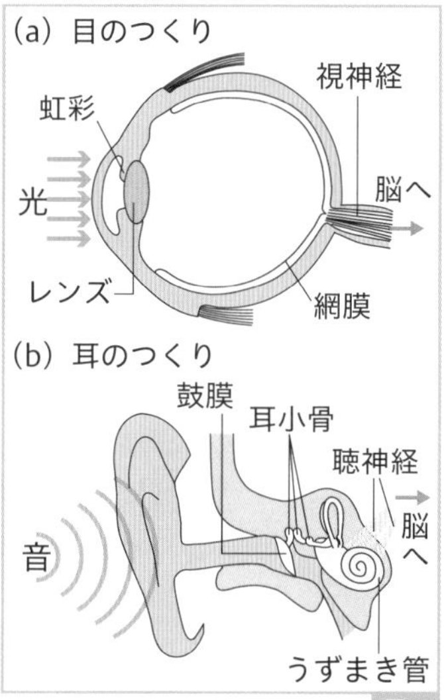

図1

オッケー。しっかり教えていくよ。まず目からだね。夜寝るとき電気を消すと最初は真っ暗で何も見えないのに，少しずつ見えてくることってないかな？

めっちゃある !!!

それは， 図1 の部位の 虹彩 が，光の入ってくる量を調整してるからなんだ。そして，レンズは ② で出てきた凸《とつ》レンズみたいなもので，入ってきた光を屈折《くっせつ》させて 網膜 の上に像をつくることで，物体を見ることができるんだ。

なるほど！ そういう感じでしっかりいろんな部位に意味があるんだね！ 耳はどうなってるの？

まず，**音っていうのは空気の振動《しんどう》**なんだ。 ③ で音について学んだよね。その空気の振動を， 鼓膜 で捉《とら》えて， 耳小骨 でその音を増幅《ぞうふく》させて聞こえやすくした後に うずまき管 の中の液体を振動させてそれが音として聞こえるんだ。

すごいしくみだね！

この目や耳のように，まわりの様子を知るために，光や音などの刺激《しげき》を受けとる器官のことを 感覚器官 っていうこともおさえておこう！

やっぱり人間ってすごいね。そういえば，筋肉とか骨については何か覚えておくことってあるの？

すばらしい！ では最後に，軽く骨や筋肉について話していこう。**ヒトが自分の体を自由に動かすことができるのは，骨格と筋肉の役割**のおかげなんだ。
まず，**筋肉の両端《りょうたん》にはけんっていうものがついていて，それが骨と筋肉をつないでいる**んだ。そして，**骨格は筋肉の動きによって関節の位置で曲がる**んだ。人間のように，**体の内部にある骨格のことを内骨格っていう**よ。36 で習った節足動物とは違《ちが》うね。しっかり覚えておこう！

練習問題

解答解説 ▶▶ 別冊 22 ページ

1 右図は目の構造を模式的に示したものである。図中のA～Cをそれぞれ何というか答えなさい。

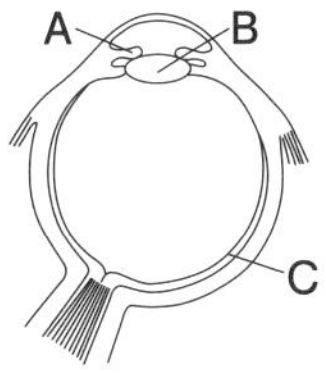

A ______ B ______

C ______

2 右図は耳の構造を模式的に示したものである。これについて，次の各問いに答えなさい。

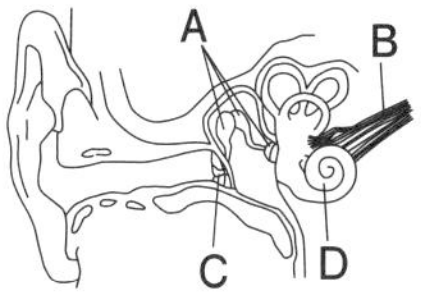

(1) 図中のA～Dをそれぞれ何というか。

A ______ B ______

C ______ D ______

(2) 図中のA～Dを音の刺激が脳へ伝わる順に並べなさい。

______ → ______ → ______ → ______

3 右図はヒトの腕《うで》の構造を模式的に示したものである。これについて，次の各問いに答えなさい。

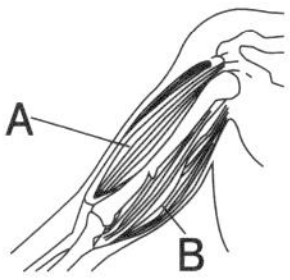

(1) 腕を伸《の》ばすときに縮む筋肉はAとBのどちらか。 ______

(2) 腕を曲げるときに縮む筋肉はAとBのどちらか。 ______

42 2年 反射

やかんを触《さわ》って火傷《やけど》してしまった

昨日，火にかけている「やかん」に思わず触ってしまって軽く火傷しちゃったんだよね。

危な !! エイタは注意力が足りないからそんなことになるんだよ。

ほんとほんと。この前も，技術の授業で手を怪我《けが》してたし，ほんと気をつけないとダメだよ。

エイタくん危なかったね。大火傷にならなかったのは人間の体が起こした 反射 という現象のおかげだね。

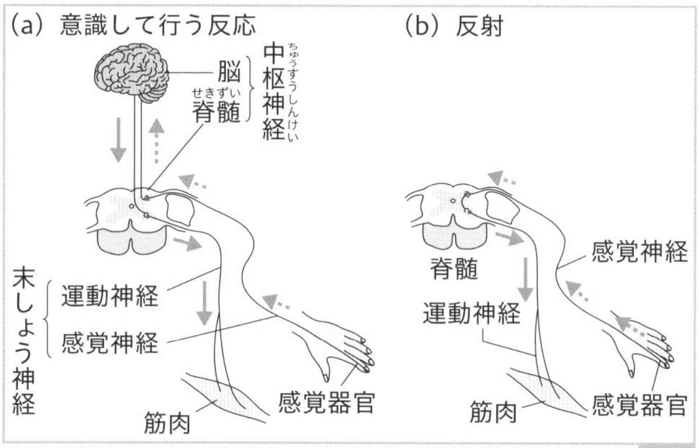

図1

何それ？ もう少しくわしく教えてよ！

では教えていこう！ 図1 を見てみよう。人間の反応には大きく分けて2種類ある。それぞれ，意識して行う反応と，反射という反応なんだ。

図1 (a) が意識的に行う反応で， 図1 (b) が反射だよ。まずは， 図1 (a) から説明していこう。感覚器官で刺激《しげき》を受けとると，信号が 感覚神経 を通って 脊髄 に入るんだ。その後，脳に入ってどうするか判断した後に，体を動かすという信号が， 運動神経 を通って最終的に 筋肉 に行くことになるよ。

それが 図1 (a) の図なんだね。でももう少し具体的に知りたい！

わかった！ たとえばマオさんが，帰り道「後ろから肩《かた》をたたかれた」とするよね。そうすると，どうしたい？

だれか知りたいから振《ふ》り向く !!

そうだよね。たたかれたことが刺激として，感覚器官，ここでは皮膚《ひふ》から感覚神経，脊髄，脳の順に伝わり，脳で「振り返る」っていう命令を出したんだ。その信号が運動神経を通り，筋肉に伝わったら，マオさんはやっと振り向くんだよ。こんな順序で行われるって覚えておこう！

面白いね。でも僕《ぼく》の火傷が反射に助けられたっていう話はどういうこと？

今さっきのは,「意識して行う反応」だったけど,「無意識的に起きる反応」っていうのもある。それが反射なんだ。図1 (b) を見てみよう。図1 (a) の意識して行う反応と何かが違《ちが》うよね。何が違うかわかるかな？

図1 (b) は脳に反応が行ってない !!!

そうだね。そこが大きな違いだよ。反射は，基本的に危ないときだったり，すぐ筋肉に伝えないといけないときに起きるんだ。だから脳まで信号を送ってる時間をなくすために，**脊髄で折り返してそのまま筋肉に伝えられる**ようになってるんだ。

そうだったんだ。やかんに触《さわ》っちゃったときは，思わず手を引っ込《こ》めるように人間の体がなってたんだね。だから僕が軽い火傷ですんだってことかな？

そういうこと。だから，この反射のおかげでエイタくんの身は守られたっていえるんだ。意識して行う反応は，脳まで行ってから判断を下すけど，反射では脳まで行ってる時間がないから，脊髄で判断を下すっていうところをしっかり覚えておこうね！

練習問題

解答解説 ▶▶ 別冊 22 ページ

1 右図は刺激の反応経路を模式的に示したものである。これについて，次の各問いに答えなさい。

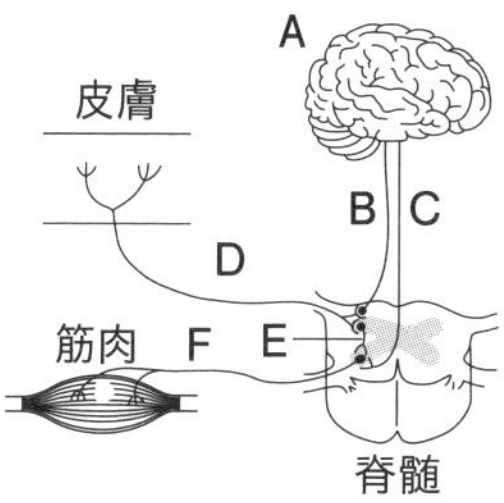

(1) 図中のA，D，Fをそれぞれ何というか。

A ________　D ________

F ________

(2) 熱いやかんに手で触れてしまったとき，思わず手を引っ込めた。このように，刺激に対して意識と関係なく起こる反応を何というか。

____

(3) 次のア～エのうち，①意識して行う反応，②無意識で起こる(2)のような反応の経路について，それぞれ適切なものを選びなさい。

① ________　② ________

ア　皮膚→D→B→A→C→F→筋肉　　イ　筋肉→F→C→A→B→D→皮膚

ウ　皮膚→D→E→F→筋肉　　エ　筋肉→F→E→D→皮膚

プラスα

・脳と脊髄はまとめて中枢神経とよばれ，そこから枝分かれしている感覚神経や運動神経は末しょう神経とよばれる。

43

3年　有性生殖《せいしょく》・無性生殖

僕《ぼく》らってどこからきたの？

最近生物について勉強しようとしてるんだけど，そもそも僕ら人間ってどこからきたんだろうね？

では一緒《いっしょ》に勉強していこうか。まず，人間みたいにお父さんとお母さんからうまれる動物だけじゃないんだ！ その辺りから見ていこう。**さまざまな生物が新しい個体を子としてつくることを生殖《せいしょく》っていう**んだ。そして，その生殖にも2種類あって，人間のように，雌雄《しゆう》の親を必要とする生殖を［有性生殖］っていうんだよ。それに対して，親の体の一部が分かれて，新しい個体になる生殖を［無性生殖］っていう。この無性生殖は，雌雄《しゆう》の親を必要としないんだよ！

そんな生物もいるんだ。どんなのがいるの？

図1 を見てみよう。図1 の生き物はミカヅキモっていう微生物《びせいぶつ》なんだけど，この生き物は，自分の体が分裂《ぶんれつ》して，新しい個体をつくる。このような**無性生殖では，ただの分裂だから子供の特徴《とくちょう》は親とまったく同じ**なんだ。

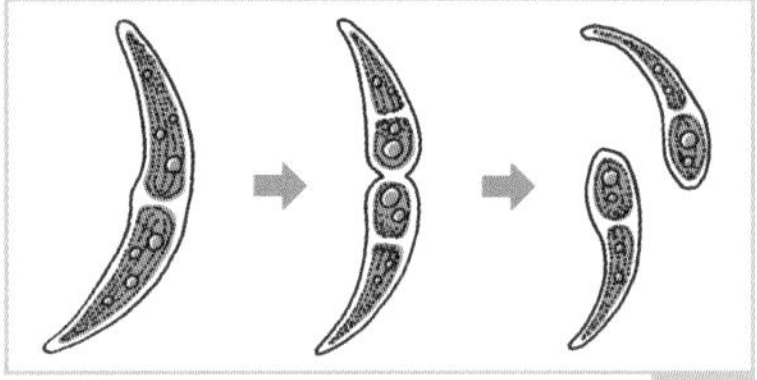

図1

人間だったらありえないよね。親に似てるとかはあるけど，まったく同じなんてありえないもん！

そうだね。有性生殖では親とまったく同じなんてことはないのが特徴なんだ。ここが大きな違《ちが》いだね。無性生殖はさっきのミカヅキモのように［単細胞生物］に多い生殖方法なんだ。

無性生殖はわかったけど，僕たち人間も行う有性生殖のこともくわしく知りたい！

有性生殖の例として，図2 のカエルの生殖で考えてみよう。今回は無性生殖じゃないから，お母さんのカエルとお父さんのカエルの2匹《ひき》がいるよね。そしてまず，お母さんカエルの卵巣で卵がつくられ，お父さんカエルの精巣で精子がつくられるんだ。
卵や精子のような**生殖のための細胞《さいぼう》のことを生殖細胞**っていうんだよ。そして，雌《めす》の卵と雄《おす》の精子が合体することを［受精］っていって，受精してできた細胞を［受精卵］っていうんだ。

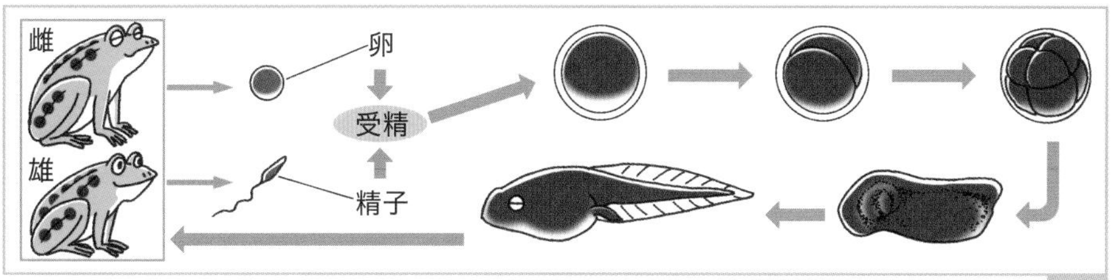

図2

なるほど！ こうやって，有性生殖では子孫が繁殖《はんしょく》するんだね。

そういうこと。そして，さっきできた受精卵が細胞の数を増やして，自分で食べ物をとるまでのことを 胚 っていうんだ。そしてさらに成長して，成体になっていくんだ。
そして，こんなふうに，**受精卵が胚を経て，成体になるまでの過程を発生っていう**んだよ。
このことばも覚えておこう！

練習問題

解答解説▶▶別冊 23 ページ

1 生物の子孫の残し方について，次の各問いに答えなさい。

(1) 体細胞分裂によって親と同じ特徴《とくちょう》をもつ個体をつくるような増え方を何というか。

(2) 次のア～エのうち，(1)のふえ方にあてはまるものをすべて選びなさい。

ア アメーバが分裂によって増えた。
イ 水槽《すいそう》に雌雄のメダカを入れておいたら，子メダカがうまれた。
ウ 地面についたオランダイチゴの茎《くき》の一部から芽が出て新しい個体となった。
エ アブラナの花が咲《さ》いたあと種子ができ，芽が出た。

(3) (1)に対して，雌雄の親によって新しい個体をつくるようなふえ方を何というか。

(4) (3)のふえ方にあてはまるものを，(2)の**ア**～**エ**からすべて選びなさい。

2 右のA～Eは，カエルの受精卵からの成長過程のいずれかを示したものである。これについて，次の各問いに答えなさい。

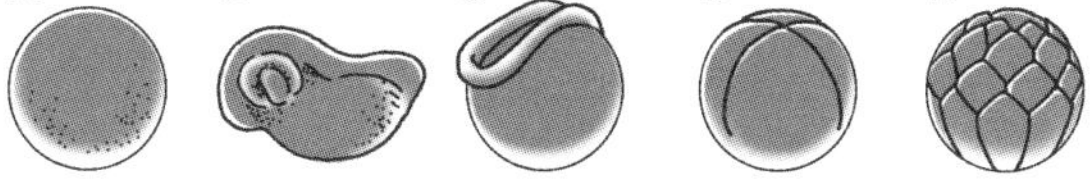

(1) 図中のA～Eを成長過程の順に並べなさい。

→ → → →

(2) 受精卵から自分で食物をとり始めるまでの子を何というか。

(3) 受精卵から成体になるまでの過程を何というか。

44

3年　細胞分裂《さいぼうぶんれつ》・核《かく》

僕《ぼく》らはなんで身長が伸《の》びるの??

将来結婚《けっこん》するなら，背の高いイケメンがいいな〜！

私は身長が低くても優しい人がいいな。

やっぱりみんな身長の高い人が好きなんだ。もう僕の身長はほぼ伸びなくなってきたよ。

まあでも，まだ伸びるんじゃない??

そうだといいかもだけど，まあ僕は中身で勝負するよ!! でもそういえば，身長とかってなんで伸びるんだろうね。

それは人間が 細胞分裂 してるからなんだ。

なんか聞いたことある気がする。もう少しくわしく教えて！

よし。では一緒《いっしょ》に勉強していこう。まず，**1つの細胞が分かれて2つになることを細胞分裂っていう**んだ。この細胞分裂によって，増えた細胞が大きくなると生物の体は大きくなるね。こうやって身長も大きくなるんだよ。

なるほど！ そうなんだね。それって植物とかも同じなの??

図1

そうだよ！ では 図1 を見てみよう。 図1 は植物の根を顕微鏡《けんびきょう》で見た図なんだけど，**根や茎《くき》の先端《せんたん》近くには，細胞分裂がさかんに行われる部分があり，その部分のことを成長点っていう**んだ。そして，**根の先端を根冠《こんかん》っていってさっきの成長点を保護している。**細胞分裂が始まると，細胞の中にひものようなものが現れる。これを 染色体 っていうんだ。細胞分裂の様子を観察したいときは，核や染色体《せんしょくたい》に色をつけるために， 染色液 を使う。その染色液として有名なのは**酢酸《さくさん》カーミン液，酢酸オルセイン液，酢酸ダーリア液**などがあるから覚えておこう。

なるほど!! この用語は理科の先生もテストに出るって言ってたからしっかり覚えておくね。ほかにはテストに出やすいことってないの？

ほかに，細胞分裂の種類についてもテストによく出るよ。生物の細胞には，体をつくる 体細胞 と子孫を残すための特別な細胞である 生殖細胞 の２種類があるんだ。さっきの身長が伸《の》びるっていうときにおきるのは，生物の体が成長するときの細胞分裂で 体細胞分裂 っていうんだよ。この体細胞分裂の様子が 図２ だね。この体細胞分裂では，分裂を始める前に核の形が見えなくなり，染色体が見えるようになるんだ。そして，染色体の数が２倍に増えて，この染色体が２つに分かれて，分裂したそれぞれに入るんだ。だから結局，１つの細胞に入ってる染色体の数は同じになるってこと！

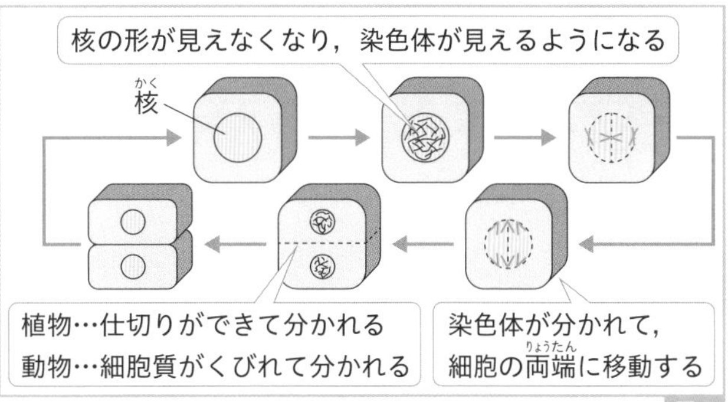

図２

この流れで，私たちの体は成長していくんだね。

そうなんだ。**核があって，そこから染色体が見えるようになってから，染色体が複製されて２倍の数になる。そこから，分かれた細胞にそれぞれ染色体が入る**っていう流れをしっかりおさえておこう！

練習問題

解答解説 ▶▶ 別冊 23 ページ

1 右図は，ソラマメの根の様子を示したものである。これについて，次の各問いに答えなさい。

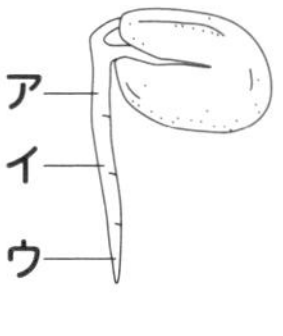

(1) 図中のア～ウのうち，細胞分裂を観察するときに最も適した位置はどれか。

(2) (1)の理由を簡単に説明しなさい。

2 右図は細胞分裂の過程のいずれかを示したものであり，１回の分裂は，図中のＡから開始してＢ～Ｅの過程を経てからＦで終了《しゅうりょう》するものとする。これについて，次の各問いに答えなさい。

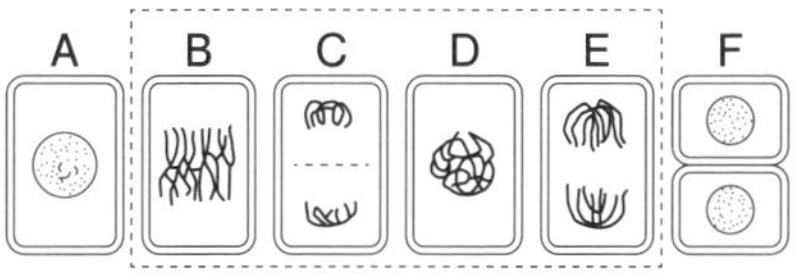

(1) 図中のＢ～Ｅを分裂の過程の順に並べなさい。

→　→　→

(2) 図中のＥなどで見られるひも状のものを何というか。

(3) 図のような，細胞分裂の前後で(2)の数が変わらない細胞のふえ方を何というか。

45 3年 染色体・減数分裂《げんすうぶんれつ》・遺伝

なんでパパやママに顔が似るの？

1つ前の 44 で体細胞分裂は習ったけど，生殖細胞《せいしょくさいぼう》についてはまだわかんないから教えて！

ではさっそく 図1 を見てみよう。図1 の左には，母親の細胞と父親の細胞って書いてあるよね。この図の中に色がついてる部分が前習った染色体なんだけど，これがまず半分になるんだ。

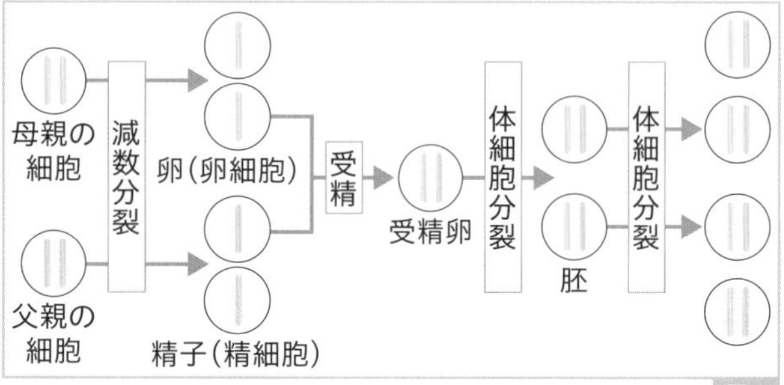

図1

この分裂のことを 減数分裂 っていうよ。この減数分裂で半分ずつになった染色体をもつ細胞どうしが受精することによって，お母さんの染色体とお父さんの染色体が1つずつ組み合わされた染色体をもつ受精卵ができる。そして，この受精卵が 44 で習った体細胞分裂を繰り返して，ふえていくんだ。

てことは，減数分裂した後受精したら結局は親と子で染色体の数は同じってことだね？

そういうこと！ よく子供って親に似たりすることはあっても，まったく同じ人は生まれないよね。それは，この減数分裂によって，染色体を半分ずつお母さんとお父さんから受けとるからなんだ。

そうなんだ。てことは，無性生殖の場合は，親の細胞がそのまま分裂してできるから体細胞分裂で，有性生殖の場合は，お父さんとお母さんからそれぞれの染色体を半分ずつもらう減数分裂をしてからの受精って流れってことだよね？

エイタくん，すばらしいね！ そういうことだよ！ その辺りをまとめたのが 図2 だから，図2 のここまでの内容をよく確認しておこう。

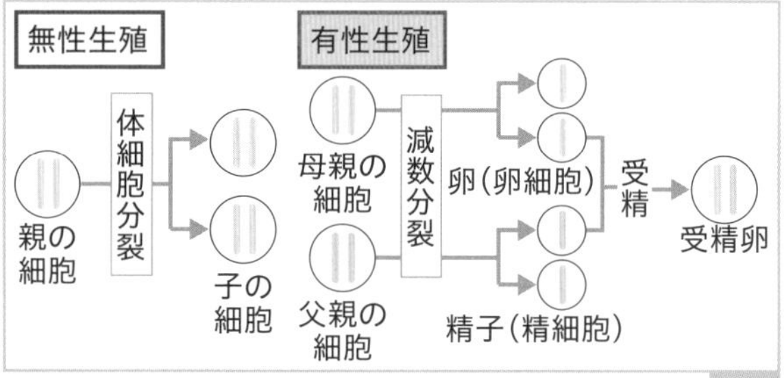

図2

有性生殖のときに，減数分裂しないまま受精しちゃうことってないの？

とてもいい質問だね。確かに当たり前のように，お父さんの染色体とお母さんの染色体が1つずつ入っているよね。これは，分離の法則っていいって，2つで対になっていた遺伝子が分かれて，必ずべつべつの生殖細胞に入るようなっているんだ。

なるほど！ そうだったんだ！

ちなみに，生物の形や性質などの特徴《とくちょう》のことを形質っていうんだ。これもしっかりおさえておこう！ そして，親の形質が子供やそれ以後の子孫に現れることを遺伝っていうよ。あと，この遺伝の情報が入っている遺伝子が染色体の中に入っているんだ。だから，人間の場合，お父さんの染色体とお母さんの染色体を半分ずつ受けとるので，お父さんやお母さんとは似てるけど違《ちが》う人が現れるんだよ。

なるほど！ この流れはテストで出そうだからしっかりおさえておくね！

うん。簡単にいえば，**無性生殖の場合は，親と子が同じ形質でただ体細胞分裂で分裂する**だけ。有性生殖の場合は，親と子は違う形質になる。なぜなら，**親の染色体がいったん半分に減数分裂したのち，お父さんとお母さんの染色体を半分ずつ受けとった受精卵ができるから。**…ってことだけを覚えておけば，この項目《こうもく》は大丈夫《だいじょうぶ》だよ！

練習問題

解答解説▸▸別冊 24 ページ

1 生物の子孫の残し方について，次の各問いに答えなさい。

(1) 次の**ア**～**エ**のうち，正しいものはどれか。

ア 無性生殖では，生殖細胞によって新しい個体がつくられる。
イ 無性生殖では，親と子で染色体の数は異なる。
ウ 有性生殖では，体細胞分裂することで新しい個体がつくられる。
エ 有性生殖では，両親から染色体を半分ずつもらう。

(2) 減数分裂について簡単に説明しなさい。

2 親がもっている特徴は子や孫の世代に伝わる。これについて，次の各問いに答えなさい。

(1) 親から子へ伝わる特徴である形や性質を何というか。

(2) 下線部のようなことを何というか。

(3) 分離の法則について簡単に説明しなさい。

プラスα

・遺伝子の本体は，DNA（デオキシリボ核酸《かくさん》）とよばれる物質である。

Q&A 09 休日に部屋で勉強していて，集中できないときは？

ハルカ：でんがん先生，休日に部屋にこもって勉強しようと思っても，あんまり集中できないんだよね。

でんがん先生：ハルカさん，そういうときはあえて「人に見られる場所」に行ってみたら？

ハルカ：えっ，それってどういう場所？

でんがん先生：家だったら，自分の部屋じゃなくて，あえてリビングで勉強してみる。
塾《じゅく》に通っているなら自習室とか。
ほかにも，図書館やカフェっていう手もある。

他人の視線を感じるところに身を置くと，緊張感《きんちょうかん》を保ちながら集中できるぞ。

ハルカ：なるほどねー！
カフェで勉強っていいな。

COMMENTS

くめはら先生：この方法は，僕《ぼく》も超おすすめ！ 京大生でも，自分の部屋ではなかなか勉強できなくて，学校の図書館で勉強するという人がとても多かったよ。そのせいで，大学のテスト期間中は，いつも図書館が人でいっぱいになっていたなぁ。

4章 地球

ここでは，地球や地震《じしん》，宇宙といった地学の分野を扱《あつか》っていくよ。用語をいっぱい覚えることになると思うけど，火山の噴火《ふんか》や地震の起こる原因を考えたりするとより一層《いっそう》面白くなるから，気合い入れてがんばってみよう！

46

1年　地震《じしん》の発生

地震ってなんで起こるの？

最近，地震多いなあ。昨日もなんか震度３くらいで結構揺《ゆ》れたけど…地震ってなんで起こるんだろう。なんか地形とか関係あるのかな？　でんがん先生教えてよ！

オッケー。まずこの**地球表面には，プレートっていう十数枚のかたい板状の岩石のかたまりがある**んだ。これが，地球内部の高温の岩石の上を動いてるから，プレートの上にある島や大陸も動いているんだよ。このプレートが地震の発生に深くかかわっているんだ。

プレート？　そのプレートってどうなってるかくわしく教えて！

じゃあ 図1 を見てみよう。まずプレートは大きく，**プレートの上に大陸がある大陸プレート**と，**プレートの上に海がある海洋プレート**に分かれるんだ。 図1 はその様子なんだけど，海洋プレートが大陸プレートの下に沈《しず》み込《こ》もうと動くことがある。これによって，上にある大陸プレートがひずむ。このひずみが地震の原因の１つなんだよ。

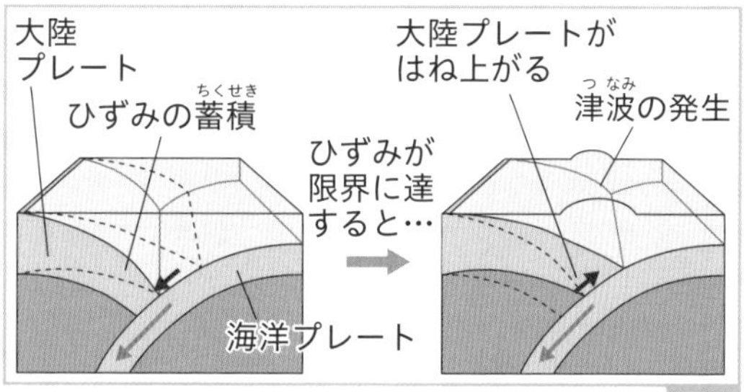

図1

まげられた板がビヨーンってなる感じなんだね。

次に， 図2 (a)を見てみよう。最初に地下の岩石が破壊《はかい》された場所，つまり最初に地震が起きた場所のことを 震源 ，また，その真上にある地表の地点のことを 震央 っていうんだ。
ちなみに，地震が起きると波のように揺れがくるけど，その波は２種類あるのは知ってる？

知らなかった！　大きな地震の揺れが１種類だけじゃないの？

実は地震が起きたとき，初めにくる小さな揺れを 初期微動 といい， P波 という地震波で起こるんだ。そしてその後にくる大きな揺れを 主要動 といい， S波 という地震波で起こるんだ。

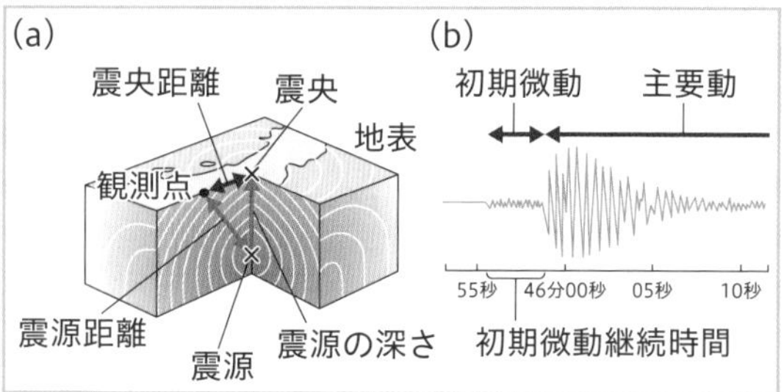

図2

2種類あるなんて知らなかったから，しっかり覚えとく！

図2 (b) は地震計の記録なんだけど，これを見ても最初小さな揺れの初期微動《しょきびどう》がきて，その後遅れて主要動がくることがわかるね。この初期微動が始まってから，主要動が始まるまでの時間を［初期微動継続時間］っていうんだ。この**初期微動継続時間《しょきびどうけいぞくじかん》は，震源からの距離が遠ければ遠いほど，長くなるよ。**
あと，地震の揺れの大きさは［震度］っていうもので表されて，**0～7の10階級**なんだ。また，地震の規模《きぼ》の大きさを表すのが［マグニチュード］だよ。

震度はなんで0～7なのに10階級なの？

0～7の数字は8つあるけど，**震度は5と6だけ5弱，5強，6弱，6強に分かれてる**から10階級なんだ。少しややこしいけど覚えておこう！

練習問題

解答解説▶▶別冊24ページ

1 地震の発生について，次の各問いに答えなさい。

(1) 次のア～エのうち，日本付近で起こる地震に関する説明として正しいものはどれか。

ア 地震が発生する原因の1つとして，大陸プレートが海洋プレートの下にもぐり込むことによって発生するものがある。
イ 地震が発生した最初の点を震央，震央の真上にある地表の点を震源という。
ウ 地震の揺れのうち，小さな揺れを初期微動，その後の大きな揺れを主要動という。
エ S波が届くと初期微動が始まり，P波が届くと主要動が始まる。

(2) 小さな揺れが始まってから，大きな揺れが始まるまでの時間を何というか。

2 震度とマグニチュードについて，次の各問いに答えなさい。

(1) 次のア～エのうち，震度の階級について正しいものはどれか。

ア 1～7の7階級　**イ** 1～7の9階級
ウ 0～7の8階級　**エ** 0～7の10階級

(2) 震度とマグニチュードの違いを簡単に説明しなさい。

プラスα

・長期間大地に力がはたらいて，地層が波打つようになったものをしゅう曲，割れてずれたものを断層という。

・プレート内部の断層がずれることで起こる地震もある。

PART 10 大地の変化
CHAPTER 4 | 123

47 1年 初期微動継続時間《しょきびどうけいぞくじかん》

どうすれば地震《じしん》の発生時刻を当てられる？

昨日の地震もやばかったよね。私の部屋めっちゃ揺《ゆ》れてほんと怖《こわ》かったよ。

僕《ぼく》もそうだった。でも 46 ででんがん先生に地震について教えてもらったばっかだったから，「あーこれが初期微動か」とか思ってたよ。

考える余裕《よゆう》なんてあるわけない !! そういえば， 46 でやった初期微動継続時間を測ったら何かわかるとかあるのかな？ 先生どうなの？

そうだね。この情報からは，「地震がいつ発生したか ?」を求めることができるんだ。これはテストによく出るから一緒《いっしょ》にやってみよう。

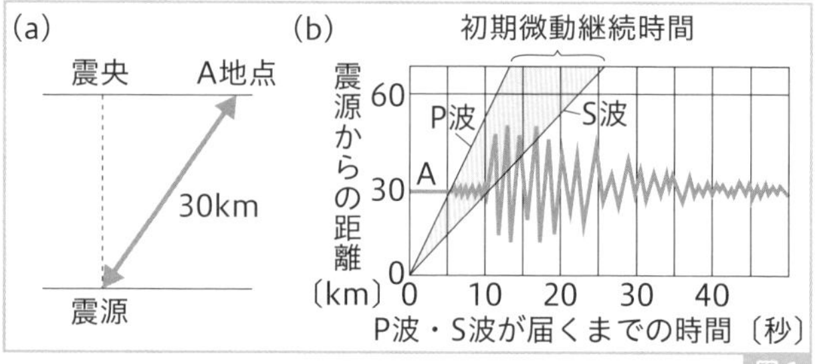

図1

図1 (a)を見てみよう。今君たちは A 地点という場所にいるとしよう。図によると，A 地点は震源からの距離《きょり》が 30 km って書いてあるよね。これは大事な情報だから，グラフが出てきたらまず見ておこう。

さて， 46 で初期微動の P 波と主要動の S 波があるって習ったよね。 図1 (b)によると，震央から 30 km の A 地点では地震が発生してから 5 秒後に，最初の揺れが始まっているよね。P 波は 30 km を 5 秒できたということだから，秒を「s」で書くと，P 波のはやさは 6 km/s っていうふうに計算できるんだ。

はやさを求めるには，道のり ÷ 時間になるから，その計算になるってことだよね？

そういうことだよ。ここは，算数で習った「はやさ」を思い出して同じように考えてみよう。主要動の S 波は地震が起きてから 10 秒後に到達しているよね。ということは，30 km を 10 秒できたということだから，S 波のはやさは， 3 km/s になるんだ。

でも，なんで P 波とか S 波のはやさを求めているの ??

それはね，「地震がいつ発生したか？」を求める上で，P 波とか S 波のはやさはよく使われるんだ。たとえば，A 地点で初期微動を感知したのが，午前 7 時 5 分 30 秒だったとするよね。ということは，P 波は，震源から 5 秒かけてくるってことだよね。このことから，地震が発生したのは，何時何分何秒になるかわかるかな？

午前7時5分30秒の5秒前ってことは，午前7時 5分25秒 なんじゃない？

正解だよ！ すばらしいね。こんなふうに，こういう初期微動と主要動を表したグラフがテストにはよく出てくるんだ。このグラフでは，**震源からの距離，初期微動や主要動をいつ感知したか？，P波やS波のはやさ**などの情報をしっかり読み取れるようになろう。

わかった!! コツさえつかめばいけそうだね。

そうだね。ではもう1つ練習問題で，主要動を感知したのは，いつになるだろう？

えぇっと，初期微動を感知したのが，午前7時5分30秒で，初期微動を感知してから主要動を感知するまでが 5秒 ってことだから，午前7時 5分35秒 じゃない？

正解！ そうやって，グラフからいろんな情報を読み取って計算する練習をしておこう！

練習問題

解答解説▶▶別冊25ページ

1 右図は，地震が発生してからP波とS波が届くまでの時間と震源からの距離の関係を示したグラフである。次の各問いに答えなさい。

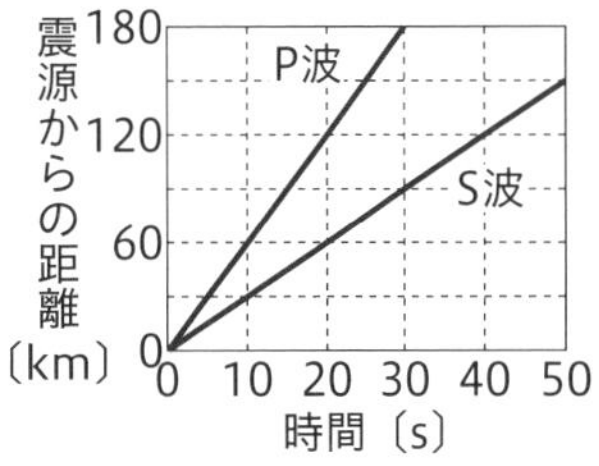

(1) P波とS波のはやさはそれぞれ何km/sであるか。

P波＿＿＿＿＿＿　S波＿＿＿＿＿＿

(2) 初期微動継続時間と震源からの距離の関係を示したグラフを右の下図にかき込みなさい。

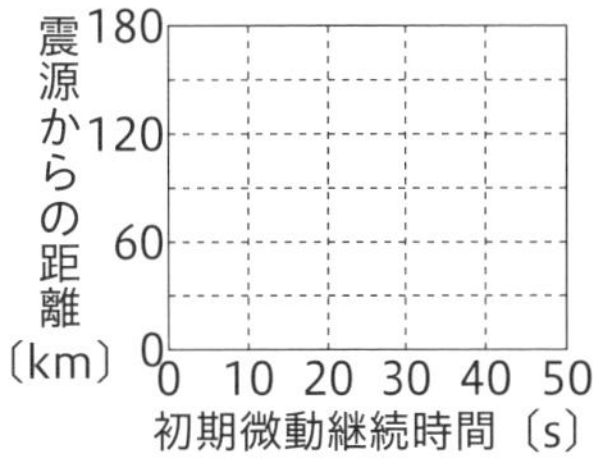

(3) (2)の結果，初期微動継続時間と震源からの距離はどのような関係となっていたか。

＿＿＿＿＿＿

(4) 震源から240km地点における初期微動継続時間は何秒であるか。

＿＿＿＿＿＿

(5) 震源から150km地点におけるP波の到着《とうちゃく》時刻が13時30分10秒であるとき，この地震が発生した時刻は何時何分何秒であるか。

＿＿＿＿＿＿

＋プラスα

・震源からの距離が遠ければ遠いほど，P波の到着とS波の到着の時刻の差が大きくなる。つまり，初期微動継続時間が大きくなる。

1年　マグマ・火山の形

48　どんな火山が爆《ばく》発《はつ》的《てき》に噴《ふん》火《か》しやすいの？

なんかこの前，火山が噴火したってニュースでやってた！ でも自分の家の近くなんかで噴火されたら，やばいよね。

それ私も見た！ この前理科の授業でも火山について軽く勉強したけど，よくわかんないまま終わっちゃった。

僕もそうだったよ。なんか火山によって，噴火が爆発的だったり穏《おだ》やかだったりするらしいんだ。でもそれってどういう特徴《とくちょう》なんだろう ??

火山によって，噴火のしかたが変わるのよく知ってたね。では勉強していこう。まず火山の基《き》礎《そ》知《ち》識《しき》を教えていくね。

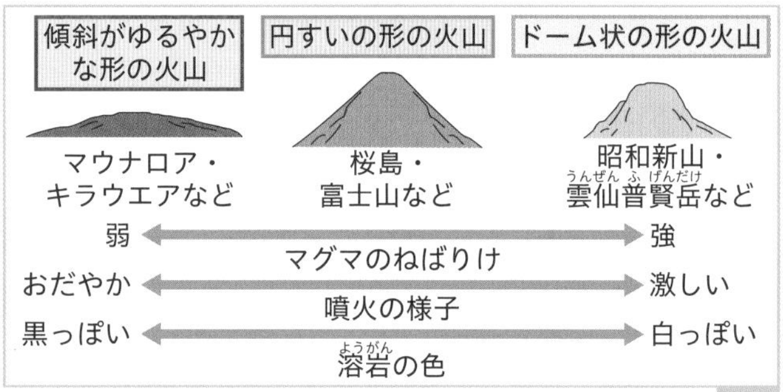

図1

火山の地下には高温などで岩石がとけた マグマ があって，そのマグマが冷えて固まり結《けっ》晶《しょう》となったものを 鉱物 っていうことも覚えておこう。

ちなみに，**現在活動している火山や過去1万年以内に噴火したことのある火山を活火山っていう**んだ。エイタくんがニュースで見たのはおそらく活火山だね。

確かに活火山って言ってた！

では改めて 図1 を見てみよう。こんなふうに火山は3種類に分けられるんだ。まず火山の形だね。傾斜《けいしゃ》がゆるやかか円すいの形かドーム状かみたいな感じになっているね。この形は，マグマのねばりけがとくに関係しているんだ。

え ?? どういうこと ?? 火山の形がなんでマグマのねばりけと関係あるの？

図1 を見てみよう。**マグマのねばりけが弱い，つまりサラサラしてるマグマだと，噴《ふ》き出したマグマが横に広がりやすい**んだ。だから，傾斜が緩やかな火山になりやすい。対して，**マグマのねばりけが強いとあまり横に広がらない**から，縦長のドーム状の火山になるっていうことだよ。

そういうことだったんだ！ ほかにも，噴火の様子とか溶岩の色が違《ちが》うんだね。

そうなんだよ。図1の3種類の火山の特徴はテストにめっちゃ出やすいから，しっかり違いをおさえておこう！

わかった !! たとえば，どんな火山がこの3種類にあてはまるの ??

いろいろとあるんだけど，傾斜がゆるやかな火山でよく出るのは，ハワイにある マウナロア とかだね。ここを覚えておこう！ そして，円すいの形の火山で有名なのは，鹿児島県にある 桜島 と，静岡県と山梨県にある 富士山 だね。まあこの2つを覚えておくととりあえず問題ないと思うよ！ あと，ドーム状の火山で有名なのは，北海道にある 昭和新山 だね。この辺りの例はテストでも聞かれることがあるからしっかり覚えておこう！

練習問題

解答解説▶▶別冊 25 ページ

1 火山の活動について，次の各問いに答えなさい。

(1) 火山の地下で高温により岩石がどろどろにとけた物質を何というか。 ＿＿＿＿

(2) (1)が冷えて固まるなどして，結晶となったものを何というか。 ＿＿＿＿

(3) (1)が地表に噴き出すことを何というか。 ＿＿＿＿

2 右図のA～Cは，火山の形を模式的に示したものである。これについて，次の各問いに答えなさい。

(1) 図中のA～Cをマグマのねばりけが弱い順に並べなさい。

＿＿ → ＿＿ → ＿＿

(2) 図中のA～Cを噴火の様子が激しい順に並べなさい。

＿＿ → ＿＿ → ＿＿

(3) 図中のA～Cの代表的な火山の例としてあてはまるものを，それぞれ次のア～カからすべて選びなさい。

A ＿＿＿＿ B ＿＿＿＿ C ＿＿＿＿

ア 雲仙普賢岳　イ キラウエア　ウ 桜島
エ マウナロア　オ 昭和新山　カ 富士山

プラスα

・溶岩や火山れき，火山弾《かざんだん》，軽石，火山ガスなどをまとめて火山噴出物という。

49

1年 火山岩・深成岩

火山にある岩石ってどんなのがある？

でんがん先生 !! 火山の形とかはなんとなく理解したけど，火山にある岩石がどうとか学校の先生は言ってたよ！ あんまりよくわかってないから教えて !!

じゃあ説明していくね。まず，噴火《ふんか》してマグマが噴出すると，外のほうが温度が低いから，液体のマグマが固体になるんだ。んで，このマグマはもともと岩石がとけたものだから，この固体も岩石になる。こうやってできた岩石のことを火成岩っていうよ。

火成岩って言ってた気がする。もう少しくわしく教えて！

図1 を見てみよう。まず火成岩には 2 種類ある。地表や地表近くで急に固まった岩石を 火山岩 ，地中深くでゆっくり冷え固まった岩石を 深成岩 っていうんだ。

図1

2 種類あるんだ！ その違いをもう少し教えてよ！

図1 をもう一度見てみよう。火山岩は急に冷え固まってるから，中の構造もバラバラなんだよ。その中でも**比較的《ひかくてき》大きい鉱物を斑晶，そのまわりを取り囲む部分を石基**といって，このつくりのことを 斑状組織 っていうんだ。対して，深成岩は，ゆっくり冷え固まっているから，中の鉱物はだいたい同じサイズのものになる。だから中の構造のサイズが同じになるという意味で 等粒状組織 っていうんだ。

そういうことだったんだ！ でも，その火山岩や深成岩って具体的にはどういう岩石なの？

火山岩	玄武岩	安山岩	流紋岩
深成岩	斑れい岩	せん緑岩	花こう岩

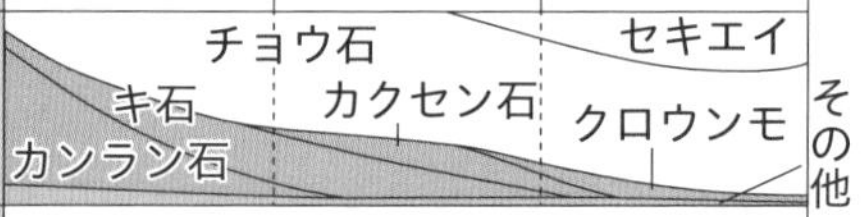

マグマのねばりけ	弱い ⟷	強い
岩石の色	黒っぽい ⟷	白っぽい

■有色鉱物　□無色（白色）鉱物

では，右表を見てみよう。火山岩として，覚えなきゃならない 3 つの岩石の名前が**流紋岩《りゅうもんがん》，安山岩《あんざんがん》，玄武岩《げんぶがん》**でこれは岩石の色が白い順にいってるんだ。そして，深成岩として覚えなきゃならない 3 つの岩石の名前は**花《か》こう岩《がん》，せん緑岩《りょくがん》，斑《はん》れい岩**っていう。これも白い順だよ。

この図の「鉱物《こうぶつ》の割合」ってどういうこと ??

1 つ前の 48 でマグマが冷えて結晶になったものを鉱物って習ったよね。この鉱物が火山岩や深成岩にはふくまれているんだ。鉱物には，色が白色や無色透明《とうめい》の 無色鉱物

と色がついている 有色鉱物 があって，無色鉱物の代表例が，**セキエイとチョウ石，** 有色鉱物の代表例が**クロウンモ，カクセン石，キ石，カンラン石**なんだ。
表を見てみると，右にある流紋岩や花こう岩は，セキエイやチョウ石を多くふくんでいるから，白色の岩石，逆に玄武岩や斑れい岩は，有色鉱物を多くふくんでいるから，黒色の岩石になるってことなんだ。

もしかして，48で，ドーム状の火山では溶岩が白っぽいって習ったんだけど，それってこの無色鉱物が多いからってことかな？

すばらしい！ 火山の溶岩の色には，この鉱物の色がかかわっているってことをしっかり覚えておこう。

練習問題

解答解説▶▶別冊 26 ページ

1 右図について，次の各問いに答えなさい。

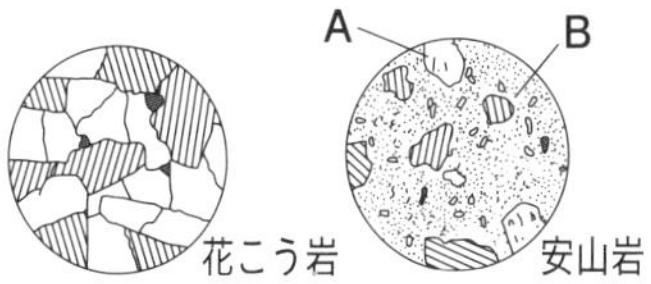

(1) 花こう岩のような，マグマが地下深くでゆっくり冷えて固まった岩石を何というか。

(2) 安山岩のような，マグマが地表や地表付近で急速に冷えて固まった岩石を何というか。

(3) 図中のAとBの部分をそれぞれ何というか。

A　　　　B

(4) 花こう岩と安山岩の岩石のつくりは，それぞれ何組織とよばれるか。

花こう岩　　　　安山岩

2 火成岩の種類とふくまれている鉱物について，次の各問いに答えなさい。

(1) 次の**ア**～**カ**のうち，有色鉱物と無色鉱物にあてはまるものを，それぞれすべて選びなさい。

有色鉱物　　　　無色鉱物

ア チョウ石　**イ** カクセン石　**ウ** カンラン石　**エ** キ石
オ セキエイ　**カ** クロウンモ

(2) 次の**ア**～**エ**のうち，火成岩にふくまれている無色鉱物の割合が多い順となっているものはどれか。

ア 玄武岩→安山岩→流紋岩　**イ** 斑れい岩→せん緑岩→花こう岩
ウ 安山岩→花こう岩→玄武岩　**エ** 花こう岩→安山岩→斑れい岩

+α プラス

・火成岩の覚え方：しんかんせんはかりあげ(白っぽいほうから深成岩の花こう岩，せん緑岩，斑れい岩，火山岩の流紋岩，安山岩，玄武岩の頭文字を取った覚え方)

50

1年 侵食《しんしょく》・運搬《うんぱん》・堆積《たいせき》

地《ち》層《そう》のでき方を教えてほしいです！

ここまでは火山について学んで，そこでできる岩石について学んだけど，地層も岩石が積み重なってできてるって知ってた？

まったくわからないよ。そもそも地層って何？　ってところから教えてほしい!!

よし。では教えていこう。まず地層っていうのは，**泥《どろ》や砂や火山灰のようなものが層状に堆積したもの**を指すんだ。ちなみに堆積っていうのは，ものが高く積み重なることだからね。 図1 が地層の例だね。

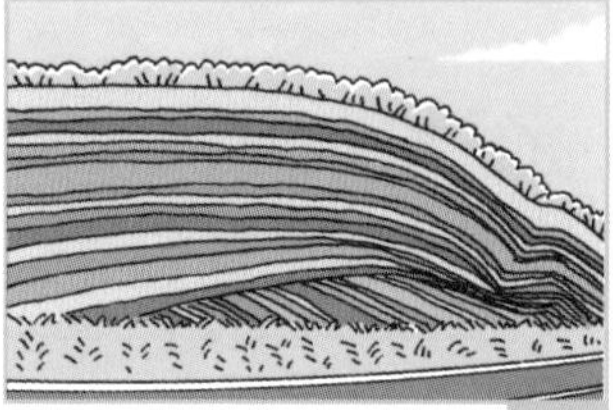

図1

これが地層なんだ!!　テストではどんな感じで出るの？

テストでは，この地層がどのようにしてできるか？　がよく問われるんだ。だからそこをしっかりおさえていこう。まず，その辺に落ちてる岩石が太陽の熱や水のはたらきで土砂に変わって行くことを 風化 っていうんだ。

太陽の熱や水のはたらきってどういうの？

太陽にあたためられては冷えるのを繰《く》り返《かえ》したり，水を吸収してはその後乾燥《かんそう》するのを繰り返したりすると，岩石もボロボロになるんだ。この現象を風化っていうんだよ。

風化された後の岩石はどうなるの？

そうやって風化された岩石は雨が降ることや川の流れなどによって，さらに削《けず》り取られるんだ。このはたらきを 侵食 っていうよ。 図2 が実際に侵食された岩石だよ。水の流れはそれくらい強大な力をもっているんだ。そして，その後，川の流れなどによって下流へ運ばれる。それを 運搬 っていうんだ。これはなんとなく想像しやすいよね。

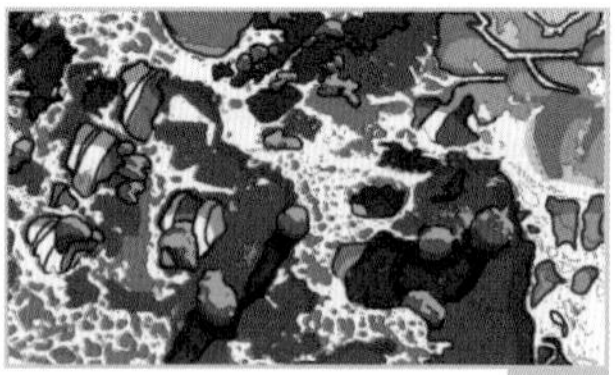

図2

確かに！　運搬は，ただ川の流れで流されるだけだから想像しやすいかも！

1つ覚えておいてほしいのは，この運搬では**粒《つぶ》の大きいものほど先に沈《しず》み，小さいものは遠くまで流される**ってこと。だから， 図3 のように川の上流では大きな岩が多く，川の下流では小さな石などが多いんだ。また，具体的な岩石で粒の大きい順に，**れき（2mm以上の粒），砂（0.06～2mmの粒），泥《どろ》（0.06mm以下の粒）**っていうのを覚えておこう。

図3

わかった !! でも運搬されても運ばれただけだから，地層にはならないよね。その後どうなるの ??

そうだね。その後，運搬された岩石が湖や海の底にどんどん沈んで積もっていくよね。この積もることを 堆積 っていうんだ。この堆積したものが，時間が経つと固められて 図4 のような岩石になるんだ。れきが堆積して固まってできた岩石をれき岩っていうように名前は簡単に覚えられるよ。そして，堆積したこれらの大地が盛り上がってきて，陸上に出てくると，地層として見ることができるようになるんだ。

図4

覚えておくのは，**地層のでき方の順序は風化→侵食→運搬→堆積の繰り返し**だってこと！

練習問題

解答解説 ▸▸ 別冊 26 ページ

1 次のア～エは，地層ができる過程で発生する現象である。次の各問いに答えなさい。

ア　侵食　　イ　運搬　　ウ　堆積　　エ　風化

(1) 地表に出ている岩石は，長い時間をかけ気温の変化や水のはたらきによって表面がぼろぼろに崩れていく。この現象はア～エのどれにあてはまるか。

______

(2) ア～エを，地層ができるまでに起こる順番に並べなさい。

______ → ______ → ______ → ______

2 次のア～ウについて，次の各問いに答えなさい。

ア　れき　　イ　泥　　ウ　砂

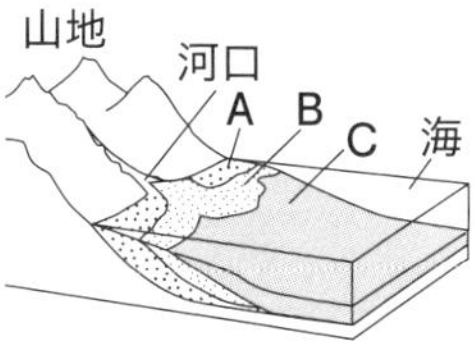

(1) ア～ウを，粒の大きさが小さい順に並べなさい。

______ → ______ → ______

(2) 右図のA～Cでおもに堆積するものを，それぞれア～ウから選びなさい。

A______　B______　C______

プラスα

・堆積して固まってできた岩石を堆積岩という。れき岩や砂岩や泥岩なども堆積岩の一種である。

51

1年　示相化石・示準化石

化石が見つかったら，何がわかるの？

前回，岩石が堆積《たいせき》して地層《ちそう》ができるって習ったから，次のテストいけそう！

でも，でんがん先生！ まだほかにもテストに出そうなところあるんじゃないの ??

いっぱいあるよ。ほかにも地層関連でいうと，化石はかなり出やすい分野なんじゃないかな？

そうなんだ。化石って恐竜《きょうりゅう》の化石とかでしか聞いたことないかも !!

では，ここでは化石について勉強していこう。化石の中には，どういう地層なのか推定するのに役立つものがあるんだ。では 図1 を見てみよう。 図1 (a) の化石はサンゴの化石だよ。**サンゴは基本的にあたたかくて浅い海にしか生息できない生き物**だから，サンゴの化石があるってことは，見つかった場所は昔，あたたかくて浅い海だったと推測できるよね。こんなふうに，ある限られた環境《かんきょう》でしか生息できない生き物の化石から，当時の環境を推定することができるんだ。こんな化石を 示相化石 っていうんだよ。

図1 (b) は恐竜の化石だよね。これは示相化石じゃないの ??

これはまた違《ちが》うんだ。恐竜は限られた環境でしか生きられないわけじゃないから，当時の環境を推測するのは少し難しいんだよ。でも，恐竜が生きていたのは，今から約 2 億 3000 万年前から，約 6600 万年前といわれていて，こんなふうに，限られた時代にのみ生息していた生き物の化石からは，地層ができた時代を推定できるよね。こういう化石を 示準化石 っていうんだ。この示相化石と示準化石の 2 つの違いをしっかりおさえておこう !!

(a) サンゴの化石　(b) 恐竜の化石

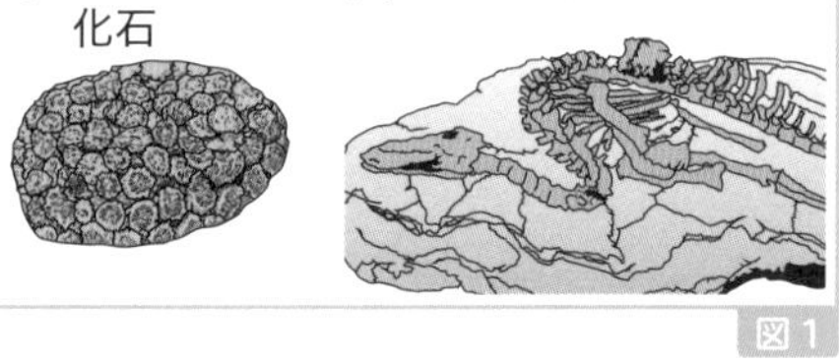

図1

テストに出やすそうだし，私もしっかり覚える !! でも，このサンゴと恐竜以外にもテストに出る化石って多そうだし，それもしっかり覚えたいから教えて !!!

よし。では代表的なものを紹介《しょうかい》していこう。 図2 にはよく出る示相化石と示準化石をまとめておい

(a) 示相化石

サンゴ…あたたかく浅い海
カキ…海水と川の水が混じり合うところ
シジミ…河口や湖
ブナ…やや寒冷な陸地

(b) 示準化石

古生代	中生代	新生代
フズリナ，サンヨウチュウ	恐竜，アンモナイト	マンモス，ビカリア
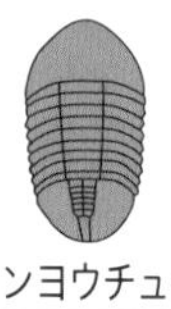	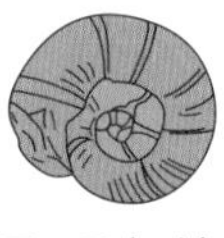	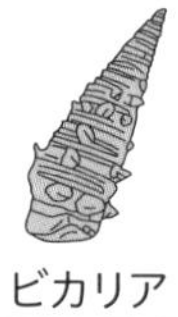
サンヨウチュウ	アンモナイト	ビカリア

図2

てあるから，それぞれ確認しておこう。示相化石では，**カキは海水と川の水が混じり合うところ，シジミは河口や湖，ブナは寒冷な土地**あたりが出やすいからしっかり覚えておこう。そして，示準化石では，フズリナやサンヨウチュウは［古生代］，恐竜やアンモナイトは［中生代］，マンモスやビカリアは［新生代］あたりがよく出されるよ。年代ごとの名前と合わせてしっかり覚えておこうね！

わかった!! とりあえずこの表に書いてあることさえ覚えてれば，テストで大きく間違えることはない感じだね。

そうだね。ちなみに，**古生代は約 5 億 4100 万年前から約 2 億 5200 万年前を，中生代は，約 2 億 5200 万年前から約 6600 万年前までを，新生代は，最も新しい年代で約 6600 万年前から現在まで**をいうんだ。

練習問題

解答解説 ▶▶ 別冊 27 ページ

1 次のA～Cの生物の化石について，次の各問いに答えなさい。

A　サンゴ　　B　ブナ　　C　シジミ

(1)　A～Cのような生物の化石では，地層が堆積した当時の環境を推測することができる。このような化石を何というか。

(2)　地層の中にA～Cの生物の化石が見られるとき，その化石をふくむ地層はどのような環境であることが推測されるか。あてはまるものを，次のア～ウからそれぞれ選びなさい。

A　　　B　　　C

ア　やや寒冷な気候である陸地　　**イ**　あたたかく浅い海　　**ウ**　河口や湖

2 右のA～Dの生物の化石について，次の各問いに答えなさい。

A　　B　　C　　D

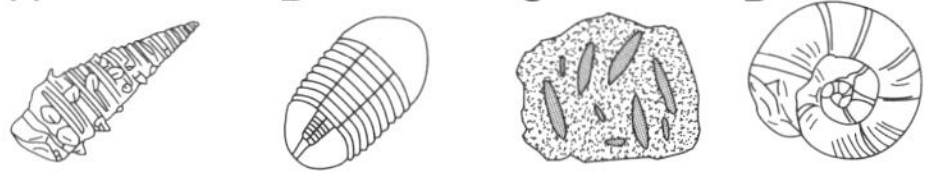

(1)　A～Dはそれぞれ何の生物の化石であるか。

A　　　B

C　　　D

(2)　A～Dのような生物の化石では，地層が堆積した当時の年代を推測することができる。このような化石を何というか。

(3)　A～Dが見つかった地層は，それぞれどの地質年代に堆積したものであると考えられるか。あてはまるものを，次のア～ウからそれぞれ選びなさい。

A　　　B　　　C　　　D

ア　古生代　　**イ**　中生代　　**ウ**　新生代

Q&A 10

スマホは勉強に必要？　不必要？

マオ

でんがん先生，スマホが勉強にいいとか悪いとか，いろいろな意見があるけど，どっちが正しいの？

でんがん先生

マオさんは，どう思うの？

うーん，スマホがあれば，勉強していてわからないことばが出てきたとき，すぐに調べられていいような気もする。

それに，移動中に「あれ，何だったっけ？」と思い出せなくて気になることも，すぐに調べ直せるよね。
空き時間に教育系 YouTuber の動画を観《み》ることもできるし，勉強に役立つアプリもたくさん出ている。

スマホをさぼるために使うか，それとも勉強に活用するか。
スマホを勉強に役立つツールにできるかどうかは，マオさん次第だよ。

COMMENTS

こーさく先生

さすが，YouTuber らしいアドバイスだ！ 僕《ぼく》は高校受験のとき，自分のスマホは持っていなかったけど，あったらさぼっちゃってたかもなぁ。自分でスマホを使う時間とかアプリとかのルールを決めると，スマホとうまく付き合っていけるかもね！

Q&A 11

すぐに崩《くず》れない勉強の計画の立て方は？

ハルカ

でんがん先生，きちんと計画を立てて，効率的に勉強しようとしてるんだけど，すぐに計画が崩れちゃう。

でんがん先生

ハルカさん，ギリギリでキツキツの計画を立てているんじゃない？ 計画はできるだけ余《よ》裕《ゆう》のあるものにしたほうがいいぞ。

でも，がんばらなきゃと思って……。

気持ちはわかるけど，家庭の事情による急な用事とか，友達からのどうしても断れない誘《さそ》いなど，想定外の予定が入ることもあるだろ？
そういうとき，まったく余裕のない計画だとすぐにくずれてしまう。

あらかじめ，そういうズレを調整する予備日を設《もう》けておくとか，１週間や１か月くらいの幅《はば》のある時間の中で，ここまで終わらせるという計画にしておいて，調整しながら実行していくといいよ。

COMMENTS

すばる先生

僕《ぼく》もかなり余裕をもった計画を立てていたな～。基本的には，１週間単位で何を終わらせるかを決めていたんだ。それなら勉強ができない日があったとしても，ほかの日で調整して目標を達成できたし，あまった時間は自由に活用できて，心にも余裕がうまれたよ。

52　2年　圧力

針《はり》で指を刺《さ》すとなんで痛いの？

痛《いた》っ !!

エイタくんどうしたの？ さっきまで家庭科の授業だったんでしょ？

さっきの家庭科の授業で裁縫《さいほう》してたら，針で指を刺しちゃったんだ。

…だから気をつけてやらないと，って言ってたのに。

まあでも，針を使うからたまにはそんなこともあるよね。

でも，なんでだろう。ほんの少し針が当たっただけなのに，めっちゃ痛いんだ。

それはね，［圧力］っていうのが関係してるんだ。簡単にいうと，針と指が触《ふ》れる面積が小さいからそこに力が集中しちゃうんだよ。図1 を見て。図1 (a) のように，針の力が小さな面積に集中しちゃうから，痛く感じるんだよ。もし，針のようなとがったものじゃなく，平たいもので指を押《お》してもそんな痛くないよね。これは，図1 (b) のように，指と触れる面積が大きいから力が分散して，そこまで痛く感じないんだ。

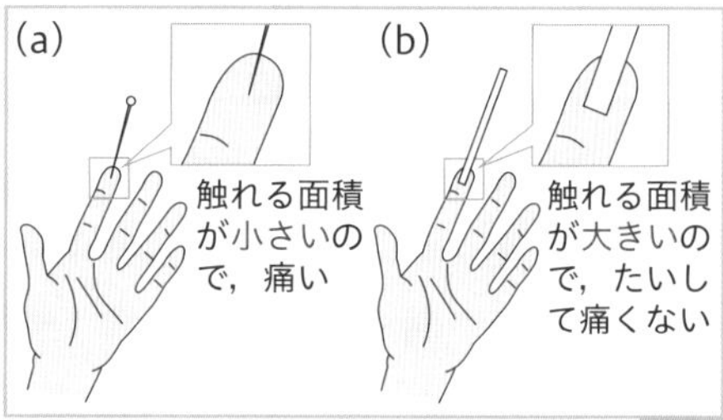

図1

圧力って何？ もう少し詳《くわ》しく教えて！

式で書いたら，$\text{圧力} = \dfrac{\text{力の大きさ〔N〕}}{\text{力がはたらく面積〔m}^2\text{〕}}$ で表されるんだよ。

さっきも言ったように，力の大きさだけじゃなく，触れ合う面積が変わると，さっき痛みが変わったみたいに圧力も変化するんだ。それが式に現れるね。

なんか授業で習った気がする。単位は確か［パスカル］で，記号で表すと［Pa］って書くんだよね。

そうそう。パスカルっていう人の名前が関係してるんだよ。

なんかニュースとかでもパスカルって聞いたことある気がする。

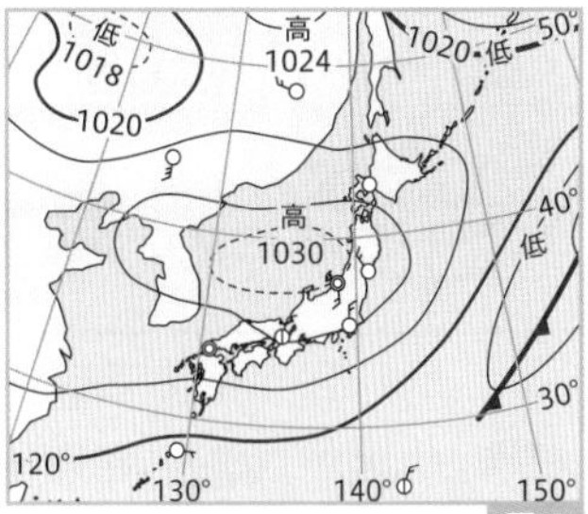

図2

おぉ！ 中学生でニュースなんて見るんだね。
そう。エイタくんの言う通り，パスカルという単位は天気予報とかでもよく使われているよ。この世の中の空気の圧力のことを特別に，［大気圧］とか気圧っていったりするんだ。この大気圧の単位には特別に［ヘクトパスカル］を使ったりもするよ。
図2 のような図って天気予報とかで見たことないかな？

まったく見たことないけど，聞いたことはある！

そうだね。**大気圧の中で海面と同じ高さの地点の大気圧は平均すると約 1013 hPa《ヘクトパスカル》で，1 気圧っていわれる**こともあるよ。まわりよりも中心の気圧が高ければ高気圧，低ければ低気圧っていわれて，高気圧であればあるほど，晴れることが多く , 低気圧であればあるほど，くもりや雨になることが多いって覚えておこう！

練習問題

解答解説 ▸▸ 別冊 27 ページ

1 右図は，スポンジの上に 2.5 kg のレンガをのせたときの様子を模式的に示したものである。これについて，次の各問いに答えなさい。

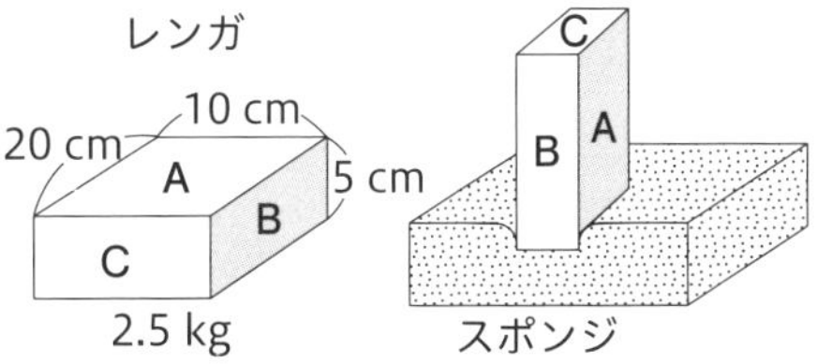

(1) スポンジに加える圧力が最も大きいのは，レンガの A ～ C のどの面を下に向けたときか。

(2) レンガの A の面を下に向けたときの圧力は何 Pa か。ただし，100 g の物体にはたらく重力を 1 N とする。

2 右図は，ある天気図の一部を模式的に示したものである。これについて，次の各問いに答えなさい。

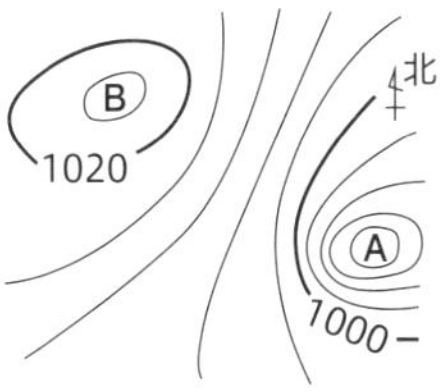

(1) 図中の A と B のようなところをそれぞれ何というか。

A＿＿＿＿＿＿＿＿ B＿＿＿＿＿＿＿＿

(2) くもりや雨になりやすいのは，A と B のどちらであるか。

プラス α

・地球を包み込《こ》んでいる空気の層を大気という。

53 2年 気象観測

天気はどうやって表すの？

最近，雨ばっかりだね。また体育の授業が室内になっちゃって，もうなんかテンション下がっちゃうよ。

僕《ぼく》は体育が苦手だから室内になってちょっとうれしいかも。

私はまあどっちでもいいかな。でも最近天気が不安定だから，しっかり天気がどうなってるのか観測できたほうがいいかもしれないね。

そうだね。では，ここからは中学校の理科でも大きな分野でもある「天気」について学習していこう。天気にはさまざまな要素があるんだけど，どんな要素があるかみんなで考えてみよう。じゃあマオさん！ 天気に関係する要素ってどんなのがあるかな？

まあ，気温とか雨の量とかじゃない ??

そうだね！ ほかにも何か思いつくかな？

ほかは… 湿度《しつど》とかも関係ありそう !!

そうだね。全部で，気温，湿度，風向，風速，風力，雲量，雨量，雲形みたいにいろいろとあるんだ！ 別に全部覚えなくてもいいけど，なんとなく知っておこう。そして，このような要素のことを 気象要素 っていうんだ。

わかった !! そういえば，天気を記号で表せるって聞いたけど，実際の天気はどうやって表したりしてるの？

天気	快晴	晴れ	くもり	雨	雪	雷《かみなり》
記号	○	⦶	◎	●	⊛	◒

表を見てみよう。これが，天気記号で表したときの天気なんだ。初めてだろうし，1つ1つ確認していこう。この天気記号を見て，「今日は晴れてるんだ」とかすぐにわかるね。

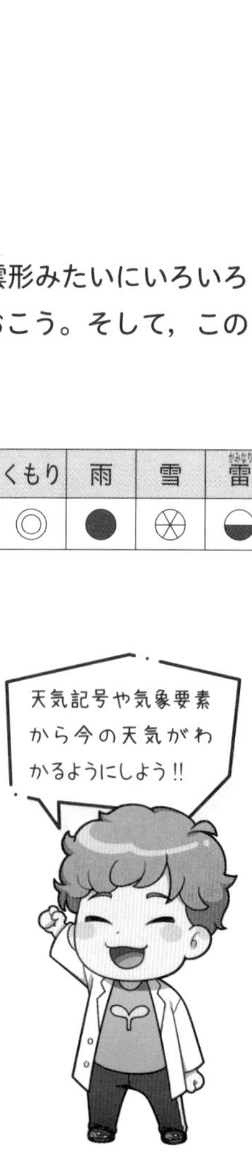

快晴と晴れってあるけど，どう違《ちが》うの ??

いい質問だね。快晴，晴れ，くもりはすべて雲の量の雲量によって違うんだ。**雲量は空全体を 10 としたときに，雲の量がどれだけあるかで決まる**んだけど，雲の量が 0 ～ 1 のときを 快晴 ，2 ～ 8 のときを 晴れ ，9 ～ 10 のときを くもり っていうよ。

なるほど！ それならわかりやすいね。ふいてくる風はどうやって表すの ??

では 図2 を見てみよう。 図2 は，天気だけじゃなくて，風向や風力も同時に表した図になるんだ。具体的に見ていくと，円の部分に 図1 の天気記号がかかれていて，そこから棒が伸《の》びてるよね。この棒の向きが 風向 なんだ。たとえば， 図2 での風向は南東となるんだよ。そして，その棒に線が生えてるよね。この線の数が 風力 なんだ。 図2 では線が3本生えてるから，風力は3ってことだよ。

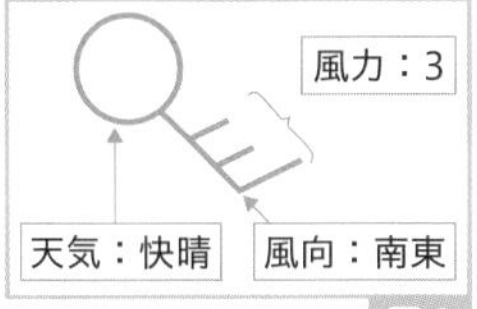

図2

なるほど！ じゃあこれで1日の天気や風の変化が読めるね。

図3 は実際の2日間の気象要素の変化を表してるんだけど，なんとなくわかるよね。10月15日のはじめのほうは晴れていて気温が高いけど，16日になると少しずつ天気が雨になっていくのがわかる。こんなふうに，グラフから変化を追えるようになっておこう！

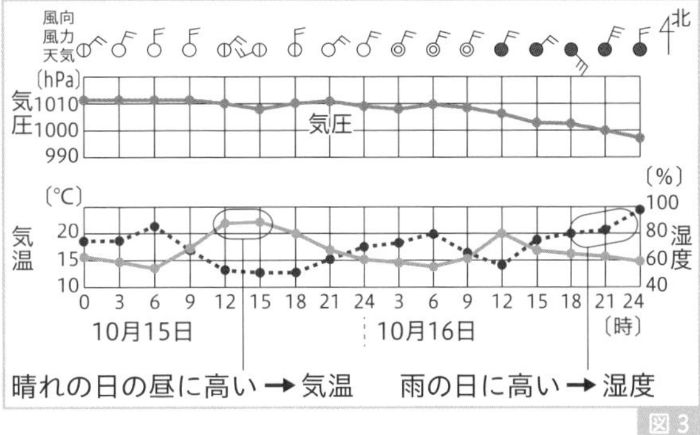

図3

練習問題

解答解説 ▸▸ 別冊 28 ページ

1 右図の①と②の天気図記号において，天気，風向，風力をそれぞれ答えなさい。

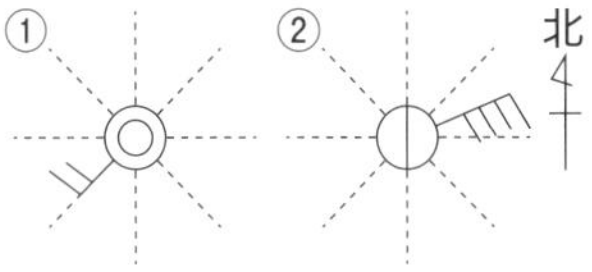

① 天気＿＿＿＿＿＿ 風向＿＿＿＿＿＿ 風力＿＿＿＿＿＿

② 天気＿＿＿＿＿＿ 風向＿＿＿＿＿＿ 風力＿＿＿＿＿＿

2 右図は天気の変化を示したものである。次のア～エのうち，図中からわかることとして正しいものを選びなさい。

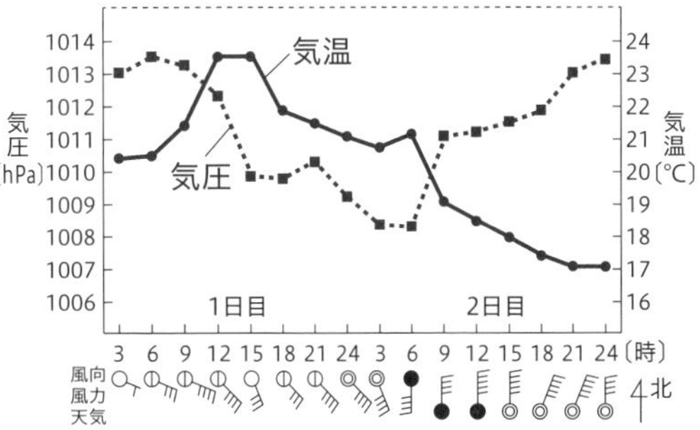

＿＿＿＿＿＿

ア 2日目の3～6時にかけて天気が雨からくもりに変わった。

イ 2日目の6～9時にかけて風向が北から南に変わった。

ウ 2日目の9～12時にかけて風力が大きくなった。

エ 1日目より2日目のほうが全体的に気温は高く，晴れていた。

54　2年　雲のでき方

冷たいコップに水《すい》滴《てき》がつくのはなぜ？

ふと思ったんだけど，家とかでコップに冷たいもの入れたりしたら，コップのまわりに水滴がつくよね。あれってなんでなんだろう？

いいところに気がついたね。それは雲や霧《きり》がなぜできるのか？ に似た質問だね。

え ?? そうなの ?? 全然違《ちが》うように聞こえるんだけど !!

よし。では解説していこう。まずこの空気中には 水蒸気 っていう目には見えない気体の水があるんだけど，これが冷やされると，当然気体は液体になるよね。

それ，なんか 17 の状態変化のところで習ったよね。

そうだね。だから，水蒸気が冷やされると，水が出てくるんだ。コップの中に冷たい水を入れると，冷たい水がまわりの水蒸気を冷やすから，水になって水滴がつくんだ。つまり，冷たいものがコップのまわりの目には見えない水蒸気を冷やすっていうのが，水滴がつく理由なんだよ。

でも，なんでそれが雲や霧ができる理由と似た質問なの ??

では 図1 を見てみよう。これは霧がどうやってできるのかを表した図なんだけど，水蒸気を多くふくんだ空気が昼間にたまり，夜になるとそれが冷やされて， 霧 が発生するんだ。雲も，空の上で水蒸気が冷やされてできたものだから，雲や霧は空気中の水蒸気が冷やされてできた小さな水滴の集まりといえるんだ。これってさっきのコップにつく水滴に原理は似てるよね。

図1

なるほど！ そういうことだったのか !! 霧は 図1 の図でなんとなく理解したけど，雲についてはもう少し知りたい！

では， 図2 を用いて，雲のでき方についてさらに勉強していこう。まず空気の性質から説明していくね。**空気はあたためられると上昇《じょうしょう》し，冷やされると下降する性質があるんだ。**ちなみにこの空気の動きには名前がついていて，上昇する空気の動きを 上昇気流 ，下降する空気の動きを 下降気流 っていうんだ。

まず，雲をつくるには，水蒸気をふくむ空気を空の上に送る必要があるんだ。だから，上昇気流《じょうしょうきりゅう》が起きた後に雲はできやすい。上昇気流が起きる条件が 図2 だね。空気があたためられたり，温度の違う空気がぶつかったり，山の斜面《しゃめん》を空気が上昇するときなどが挙げられるよね。

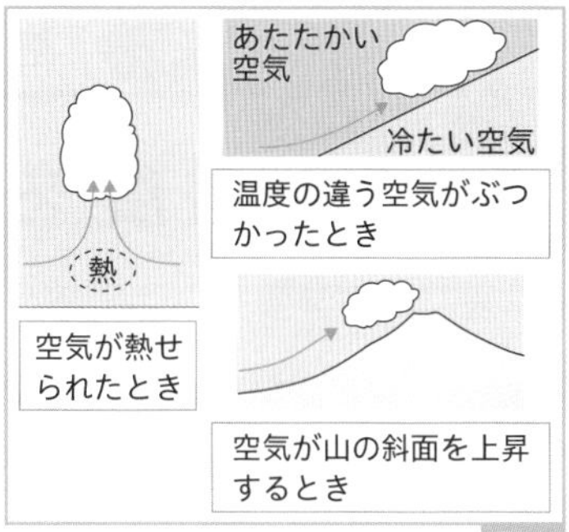

図2

で，上昇した後にどうなるの ??

空気が上昇すると，まわりの気圧が低くなるんだ。気圧が低くなると，空気は膨張《ぼうちょう》するんだけど，空気には膨張すると温度が下がる性質があるんだ。すると，温度が下がったことによって，水蒸気の一部が水滴や氷の粒《つぶ》になる。これが雲の正体だね。つまり，**雲のでき方は，上昇気流が起きて，気圧が低くなり，その結果空気が膨張することによって，温度が下がって水滴や氷の粒になる**っていう流れなんだよ。しっかり覚えておこうね！

練習問題

解答解説 ▶▶ 別冊 28 ページ

1 次のア～エのうち，空気中の水蒸気が冷やされて起こる現象をすべて選びなさい。

ア ドライアイスを放置しておくと消えてなくなる。
イ 冷たい水が入ったコップの外側に水滴ができる。
ウ 明け方に霧が発生する。
エ お風呂《ふろ》のお湯から出ていた湯気《ゆげ》が見えなくなる。

2 雲のでき方について，次の各問いに答えなさい。

(1) 次のア～ウのうち，雲ができるときとして正しいものを選びなさい。

ア 山の斜面を空気が下降するとき　**イ** 下降気流が起こるとき
ウ あたたかい空気が冷たい空気の上にはい上がるとき

(2) 次の文の（　　）にあてはまることばを選び，丸で囲みなさい。

雲が発生するしくみとして，まず，太陽の光に地面をあたためられると水が蒸発して水蒸気になり，水蒸気をふくむ空気のかたまりが①（ 上昇気流　　下降気流 ）となって運ばれる。上空の気圧は②（ 高い　　低い ）ため，空気のかたまりは③（ 膨張　　収縮 ）して温度が④（ 上がる　　下がる ）。そして空気にふくみきれなくなった水蒸気が水滴になり，それらが集まって雲ができる。

プラスα

・地球上の水は，固体や液体や気体と状態を変化させながら循環《じゅんかん》している。

55 2年 飽和水蒸気量《ほうわすいじょうきりょう》・湿度《しつど》

湿度を計算してみたいです！

雲とか霧《きり》のでき方は前の 54 でよくわかった。ほかにテストに出るところとかあるのかな？

ほかには，最後，具体的に湿度とか水滴《すいてき》に変わるときの温度とか計算できるといいかもね！

え ?? 湿度って計算できるの ??

計算できるよ！ 54 で，水蒸気が冷やされて水滴になるって話をしたよね。この水蒸気は，空気中に気体として存在できる量が決まっているんだ。 図1 を見てみよう。こんな感じで，体積 1 m^3 の箱があるとするよね。この箱の中に存在できる水蒸気の量は，温度ごとに決まっているんだ。この空気 1 m^3 あたりにふくむことのできる最大の水蒸気量のことを 飽和水蒸気量 っていうよ。この量は温度によって変化して， 図1 の表みたいになるんだよ。

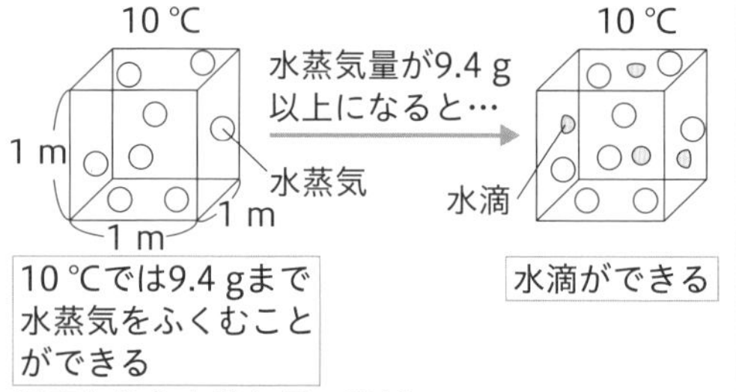

温度と飽和水蒸気量の関係

温度〔℃〕	5	10	15	20
飽和水蒸気量〔g/m^3〕	6.8	9.4	12.8	17.3

図1

たとえば， 図1 の表を見ると，今 10 ℃だったら，空気 1 m^3 に 9.4 g の水蒸気をふくむことができるってことだよね ?? もっと水蒸気があったらどうなるの ??

それが，水滴になって出てくるんだ。水蒸気っていうのは，気体で目に見えない水のことをいうんだけど，**飽和水蒸気量を超える水蒸気がそこにあると，それは水滴になっちゃう**んだ。この水滴が出はじめる温度のことを 露点 っていうんだよ。

なるほどね！ じゃあ湿度ってなんなの？

図2 を見てみよう。このように，さっき話した**空気中にふくめる最大の水蒸気の量，飽和水蒸気量のうちどれだけ水蒸気が入っているか？を湿度っていう**んだ。じゃあ， 図2 のような状況《じょうきょう》の湿度を一緒《いっしょ》に求めよう。気温が 15 ℃で，1 m^3 の空気の中に 6.4 g の水蒸気がふくまれてるよね。 図1 の表によると，15 ℃の飽和水蒸気量は何 g かわかるかな？

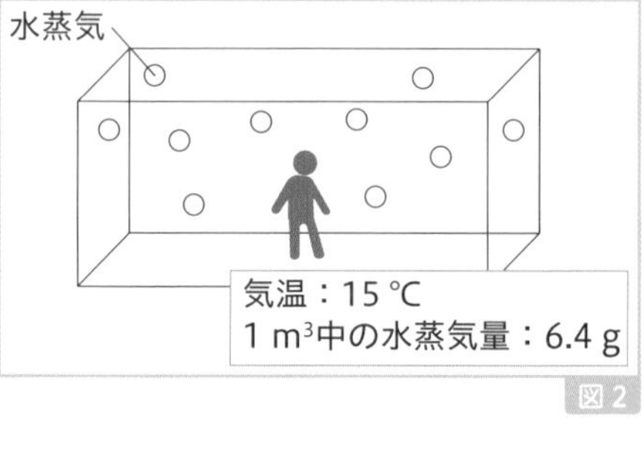

図2

えぇぇえっっと，15 ℃のとこ見ればいいから， 12.8 g になる !!

そういうことだね。ということは，マックス 12.8 g ふくめるところに今 6.4 g の水蒸気があるってことになる。ということは湿度は，

$$湿度〔\%〕=\frac{1\ \mathrm{m}^3 にふくまれる水蒸気量〔\mathrm{g/m}^3〕}{その温度での飽和水蒸気量〔\mathrm{g/m}^3〕}\times 100=\frac{6.4}{12.8}\times 100=50$$

ってことになるよね。つまり湿度は 50 % なんだ。

飽和水蒸気量とそこにふくまれてる水蒸気の量がわかれば，湿度が求められるんだね。

そういうこと。ちなみにさっき，露点《ろてん》っていうのは空気を冷やして初めて水滴が出てくる温度のことって話したよね。露点では，水蒸気でもう存在できないから押し出されて水滴になってるってことだから，露点での湿度は何 % かわかるかな？

うーーん，水蒸気ではもう存在できないくらい水分があるから，残りが水滴になってるってことよね。てことは，湿度は 100% っていうことなんじゃない ??

正解 !! 露点においては，水蒸気をもう 100 % ふくんでいるから，水滴になって出てくる。だから湿度 100 % なんだ。

練習問題

解答解説 ▸▸ 別冊 29 ページ

1 次の文の①と③には（　　）内にあてはまることばを選んで丸で囲み，②，④，⑤には（　　）内にあてはまる用語や数を答えなさい。

雲ができるのは，空気中にふくむことができる①（ 水滴　　水蒸気 ）の量の限度が深く関係している。限界まで空気中にふくむときの①の量を，②（　　　　）という。温度の低下によって①の量が②以上となり空気中にふくめなくなると，①は③（ 水滴　　水蒸気 ）となる。また，①が③となるときの温度を④（　　　　）といい，このときの湿度は⑤（　　　　）%である。

2 右表は，気温と飽和水蒸気量の関係を示したものである。これをもとに，次の各問いに答えなさい。

気温〔℃〕	5	10	15	20	25	30
飽和水蒸気量〔g/m^3〕	6.8	9.4	12.8	17.3	23.1	30.4

(1) 25 ℃の空気 1 m^3 中に 20.0 g の水蒸気がふくまれているとき，湿度は何 % となるか。小数第 2 位を四捨五入して答えなさい。

(2) 15 ℃の気温で，湿度が 70 % であるとき，空気 1 m^3 中にふくまれている水蒸気の量は何 g であるか。小数第 2 位を四捨五入して答えなさい。

56

2年　天気の変化

「高気圧に覆《おお》われて晴れます」って何？

最近天気予報とか見るようになったけど，よくわかんないんだよね。よく「高気圧に覆われて晴れる」みたいなこといってるけど，意味わかんない !!

では，説明していこうか。まず，気圧っていうのは，52でちょっと扱《あつか》ったように空気の重さによる圧力だね。気圧がまわりより高いところを 高気圧 ，低いところを 低気圧 っていうんだ。

高気圧では，気圧が大きいので，空気がふき出して下降気流が起こりやすくなる。すると，晴れっぽい天気になるんだよ。

逆に，**低気圧では，気圧が小さいので，空気がふき込《こ》んで上昇気流《じょうしょうきりゅう》が起きる**んだ。53で習ったように，上昇気流が起きると雲ができるから，雨が降ったりしやすくなる。これが，天気予報の「高気圧に覆われて晴れる」の正体だね。

なるほどそうだったんだ！　そういえば，天気予報見ると，なんか日本列島に線が入ったような図をよく見るけど，あれはどういうことなの？

では， 図1 を見てみよう。ここで引かれてる線は，**気圧の等しい地点を結んだ線で等圧線っていう**んだ。

つまり，この図は**気圧配置**，つまり気圧の分布を表した図なんだ。高気圧のところは比較的《ひかくてき》晴れが多くて，低気圧のところは比較的くもりや雨が多くなるんだ。

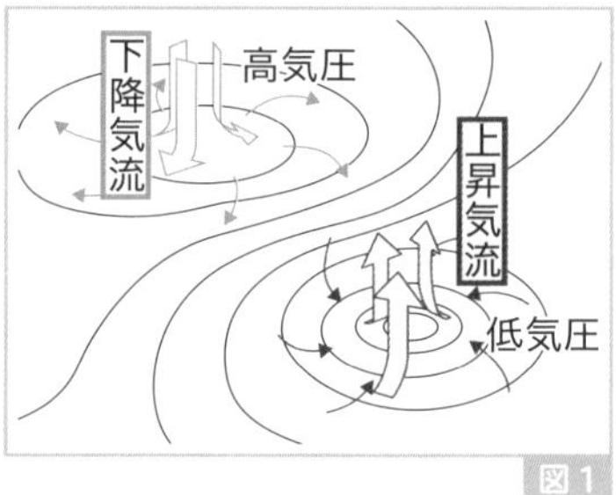

図1

なんか 図1 には，矢印もかいてあるけどあれは風の向き？

そうだよ！　まず基本原理として，風というのはだいたい気圧の高いところから低いところに向かってふくんだ。そして，日本だと**高気圧のまわりでは時計回りに，低気圧のまわりでは反時計回りに風がふく性質があって**，その矢印なんだよ。

そういうことなんだ。ほかにも前線がどうちゃらって聞いたことあるけどそれはどういう意味なの ??

では説明していくね。まず，気温や湿度などの性質が一様で，大規模な大気のかたまりを 気団 っていうんだ。そして，2つの気団の境界面を前線面っ

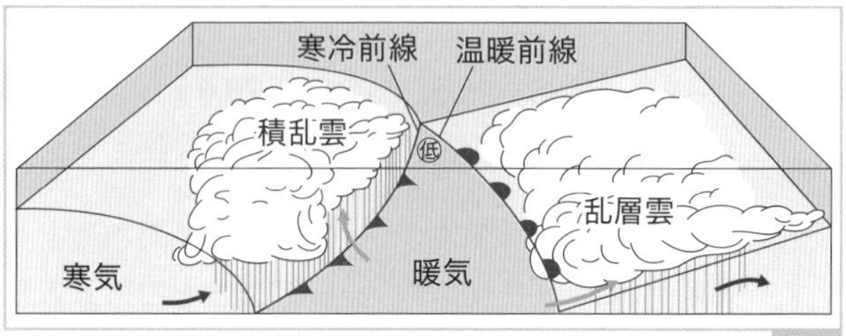

図2

ていって，前線面と地面が交わる線を 前線 っていうよ。
前線は寒気と暖気の境目なんだけど，前線付近では天候に変化が起きやすくなるんだ。その様子が 図2 になるよ。

ちなみにそれってどんな変化なの ??

図2 の左の前線のように，寒気が暖気を押《お》しながら進む前線を 寒冷前線 っていって，この前線が通過すると，**短い時間で狭《せま》い範囲《はんい》に，強い雨が降り，通過後には気温が下がる**んだ。このときできるような縦長の雲を積乱雲っていうのも覚えておこう。
この寒冷前線とは逆に，暖気が寒気の上にはい上がって進む前線を 温暖前線 っていうよ。この前線が通過すると，**広い範囲に，長い時間，弱い雨が降る**んだ。そして前線通過後は，気温が上がる。このときできるような横長の雲を乱層雲っていうことも覚えておこう。とくにテストで出やすいのはこの2つの前線だからしっかり覚えておいてね！

練習問題

解答解説▶▶別冊 29 ページ

1 風のふき方と気圧について，次の各問いに答えなさい。

(1) 高気圧や低気圧などの気圧の分布の様子を何というか。 ________

(2) 次のア～エのうち，北半球の高気圧と低気圧を説明している文をそれぞれ選びなさい。

高気圧 ________ 低気圧 ________

ア 気圧の中心に向かって時計回りに風がふき込《こ》んでおり，上昇気流が発生する。
イ 気圧の中心に向かって反時計回りに風がふき込んでおり，上昇気流が発生する。
ウ 気圧の中心から時計回りに風がふき出しており，下降気流が発生する。
エ 気圧の中心から反時計回りに風がふき出ており，下降気流が発生する。

2 前線と天気の変化について，次の各問いに答えなさい。

(1) 気温や湿度がほぼ一様な空気のかたまりを何というか。 ________

(2) 次の文の（　　）内にあてはまることばを選び，丸で囲みなさい。

前線にはいくつかの種類があり，暖気が寒気の上をはい上がっていくような前線を①（ 温暖　　寒冷 ）前線といい，このときに発生する代表的な雲として②（ 積乱雲　　乱層雲 ）がある。また，この前線が通過すると，③（ 長い　短い ）時間に④（ 広い　　狭い ）範囲で⑤（ 強い　　弱い ）雨が降り，その後気温が⑥（ 上がる　　下がる ）。

プラスα

・停滞前線《ていたいぜんせん》：寒気団と暖気団の勢力がほぼ同じでほとんど移動しない前線。
・閉塞前線《へいそくぜんせん》：寒冷前線が温暖前線に追いついてできた前線。

57

2年　気団・偏西風《へんせいふう》

日本の四季で天気はどう変わる？

ここまで結構天気を学んできたけど，日本は季節によって天気が違《ちが》うよね。その辺りをくわしく知りたい!!

ではここからは，日本の四季について勉強していこう。図1 を見てみよう。図1 (a) が一般的《いっぱんてき》な夏の気圧配置，図1 (b) が一般的な冬の気圧配置なんだ。よく見たら違うよね。夏の気圧配置では，日本の南東にある 小笠原気団 が発達するから，この辺りが高気圧になるんだ。だから，**夏は南高北低の気圧配置になりやすい**んだ。つまり，南のほうに高気圧があって北のほうに低気圧があるってこと。だから風も高気圧から低気圧に向けてふくことになるから，南寄りの風が多くなるんだよ！

確かにそうだね。じゃあ冬の気圧配置は，西のほうに高気圧があって東のほうに低気圧があるってことかな？

そういうことだね！ 図1 (b) が冬の一般的な気圧配置で，冬は シベリア気団 とよばれる空気のかたまりが発達するから，**気圧配置は西高東低になる**んだ。このとき，シベリア気団に近い日本海側は大雪になることが多く，太平洋側は晴れて乾燥《かんそう》することが多いんだ。

(a) 夏（南高北低の気圧配置）(b) 冬（西高東低の気圧配置）

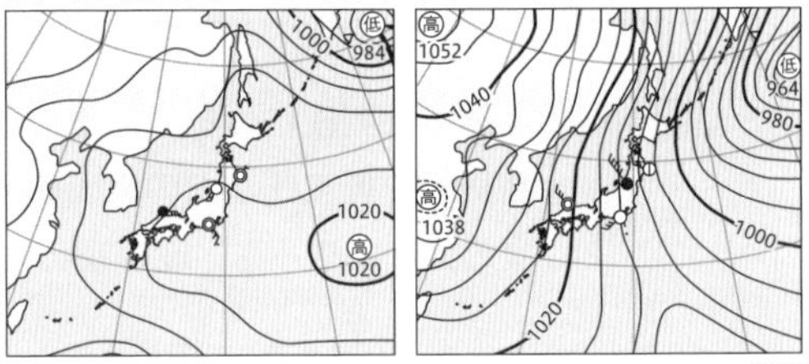

図1

なるほど!! そういえば夏前につゆがあるけど，なんでいっぱい雨が降るの?? これも気団の影響《えいきょう》あるのかな??

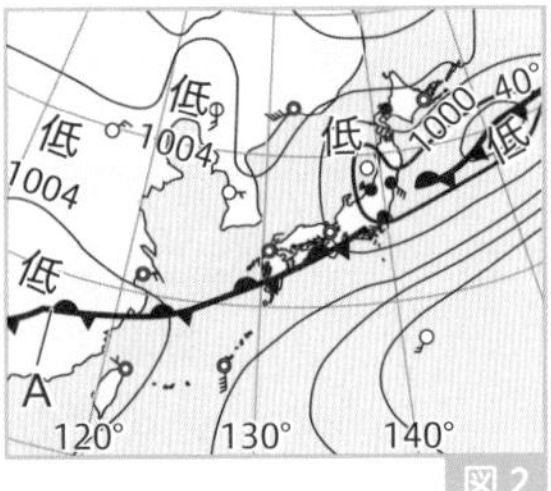

図2

もちろん，つゆにも気団の影響がかかわっているよ。図2 を見てみよう。つゆは特殊《とくしゅ》な気圧配置になって，夏だから南東にある小笠原気団《おがさわらきだん》も発達するんだけど，北東にある オホーツク海 気団も発達するんだ。だから，この2つの前線がぶつかってしまってできる停滞前線《ていたいぜんせん》によって，ずっと雨っぽい天気が続くんだ。このつゆに見られる停滞前線を，特別に 梅雨前線 っていうんだ。

なるほど!! つゆはつゆで2つの気団がぶつかるから，雨っぽい天気になるんだね。

ちなみに，春は 偏西風 の影響で，高気圧と低気圧が交互《こうご》に通過するから，3～4日おきぐらいに天気が変わったりしやすい季節なんだ。秋も似たような天気になるよ。

あと，夏から秋にかけては，発達した熱帯低気圧である 台風 が日本に近づいたり上陸したりしやすいから，この季節は台風に注意だね。

そういえば，台風で学校が休みになるのってだいたい，夏から秋にかけてだね。

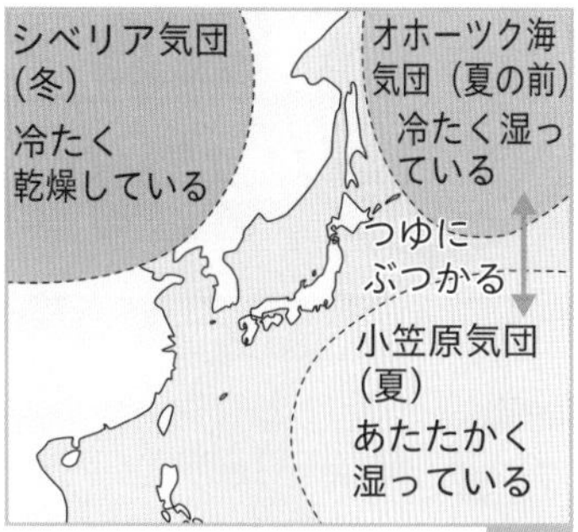

図3

そうだね。気団についてまとめると，図3 みたいに，**冬に発達するシベリア気団により気圧配置は西高東低になりやすい**。逆に夏は，**夏に発達する小笠原気団により気圧配置は南高北低になりやすい。**

つゆの時期には**夏前に発達するオホーツク海気団と小笠原気団の2つの気団がぶつかって停滞前線ができる**。この停滞前線を特別に梅《ばい》雨前線《うぜんせん》というところはしっかりおさえておこうね！

練習問題

解答解説 ▶▶ 別冊 30 ページ

1 次のア～エのうち，夏，冬，春や秋，つゆの特徴《とくちょう》を説明しているものをそれぞれ選びなさい。

夏＿＿＿＿　冬＿＿＿＿　春や秋＿＿＿＿　つゆ＿＿＿＿

ア　偏西風の影響により，高気圧と低気圧が西から東に向かって交互に通り過ぎていくことが多い。

イ　オホーツク海気団と小笠原気団がぶつかって停滞前線ができる。

ウ　小笠原気団が発達しており，日本の南側に高気圧，北側に低気圧がある気圧配置になりやすい。

エ　シベリア気団が発達し，西の大陸に高気圧，東の太平洋に低気圧がある気圧配置になりやすい。

2 次のア～エのうち，夏，冬，春や秋，つゆの天気図をそれぞれ選びなさい。

夏＿＿＿＿　冬＿＿＿＿　春や秋＿＿＿＿　つゆ＿＿＿＿

ア
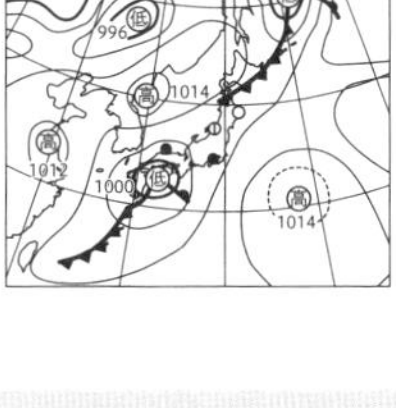

イ
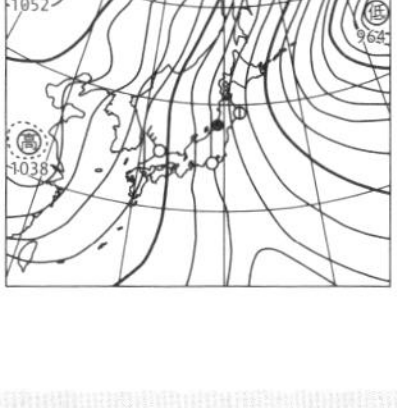

ウ
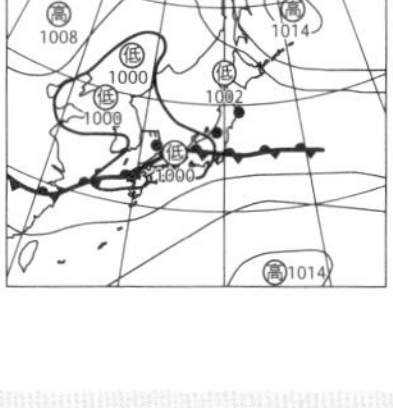

エ
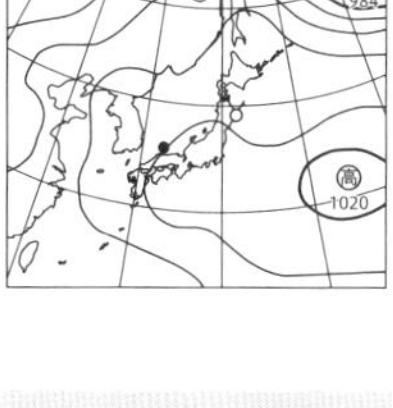

プラスα

- 晴れた日の昼は海上より陸上の気温が高くなり，陸上で上昇気流が生じるため海から陸に向かって海風がふく。
- 晴れた日の夜は陸上よりも海上の気温が高くなり，海上で上昇気流が生じるため陸から海に向かって陸風がふく。

58 3年 太陽・太陽系

太陽って何度の熱さなの？

最近暑いよね。なんか真夏日とか猛暑日《もうしょび》とかずっと記録してて，暑すぎて大変だよね。

ほんとそう。私も部活で外に出すぎてめっちゃ焼けたよ。

暑すぎるよね。でも太陽と地球ってこんな離《はな》れてるのに，ここまで太陽の熱が届くなんて，実際の太陽ってやばいくらい熱いんじゃない ??

太陽ってどれぐらい熱いの？ でんがん先生教えてよ！

よし。じゃあ，太陽の構造について説明しよう。図1 は太陽の中身なんだけど，太陽の中心部の温度は約 1600 万 ℃で，表面の温度は約 6000 ℃なんだ。

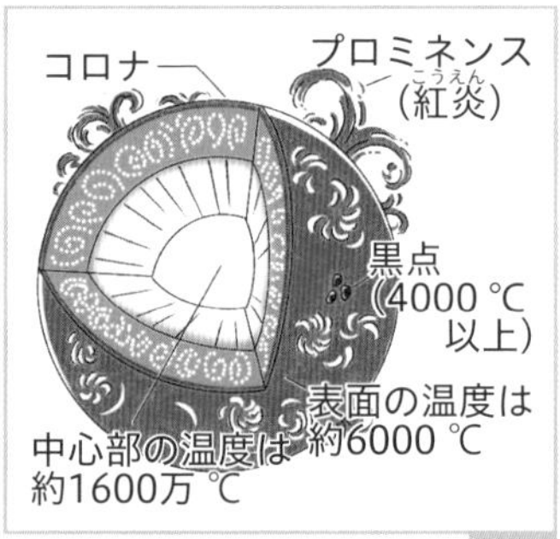

図1

やばすぎ !! そんだけ高い温度だったら，確かに地球にも熱さが届くなー。

そうだね。また，太陽の表面をよく観察してみると，黒点 とよばれる暗く見える点があるんだ。ほかにも，太陽の大気層であるコロナだったりはよくテストに出るよ。まあ 図1 に書いてあることばはすべて覚えておこう！

わかった !! とりあえず太陽がすごいっていうのはよくわかったよ !!

ちなみに，太陽や星座をつくる星のように，自ら光を放つ天体のことを 恒星 っていうんだ。この**太陽のまわりを地球は 1 年で 1 周している**んだ。これを地球の 公転 っていうよ。

地球が太陽のまわりを回ってるなんて知らなかった !! 地球自体が地軸を中心に回転するってのは知ってたけど。

地球は 1 日で 1 回転する 自転 と，1 年で 1 周する公転の両方をしてるんだよね。そして，今話してる太陽と，そのまわりの天体をまとめて 太陽系 っていうんだ。また，太陽のような恒星のまわりを公転する大きな天体を 惑星 っていって，図2 にかかれているように太陽のまわりを公転する 8 個の惑星《わくせい》があるんだよ。

なんかこの 図2 は学校とかでも見たことあるかも。

まずは，この惑星の順番をしっかり覚えておこう。また，**水星，金星，地球，火星を地球型惑星，木星，土星，天王星，海王星を木星型惑星っていう**んだ。で，火星と木星の間には，多くの小惑星が見られるよね。

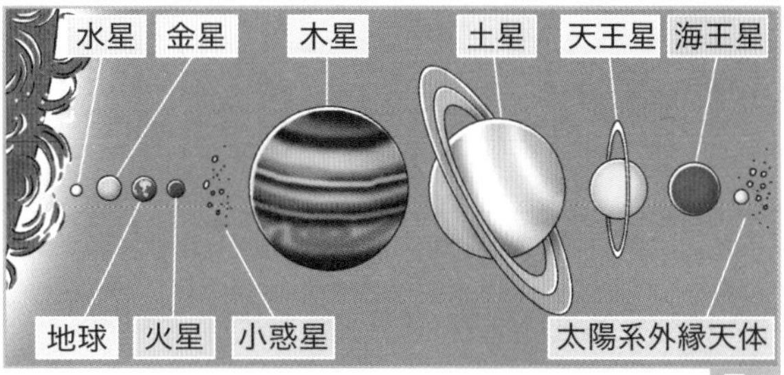

図2

確かに， 図2 をよく見たらかいてある！

ほかに，細長い軌道《きどう》で公転し，太陽に近づくとガスやちりを放出して，尾《お》をつくることがある天体をすい星っていうんだ。また，太陽から一番遠い惑星として，海王星があるよね。**この海王星より遠いところにある小天体を太陽系外縁天体**っていうことも知っておこう！

練習問題

解答解説 ▶▶ 別冊 30 ページ

1 太陽の構造について，次の各問いに答えなさい。

(1) 太陽の外側に広がる高温でうすいガスを何というか。

(2) 太陽の表面に存在し，まわりよりも温度が低いため暗く見える部分を何というか。

(3) 太陽の表面から伸《の》びる，濃《こ》い高温のガスを何というか。

2 太陽系のすがたについて，次の各問いに答えなさい。

(1) 太陽のように，自ら光を放つ天体を何というか。

(2) 地球のように，太陽などの(1)のまわりを公転する大きな天体を何というか。

(3) 次のア～クのうち，地球型惑星と木星型惑星をそれぞれすべて選びなさい。

ア 火星　**イ** 水星　**ウ** 木星　**エ** 金星　**オ** 土星　**カ** 地球
キ 天王星　**ク** 海王星

地球型惑星＿＿＿＿　木星型惑星＿＿＿＿

(4) 氷とちり（小さな岩石の粒《つぶ》）が集まってできており，尾をつくることがある天体を何というか。

(5) 海王星よりも外側を公転する小天体をまとめて何というか。

＋プラスα

・太陽系は約 2000 億個の恒星が集まった銀河系の中にある。
・銀河系のような恒星の集まりは，宇宙にたくさんあり，それらを銀河という。

59 3年 太陽の動き

1日の太陽の動きを教えてください！

よく考えたら，1日って太陽が出てる昼と太陽が出てない夜があるじゃん。これもさっきの地球の自転とかがかかわってるよね ??

そのとおり！ ではここでは，太陽と地球の関係から1日の動きを見ていこう。まず，太陽は東から昇《のぼ》って，西へ沈《しず》むっていわれてるよね。これは太陽が動いてるんじゃなくて，**地球が西から東の向きに1日に1回自転してるから，太陽が東から西へ1日で1回転して見える**んだ。太陽の見かけの動きを太陽の 日周運動 っていうんだよ。

ということは，この太陽の日周運動によって昼と夜があるんだね !?

そういうこと。太陽は東の空から南の空を通って，西の空に動いて見えるんだ。その後地平線の下を通って，1日で地球のまわりを1周するように見えるんだ。

聞いてるだけだと，太陽の動きってよくわからないよ。

目で見ないとわかりにくいよね。じゃあ 図1 を見てみよう。北と南と天頂を結んだ半円を天の子午線っていうんだ。太陽が天の子午線の上にいるとき1日の中で最も高い位置にきて，この状態を 南中 というよ。そしてそのときの太陽の高度を 南中高度 っていうんだよ。

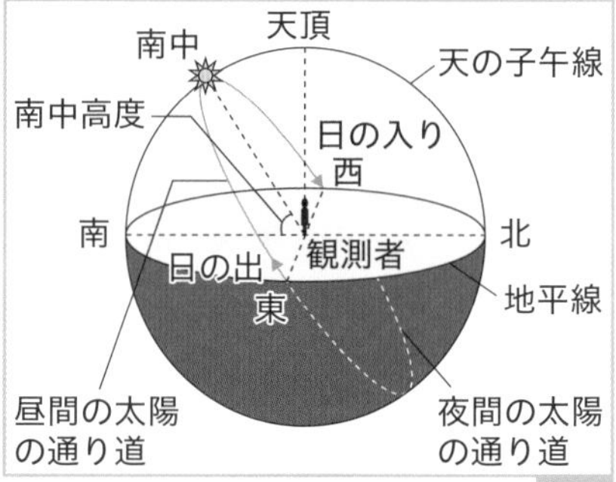

図1

わかった !! 東から太陽が昇って西に沈む様子がこれだとわかりやすいね！ 西に太陽が沈んだ後は，観測者がいないほうに太陽が当たるから夜になっていくってことなんだね！

そう！ これが太陽の1日の動きだよ。

これが太陽の1日の動きってことは太陽の1年の動きもあるってこと ??

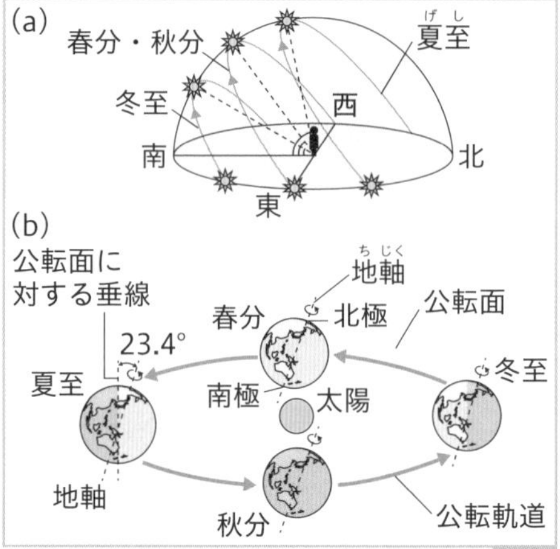

図2

いいところに気がついたね。ではここからは，太陽の動きも季節によって変化する様子を見ていこう。 図2 (a)は 図1 の天球を季節ごとにかいたものだけど，季節によって南中高度が違《ちが》うのがよくわかるよね。どんな特徴《とくちょう》がある？

なんか太陽がより高いところに行く季節と，低い季節とがあるね。

太陽の南中高度がより高いのが夏でその中で最も高い日を 夏至 ，逆に南中高度が低いのが冬でその中で最も低い日を 冬至 っていうんだ。春と秋はその中間だね。

でもなんでこんな季節ごとに差が出るの??

図2 (b)を見てみよう。地球は自転していて，この自転の中心を 地軸 っていうんだけど，地軸は公転面の垂線に対して約 23.4°傾《かたむ》けたまま太陽のまわりを公転してるんだ。その影響《えいきょう》で，どれだけ太陽光が当たるかが季節によって違う。夏はめっちゃ太陽光が当たって，冬はあまり当たらないっていうのが，ざっくりな理解だよ！ ちなみに，夏至と冬至の日に南中高度がどうなっているか求めるには，**夏至《げし》の南中高度が 90°−(緯度《いど》 −23.4°)**，**冬至《とうじ》の南中高度が 90°−(緯度 +23.4°)** っていう式を使うこともしっかり覚えておこう！

練習問題

解答解説▶▶別冊 31 ページ

1 右図は，日本のある場所である日の太陽の動きを 1 時間ごとに透明半球上に記録したものである。図中の E は太陽が最も高い位置になった点である。これについて，次の各問いに答えなさい。

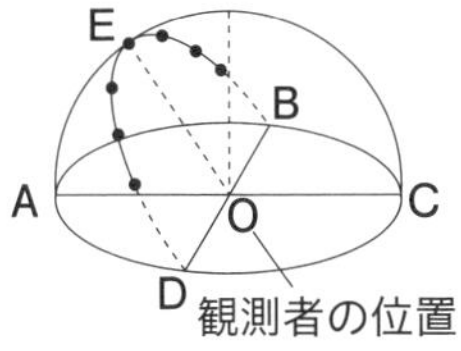

(1) 図中の A ～ D のうち，北の方角はどれか。 ＿＿＿＿

(2) 図中の A ～ D のうち，日の出の位置はどれか。 ＿＿＿＿

(3) ∠ AOE で示される角度を何というか。 ＿＿＿＿

(4) 図のような 1 日の太陽の動きを何というか。 ＿＿＿＿

2 右図の透明半球上における**ア**～**ウ**は，日本のある場所での春分・秋分，夏至，冬至のいずれかの 1 日の太陽の動きを表したものである。これについて，次の各問いに答えなさい。

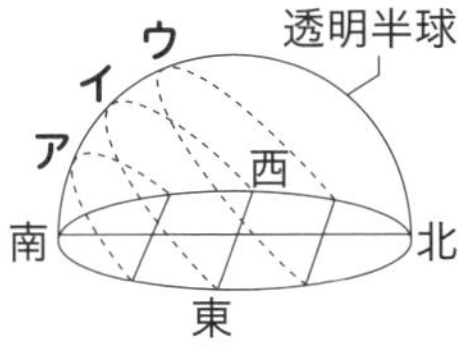

(1) ①春分・秋分，②夏至，③冬至の 1 日の太陽の動きを，**ア**～**ウ**からそれぞれ選びなさい。

① ＿＿＿＿ ② ＿＿＿＿ ③ ＿＿＿＿

(2) 図中の**ア**～**ウ**のうち，昼間が最も長いのはどれか。 ＿＿＿＿

(3) 季節によって太陽の南中高度が変化する理由を，「地軸」という用語を用いて簡単に説明しなさい。

＿＿＿＿＿＿＿＿＿＿＿＿

60 3年 星の動き

星の動きって決まってるの？

ここまで太陽の動きを教えてもらったけど，星についても知りたいな。

よし。ここまでみんなよく勉強してきたね。では最後のレッスンとして星の１日の動きを見てみよう。星の動きもさっきの太陽の動きに結構似てるんだ。図１を見てみよう。地球から天体までの距離《きょり》は非常に遠いから，天体はこのようなドーム状の球面に投影《とうえい》された像のように表す。この見かけの球面を 天球 っていうんだ。で，この天球を見てみると，**星の動きも太陽と似ていて東から昇《のぼ》った星は，南を通って，西へ移動するよ。**

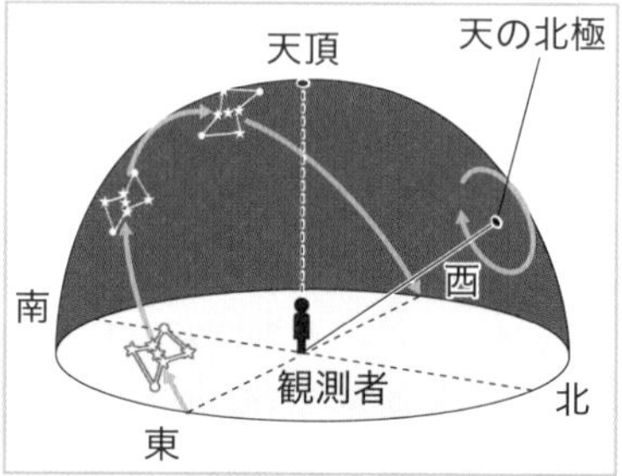

図１

本当だ！ ほとんど太陽と同じだね。

それは，太陽の動きも星の動きもすべては地球が 自転 しているからなんだ！ だから，太陽と同じで星も天球上を１日で１周する 日周運動 を行うってこと。また，北の空の星は北極星付近を中心として反時計回りに回転してるように見えるんだよ。

なるほど !! でも，実際の空を見てこの動きを見てみたい！

じゃあ 図２ を見てみよう。この４枚の絵は日本のある地点での星の動きを観察したものだけど，どの絵がどの方角かわかるかな ??

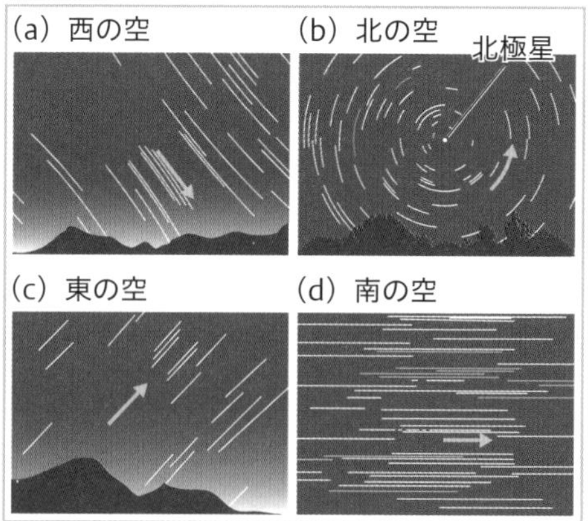

図２

星の動きも東から昇って南を通って西へ沈《しず》むっていうのが関係ありそうだね。

うん。考え方は合ってるよ。みんなはわかったかな？では解説していくよ。一番特徴的《とくちょうてき》なのは，図２(b)の絵だよね。さっき話した通り，北の空の星は北極星を中心に反時計回りに回転してるように見えるから，この図２(b)は北の空を表してるんだ。そして，東から昇って西へ沈むことを考えると，図２(c)が東の空で，右に昇《のぼ》っていき，図２(d)が南の空で図２(a)が西の空で沈んでいく様子を表してるよ。わかったかな ??

うんわかったよ！ この図を見て方角を答える問題はもうバッチリ !!

では最後に，1 年間かけた星座の動きも見てみよう。地球が 1 年かかって 360° 公転するっていうのはもう習ったよね。ということは，**1 か月後の同じ時刻に観察すると，星座は西へ約 30° 移動して見える**んだ。その様子を 図3 のオリオン座で見てみよう。

オリオン座って聞いたことある !!

有名な星座だから聞いたことあるよね。 図3 はそのオリオン座を 4 か月にわたって同じ時刻・同じ場所で観察したものなんだけど，1 か月でちゃんと 30° ずつ動いてるのが観察できるね。こういうふうな，星の 1 年間の見かけの動きを［年周運動］っていうんだ。これは，地球が［公転］しているから起こるということもあわせて覚えておこうね !!

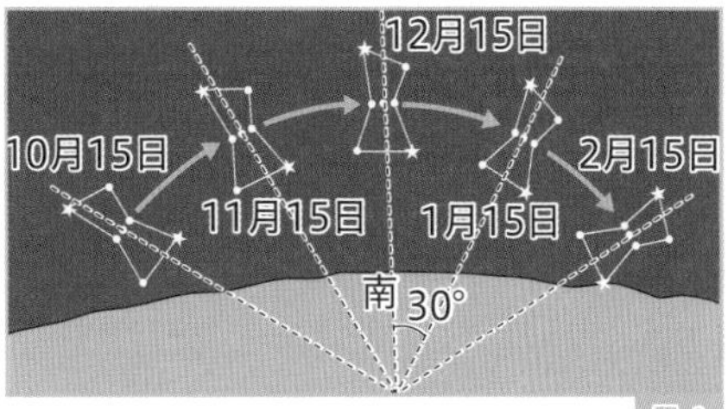

図 3

練習問題

解答解説 ▶▶ 別冊 31 ページ

1 日本のある場所での星の 1 日の動きについて，次の各問いに答えなさい。

(1) 東西南北の空でそれぞれ星の動き方を観察したとき，次のア～エのどのような動き方となっているか。

東＿＿＿＿ 西＿＿＿＿ 南＿＿＿＿ 北＿＿＿＿

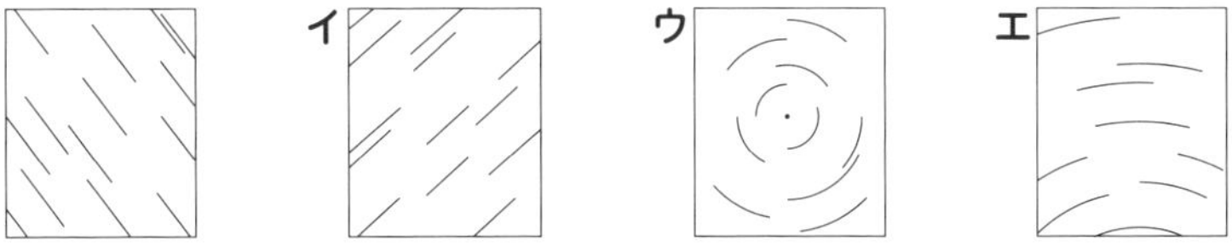

(2) (1)の**ウ**で見られる中心の黒い点は，何とよばれる星か。＿＿＿＿

(3) 星の 1 日の見かけの動きを何というか。＿＿＿＿

2 右図は，12 月の日本のある場所にて南の空でオリオン座を観察したときの様子を模式的に示したものである。これについて，次の各問いに答えなさい。

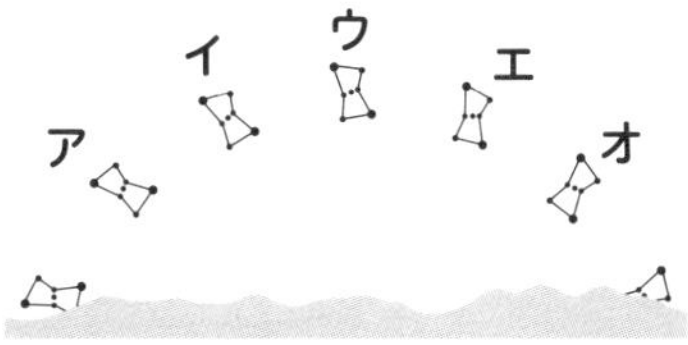

(1) 午後 8 時にオリオン座を観察したときには，図中の**ア**の位置にあった。2 か月後の同じ時刻に観察したとき，オリオン座は図中の**ア～オ**のどの位置にあるか。＿＿＿＿

(2) 図のような，星座の 1 年間の見かけの動きを何というか。＿＿＿＿

プラスα

・地球から見た太陽は 1 年かけて天球上の星座の中を 1 周しているように見える。この星座の中の太陽の通り道を黄道《こうどう》という。

Q&A 12 入試本番で緊張《きんちょう》しそう。緊張しすぎない方法は？

エイタ

でんがん先生，僕《ぼく》はけっこう緊張しやすいから，今から入試当日が心配なんだ。

でんがん先生

人って，自分の実力のギリギリのところを求められると緊張するものなんだ。

エイタくんだけでなく，受験生はみんな緊張している。まして，高校入試が初めての受験という人はなおさら。

僕もそう。緊張しない方法ってないの？

緊張することは避《さ》けられないけど，緊張している中でも実力を発揮できるように準備することはできるぞ。

「これぐらい勉強すれば大丈夫《だいじょうぶ》！」と思える感覚の２倍ぐらい勉強しておけば，本番で緊張しても，十分に実力を発揮できると思うよ。

COMMENTS

いっせー先生

たしかに，緊張しても大丈夫なように努力しておくというのは大事だね。入試本番で自分の実力以上の結果は出せないわけだから，いつもの８割くらいしか実力が出せなくても合格できるように準備しておこう！

Q&A 13 どんな人が受験に合格できる？

ハルカ：でんがん先生，高校受験に合格できるのって，どんな人？

でんがん先生：ハルカさん，僕《ぼく》が思うのは「事前に最善の準備をした人」かな。

ハルカ：最善の準備？

でんがん先生：受験でも部活の大会でも，「本番」に挑《いど》む前の準備で，すでに９割方《わりがた》，勝負はついていると思うんだ。

大事なのは，目標に向けて，ベストな準備をしてきたかどうか。それができていれば，自信をもって本番に臨めるはず。
なぜなら自信って，努力してきた自分に対する信《しん》頼感《らいかん》なわけだから。それがあれば，必要以上に不安になることもなく，本番に挑めると思うよ。

ハルカ：そっか！ 自信をもって入試に臨めるよう，がんばろう。

COMMENTS

くめはら先生：たしかに，事前準備はめちゃくちゃ大事だね。勉強だけじゃなく，受験票や筆記用具の準備もすごく大切だから，入試の２日前までにはそういう準備も万端《ばんたん》にしておこう！

中学生のみんなへ伝えたいこと

—— 勉強する意味って何？　どうしても勉強しなきゃだめ？

とくに学校の勉強について，「こんなのを覚えて，将来何の役に立つの？」って言う人がいる。でも，僕《ぼく》はそういう一見ムダな知識を集めれば集めるほど，その人のキャラクターやユーモアが形成されていくと思ってる。
僕は「おもろい人間」になりたいんだ。僕が思う「おもろい人間」とは，ほかの人にはない着眼点をもっている人。そうなるためには，知識を集めたり，掘《ほ》り下げたりすることは欠かせない。だから勉強しようって思うよ。

—— 勉強したはずなのにテストで答えられない。どうしたらいい？

教科書を読んだり，先生の話を聞いたりすることが勉強だと思っている子が多い。でも，読む・聞くというインプットだけだと，知識を自分のものにできていないんだ。だから，授業で習ったことをあとで問われても，自分の言葉で説明できないんだよ。
知識を自分のものにするには，それが何だったのかを自分なりにじっくり考えて，話してみるとか書いてみるとかいう，アウトプットの経験を積んだほうがいい。それができたら，テストで問われたときも答えられるようになるよ。
勉強に限らず，映画をみた感想などを家族や友達に話すのも，アウトプットの練習になるのでおすすめ。

塾《じゅく》講師のアルバイトをしていた大学時代

—— １日何時間ぐらい勉強したらいい？

たとえば「１日３時間ぐらいは勉強したほうがいい」と言われて，３時間机に座っていたけど，実際に集中したのは30分だったら，「２時間半ゲームしてたほうがよくね」ってなるだろ。だから時間で決めるんじゃなくて，今日はこれを理解するまでやろうとか，時間よりも内容についてよく考えて取り組むほうが大事だと思う。
僕が成長できたのは，自分で考えて納得したやり方で勉強したから。大事なのは，自分で目的意識をもって，ひとつひとつに取り組むことだよ。

—— 苦手な教科って，どうしたら克服《こくふく》できる？

僕は何かを始めるとき，できなくて当たり前だと思っている。だから，何においても苦手意識があんまりない。そんな僕でも，国語だけは苦手だと思っていて，なかなか伸《の》ばすこ高校受験に向けて勉強をがんばるみんなに，でんがん先生が大切なことをたくさん教えてくれたよ。
きみの悩《なや》みを解決するヒントが見つかるかも！

とができなかった。国語って，小さいころから本を読んできた人しかできない科目だと思《おも》い込《こ》んでいたんだ。でも，国語の問題だって，ちゃんと答えが１つになるようにつくられている。だから，勉強したらちゃんと伸びるんだよ。それに気づいたとき，自分が国語を苦手なのは，ちゃんと勉強していなかったからだってわかったんだ。
きみはどうかな？ 十分に勉強したと言えないなら，今から始めてみよう。

―― 勉強も YouTube も，長く続けていくコツは？

一緒《いっしょ》に YouTube をやっていたはなおみたいに，何でもすぐにできちゃう人もいるけど，僕はそうじゃない。だけど，それがかえってよかったのかも。最初っからそんなにうまくいくわけないよねって思えるから。YouTube も，そういうメンタルだからこそ続けられたのかもしれないな。
なかなかうまくいかないと，嫌《いや》になってすぐに辞める人がいる。でも，僕は最下位のやつが努力を重ねて，まわりを追《お》い抜《ぬ》いていくほうがかっこいいと思ってる。だから，しばらくうまくいかなくたって全然つらくない。そこが何事も続けるコツかもしれないね。

2022 年には，はなお(左)とともにKANSAI COLLECTION(関コレ)にも参加した

―― 将来 YouTuber になりたいっていう子がいたら，なんてアドバイスする？

勉強と同じで，始めてすぐに結果が出たという YouTuber はなかなかいない。楽してお金を稼《かせ》いでいると思われがちだけど，そんなことはないよ。再生数が伸びなくても根気よく続けられるかどうか。そこが向いているかどうかの基準かもしれない。
YouTuber にとって，休みはあってないようなもの。次の動画はどうしようかなと常に考えている。毎月会社から給料をもらえるわけじゃないし，これでお金を稼ぐって考えたらプレッシャーに負けてしまう人もいる。それでもやりたいなら，一度始めてみたら？

マオ
わたしもでんがん先生の言う，「おもろい人間」になりたくなってきた！

ハルカ
最初っからうまくいくわけないって考えて，続けていくのって大事だなと思ったよ。

エイタ
今まで真面目《まじめ》に勉強しているつもりだったけど，アウトプットが足りなかったのかもしれないな。

さくいん＆用語集

色文字になっているページには，くわしい説明があります。

□ **震央《しんおう》** …… 122
震源《しんげん》の真上にある地表の地点

□ **震源《しんげん》** …… 122
最初に地震《じしん》が起きた地下の場所

□ **深成岩《しんせいがん》** …… 128
マグマが地下深くでゆっくり冷え固まってできた岩石

□ **水上置換法《すいじょうちかんほう》** …… 055
水に溶《と》けにくい気体の集め方

□ **赤血球《せっけっきゅう》** …… 108
血液中の酸素を運ぶはたらきをもつ固形成分

□ **双子葉類《そうしようるい》** …… 092・**094**
子葉が２枚の被子植物《ひししょくぶつ》

た

□ **体細胞分裂《たいさいぼうぶんれつ》** …… 117
生物の体が成長するときの細胞分裂《さいぼうぶんれつ》

□ **体循環《たいじゅんかん》** …… 109
血液が心臓から全身へ出ていき，その後心臓に戻《もど》る循環

□ **単子葉類《たんしようるい》** …… 092・**094**
子葉が１枚の被子植物《ひししょくぶつ》

□ **単体《たんたい》** …… 069
１種類の元素でできている物質

□ **中和《ちゅうわ》** …… 084
酸性とアルカリ性の性質を打ち消し合う反応

□ **直列回路《ちょくれつかいろ》** …… 032
電気の道筋《みちすじ》が１本の回路

□ **低気圧《ていきあつ》** …… 144
気圧がまわりより低いところ

□ **抵抗《ていこう》** …… 034
電流の流れにくさを表す値

□ **電圧《でんあつ》** …… 033・**034**
電流を流そうとするはたらきの大きさを表す量

□ **電流《でんりゅう》** …… 032・**034**
電気の流れ

□ **電力《でんりょく》** …… 038
電気エネルギーによるはたらきを表す量

□ **等速直線運動《とうそくちょくせんうんどう》** …… 046
一定のはやさで一直線上を進む運動

な

□ **日周運動《にっしゅううんどう》** …… 150・**152**
天体が東から西へ約１日で１回転する見かけの動き

□ **入射角《にゅうしゃかく》** …… 020
鏡に垂直な線と入射光との間の角度

□ **年周運動《ねんしゅううんどう》** …… 153
地球の公転による星の１年間の見かけの動き

は

□ **肺循環《はいじゅんかん》** …… 109
血液が心臓から肺に出ていき，その後心臓に戻《もど》る循環《じゅんかん》

□ **白血球《はっけっきゅう》** …… 108
細菌《さいきん》などを分解するはたらきをもつ血液中の固形成分

□ **反射角《はんしゃかく》** …… 020
鏡に垂直な線と反射光との間の角度

□ **被子植物《ひししょくぶつ》** …… 091・**094**
胚珠《はいしゅ》が子房《しぼう》の中にある植物

□ **フックの法則《ほうそく》** …… 026
ばねの伸《の》びがばねを引く力の大きさに比例する法則

□ **分子《ぶんし》** …… 068
いくつかの原子が結びついてできた粒子

□ **分離《ぶんり》の法則《ほうそく》** …… 119
対になった遺伝子が分かれべつべつの生殖細胞《せいしょくさいぼう》に入る法則

□ **並列回路《へいれつかいろ》** …… 032
電流の流れる道筋《みちすじ》が枝分かれしている回路

ま

□ **無機物《むきぶつ》** …… 052
有機物以外の物質

□ **無性生殖《むせいせいしょく》** …… 114
親の体の一部が分かれて新しい個体になる生殖

や

□ **有機物《ゆうきぶつ》** …… 052・**104**
炭素をふくみ，加熱すると水と二酸化炭素を発生させる物質

□ **有性生殖《ゆうせいせいしょく》** …… 114
雌雄《しゆう》の親を必要とする生殖

ら

□ **裸子植物《らししょくぶつ》** …… 091・**094**
子房《しぼう》がなく，胚珠《はいしゅ》がむき出しの植物

□ **力学的《りきがくてき》エネルギーの保存《ほぞん》** …… 049
力学的エネルギーが一定に保たれること

□ **露点《ろてん》** …… 142
空気中の水蒸気が水滴《すいてき》に変わり始めるときの温度

わ

□ **惑星《わくせい》** …… 148
恒星《こうせい》のまわりを公転する大きな天体

著者紹介

でんがん

理系 YouTuber。

国公立大学に進学する生徒がほとんどいない公立高校で，神戸大学を目指して勉強を始める。1 年間の浪人生活で成績が急激に上がり，最終的には大阪大学に合格を果たす。

大阪大学基礎工学部卒業，同大学院基礎工学研究科修了（修士）。その後，大手企業に就職したものの，2018 年に退職し，YouTuber 専業となる。

「はなおでんがん」は文系でも楽しめる理系動画を中心に配信し，登録者数 170 万人を超えるチャンネルとなった。2023 年 3 月，「はなおでんがん」を解散。

著書に『元バカによるバカのための勉強 100カ条！』（SB クリエイティブ），共著に『その悩み，僕らなら数学で解決できます！』（河出書房新社）がある。

YouTube：日常でんがん（@nichijo_dengan）
　　　　　たまるクエスト（@tamaruquest）
Twitter：@dengan875

□ 企画編集　柳田香織
□ 執筆協力　高橋みか
□ 編集協力　㈱オルタナプロ　㈱カルペ・ディエム　田中麻衣子　中野知子
□ 本文デザイン　齋藤友希／佐野紗希（トリスケッチ部）
□ 図版作成　㈱オルタナプロ
□ イラスト　月代
□ 監修（認知特性）　本田式認知特性研究所

シグマベスト
でんがん先生と学ぶ
中学理科のきほん 60 レッスン

著　者　でんがん
発行者　益井英郎
印刷所　岩岡印刷株式会社
発行所　株式会社文英堂
〒601-8121　京都市南区上鳥羽大物町28
〒162-0832　東京都新宿区岩戸町17
(代表)03-3269-4231

●落丁・乱丁はおとりかえします。

ΣBEST シグマベスト

でんがん先生と学ぶ

中学理科のきほん60レッスン

解答集

文英堂

1 鏡にはなんで人が映るの？

入射角・反射角　本冊 21 ページ

解答

[1] ① 入射　② 反射　③ 屈折《くっせつ》

[2] ① イ　② ウ　③ ア

[3]

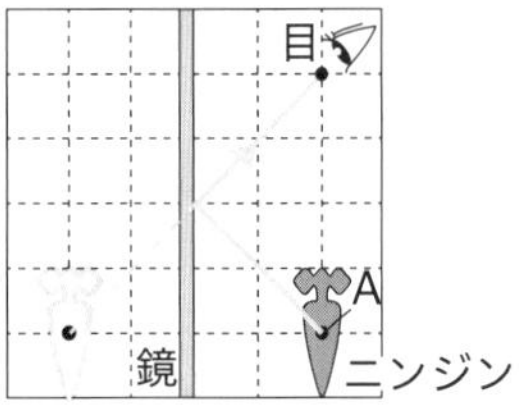

解説

[1]

光が鏡に向かって直進するとき，鏡に当たる前の光を入射光，はね返ったあとの光を反射光といいます。さらに，反射する面に垂直な線と入射光，反射光との間の角度をそれぞれ入射角，反射角といいます。

また，光が異なる物質に進むとき，境界面で光が折れ曲がって進む現象が起こります。この現象を屈折といい，屈折して進む光のことを屈折光，境界面に垂直な線と屈折光との間の角度を屈折角といいます。

[2]

① 反射の法則により，「**入射角＝反射角**」の関係になります。

② 光が空気中からガラス中や水中へ進むときには，「**入射角＞屈折角**」の関係になります。

③ 光がガラス中や水中から空気中へ進むときには，「**入射角＜屈折角**」の関係になります。

空気中とガラス中(水中)では，空気中の角度のほうが常に大きいことをおさえよう。

[3]

鏡に映る像は，**鏡の面に対して対称《たいしょう》の位置にできます。**また，光は鏡によって反射しているので，入射角と反射角は等しくなります。

2 虫眼鏡《むしめがね》ってなんでものが大きく見えるの？

凸レンズ　本冊 23 ページ

解答

[1] ① 凸《とつ》レンズ　② 焦点《しょうてん》

③ 焦点距離《きょり》　④ 像［実像］

[2] ①

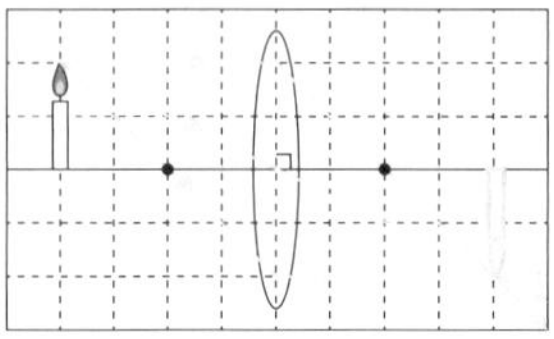

②

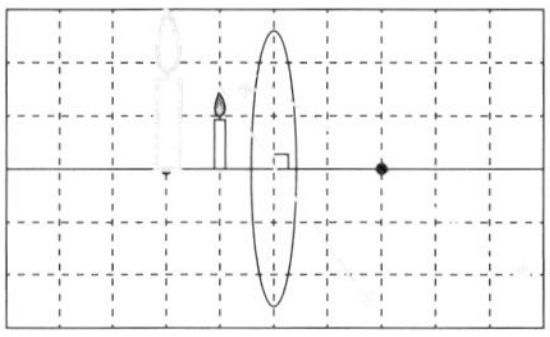

解説

[1]

像は光が反射や屈折《くっせつ》をすることによってできます。

光が凸レンズを通るとき，光軸《こうじく》に平行な光は凸レンズで屈折して１点に集まります。この点を焦点といい，凸レンズの中心から焦点までの距離を焦点距離といいます。

[2]

①「解答」の３本の光のうち，２本を作図して求めます。物体が焦点より凸レンズに遠い位置にあるので，実像ができます。

実像は，もとの物体と上下左右が逆向きになっているんだ。

② 物体が焦点より凸レンズに近い位置にあるので，虚像《きょぞう》ができます。

虚像は実像と違《ちが》って，もとの物体と上下左右が同じ向きになっているから注意しておこう。

3 ギターってどうやって音を変えているの？

音　　本冊 25 ページ

解答

1 **ウ**

2 (1) **ア**

(2) **ウ**

解説

1

ギターなどの弦楽器《げんがっき》の音を高くするには，**「弦を細くする」**，**「弦の振動《しんどう》する部分を短くする」**，**「弦を強く張る」**といった方法があります。

弦楽器の音を大きくするためには，弦を強くはじき，振動の振《ふ》れ幅《はば》である振幅《しんぷく》を大きくする方法があるよ。

2

(1) 基準の音よりも小さい音の波形は，オシロスコープで見た波の縦《たて》方向の動く幅である振幅が，基準よりも小さいものとなります。

(2) 基準の音よりも高い音の波形は，オシロスコープで見たときの波の数が基準の音よりも多いものとなります。

音の波形において，音の大きさでは振幅が大きいほど音は大きく，音の高さでは振動数が大きいほど音は高いんだ。

4 バンジージャンプで人が落ちるのはなぜ？

弾性力・重力　　本冊 27 ページ

解答

1 ① **変形**　② **動き**　③ **支える**

2 (1) **ばね A…4 cm**　**ばね B…3 cm**

(2) **ばね A…10 cm**

ばね B…15 cm

解説

1

物体に力が加えられているとき，その力には**「物体を変形させる」**，**「物体の動きを変える」**，**「物体を支える」**といったはたらきがあります。

2

(1) ばね A について，表より力の大きさが 0.2 N 大きくなるにつれてばねの長さは 2 cm ずつ長くなっています。したがって，ばねにおもりをつるしていないときには 0.2 N のときの長さ 6 cm よりも 2 cm 短いので，その長さは 4 cm となります。

ばね B についても，力の大きさが 0.2 N 大きくなるにつれてばねの長さは 3 cm ずつ長くなっているので，おもりをつるしていないときのばねの長さは 6 cm − 3 cm = 3 cm となります。

(2) ばね A について，(1)よりばねにおもりをつるしていないときのばねの長さは 4 cm であり，1.0 N のときのばねの長さは 14 cm なので，ばねの伸《の》びは 14 cm − 4 cm = 10 cm となります。

ばね B についても，ばね A と同様にしてばねの伸びは 18 cm − 3 cm = 15 cm となります。

ばねに加えた力の大きさとばねの伸びは比例の関係にあることを理解しておこう。

5 綱《つな》引《ひ》きはなぜ動かない？

力のつり合い・力の三要素

本冊 29 ページ

解答

1 エ

2 (1) 重力…ア　垂直抗力《すいちょくこうりょく》…イ

(2)

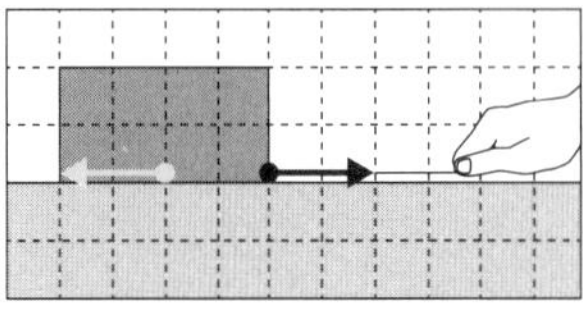

解説

1

アは２つの力の大きさは等しくないので誤りです。**イ**は２つの力が一直線上にないので誤りです。**ウ**は２つの力が反対向きになっていないので誤りです。

2つの力において，大きさが等しく，一直線上にあり，反対の向きになっているとき，力がつり合うことを覚えておこう。

2

(1) 重力の向きは，**物体の中心から地球の中心へと向かう向き**であるため，**ア**となります。また，垂直抗力の向きは，**重力と反対の向き**であるため，**イ**となります。

(2) 図のように糸を引くとき，引くときの力と反対の向きにふれ合う面に摩擦力《まさつりょく》がはたらきます。２つの力はつり合っているので，同じ大きさで反対向きになります。

2つの力がつり合っているとき，物体の動きは変化しないということをおさえておこう。

6 スマホの充電《じゅうでん》がなくなったらどうする？

回路・電流計と電圧計

本冊 33 ページ

解答

1 ① **回路図**　② **直列**　③ **並列**

2 ①

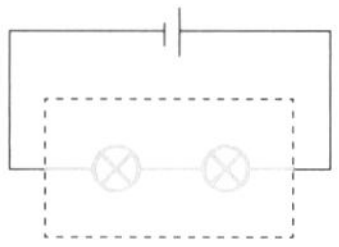

②

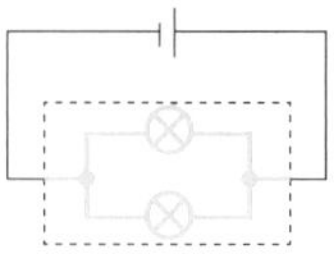

3 (1) **ウ**　(2) **ウ**

解説

1

回路図を表すための電気用図記号には，次のようなものがあります。

また，**電流計を用いるときには直列，電圧計を用いるときには並列につなぎ**，流れる電流，かかる電圧を測定します。

電気用図記号は、回路の作図問題などにおいて最低限必要な知識なので，まずは記号を覚えて，回路図を自由自在にかけるようにしておこう。

2

直列回路は回路の道筋《みちすじ》が１本道になっている回路であり，並列回路は回路の道筋が枝分かれしている回路です。

3

電流計と電圧計のどちらにおいても，電流や電圧の大きさが予想できないときには，大きい値の－端子《たんし》を接続します。この理由は，電流計(電圧計)に大きな電流が流れ(電圧が加わり)，針が振《ふ》り切れて壊《こわ》れてしまうことがあるからです。

7 豆電球を強く光らせたい！

オームの法則 ▸▸ 本冊 35 ページ

解答

1 (1) 3 V
  (2) 0.2 A
  (3) 30 Ω
2 (1) 40 Ω
  (2) 12 V

解説

1

(1) $10\ \Omega \times 0.3\ \text{A} = 3\ \text{V}$

(2) $\dfrac{4\ \text{V}}{20\ \Omega} = 0.2\ \text{A}$

(3) $\dfrac{6\ \text{V}}{0.2\ \text{A}} = 30\ \Omega$

オームの法則を使いこなして，計算問題をすばやく解けるようにしよう。

○オームの法則

電圧〔V〕＝ 抵抗《ていこう》〔Ω〕×電流〔A〕

$\text{電流〔A〕} = \dfrac{\text{電圧〔V〕}}{\text{抵抗〔Ω〕}}$

$\text{抵抗〔Ω〕} = \dfrac{\text{電圧〔V〕}}{\text{電流〔A〕}}$

2

(1) 図は直列回路であるので，**回路全体の抵抗は抵抗 a と抵抗 b の和です。**よって，

$10\ \Omega + 30\ \Omega = 40\ \Omega$

(2) (1)より回路全体の抵抗は 40 Ωであるので，オームの法則より電源の電圧は，

$40\ \Omega \times 0.3\ \text{A} = 12\ \text{V}$

並列回路の場合には，回路全体の抵抗はそれぞれの抵抗のたし算にはならないので注意しよう。

8 直列と並列を使いこなしたい！

オームの法則の応用 ▸▸ 本冊 37 ページ

解答

1 (1) 40 Ω
  (2) 0.2 A
  (3) 3 V
2 (1) 10 V
  (2) 0.5 A
  (3) 20 Ω

解説

1

(1) $15\ \Omega + 25\ \Omega = 40\ \Omega$

(2) $\dfrac{8\ \text{V}}{40\ \Omega} = 0.2\ \text{A}$

(3) $15\ \Omega \times 0.2\ \text{A} = 3\ \text{V}$

直列回路では，回路を流れる電流の大きさはどこも等しいことを利用して問題を解いていこう。

2

(1) $25\ \Omega \times 0.4\ \text{A} = 10\ \text{V}$

(2) $0.9\ \text{A} - 0.4\ \text{A} = 0.5\ \text{A}$

(3) $\dfrac{10\ \text{V}}{0.5\ \text{A}} = 20\ \Omega$

並列回路では，各抵抗《ていこう》に加わる電圧の大きさと電源電圧の大きさは等しいことを利用して問題を解いていこう。

9 急にブレーカーが落ちるのはなんで？

電力・電力量　本冊 39 ページ

解答

1 (1) 電球 A…0.4 A　電球 B…1.0 A
(2) 電球 A　(3) 電球 B
(4) 42 kJ

2 (1) 電子レンジ　(2) 13 A
(3) 4.35 kW　(4) 5550 kJ

解説

1

(1) 100 V-40 W の電球 A に流れる電流は，
$\frac{40\ \mathrm{W}}{100\ \mathrm{V}} = 0.4\ \mathrm{A}$ となります。それに対し，
100 V-100 W の電球 B に流れる電流は，
$\frac{100\ \mathrm{W}}{100\ \mathrm{V}} = 1.0\ \mathrm{A}$ となります。

(2) 電球 A の抵抗《ていこう》は(1)より，$\frac{100\ \mathrm{W}}{0.4\ \mathrm{A}} = 250\ \Omega$ となります。それに対し，電球 B の抵抗は
$\frac{100\ \mathrm{V}}{1.0\ \mathrm{A}} = 100\ \Omega$ となります。

(3) **電球がより明るく光るのは電力の値が大きいほう**なので，100 W の電球 B となります。

(4) $(40 + 100)\ \mathrm{W} \times (5 \times 60)\ \mathrm{s} = 42000\ \mathrm{J}$
$= 42\ \mathrm{kJ}$

2

(1) 電圧の値はどの電気器具でも同じなので，消費電力が大きいほうに強い電流が流れます。

(2) $\frac{1300\ \mathrm{W}}{100\ \mathrm{V}} = 13\ \mathrm{A}$

(3) $(150 + 800 + 700 + 900 + 1300 + 500)\ \mathrm{W}$
$= 4350\ \mathrm{W}$
$= 4.35\ \mathrm{kW}$

(4) $(150 \times 120 + 800 \times 30 + 700 \times 20 + 900 \times 15 + 1300 \times 10 + 500 \times 20) \times 60\ \mathrm{J}$
$= 5550000\ \mathrm{J}$
$= 5550\ \mathrm{kJ}$

10 下じきで髪《かみ》の毛はなぜ浮《う》き上がる？

静電気・放電　本冊 41 ページ

解答

1 ① 同じ　② しりぞけ合う
③ 引き合う

2 ウ

3 (1) 電子線《でんしせん》　(2) 電子
(3) マイナス（の電気）

解説

1

ストローをティッシュペーパーでこすることによってマイナスの電気がティッシュペーパーからストローに移動します。これにより，ストローはマイナスの電気を帯び，ティッシュペーパーはプラスの電気を帯びます。

ストローをティッシュペーパーに近づけると，異なる種類の電気を帯びているため引き合う力がはたらきます。また，ストローどうしを近づけると，同じ種類の電気を帯びているためしりぞけ合う力がはたらきます。

2

静電気による放電は，**帯電した物体の電気が空間をへだてて一瞬《いっしゅん》で流れる現象**です。これに対し，**ウ**は電池をつなぐことで電気が持続的に流れる現象であるため，静電気による放電とは異なります。

3

真空放電では，マイナス極側からプラス極側へ電子線が直進します。この電子線の正体は，**電子とよばれるマイナスの電気を帯びた粒子《りゅうし》の流れ**です。

電流の向きはプラス極からマイナス極であるのに対し，電子の流れの向きはマイナス極からプラス極であるので注意しておこう。

11 磁石ってなんでくっつくの？

電流と磁界　▶▶本冊 43 ページ

解答

1 **ウ，エ**

2 (1) ① **ア**　② **エ**

(2) a…**イ**　b…**ア**　c…**イ**

d…**ア**　e…**イ**　f…**エ**

g…**ア**　h…**ウ**

(3) P

(4) **ウ**

解説

1

アは，磁力線はＮ極から出てＳ極に入るため，誤りです。**イ**は，**磁力線の間隔《かんかく》が広いほど磁界は弱くなる**ため，誤りです。

2

(1) ①**磁界の向きはＮ極→Ｓ極である**ため，磁界の向きは**ア**の左向きです。

②右ねじの法則より**エ**の反時計回りとなります。

(2) ①**方位磁針のＮ極の向きは磁界の向きである**ため，ａとｃのＮ極の向きは左向き，ｂとｄのＮ極の向きは右向きとなります。

② (1)より磁界の向きは反時計回りであるため，Ｎ極の向きも反時計回りに進むほうを向きます。

(3) 磁力線の間隔がせまいほど磁界は強くなるため，ＱよりもＰのほうが磁界は強いです。

(4) 電流の向きを逆にすると磁界の向きも逆になるため，磁界の向きは**ウ**となります。

磁界は，磁石や電磁石のまわりだけではなく，電流を流した導線やコイルのまわりでも発生するんだ。

12 コイルに磁石を近づけてみた

電磁誘導　▶▶本冊 45 ページ

解答

1 (1) **ウ**

(2) ① **イ**　② **エ**

(3) ① **大きく**　② **強い**

2 (1) **誘導電流《ゆうどうでんりゅう》**

(2) ① **ア**　② **イ**　③ ×

(3) ① **すばやく**　② **強い**

③ **多く**

解説

1

(1) 磁界の向きはＮ極→Ｓ極となります。

(2) ①電流の向きを逆にした場合，導線の動く向きも逆になるため，**イ**の向きとなります。

②電流と磁界の向きの両方とも逆にした場合，導線の動く向きは逆の逆，つまりもとと同じ向きになるため，**エ**の向きとなります。

(3) 導線が受ける力を大きくするためには，**電流を大きくしたり，磁界を強くしたりします。**

2

(1) 磁石をコイルの近くで動かしたとき，コイルに電圧が生じる現象を電磁誘導といい，電磁誘導によって流れる電流を誘導電流といいます。

(2) ①磁石を動かす向きを逆にした場合，誘導電流の向きは逆になります。

②磁石を動かす向きと磁界の向きをそれぞれ逆にした場合，誘導電流の向きは逆の逆，つまりもとと同じ向きになります。

③磁界の変化がない場合，誘導電流は流れません。

(3) 誘導電流を大きくするためには，**磁界の変化を大きくしたり，磁界を強くしたり，コイルの巻数《まきすう》を多くしたりします。**

13 なんで自転車は下り坂ではやくなる？

いろいろな運動 ▸▸本冊 47 ページ

解答

1 (1) 等速直線運動

(2) ウ

2 (1) 0.1 秒間

(2) 15 cm/s

解説

1

(1) 図のように，**はやさが一定で一直線上を進む運動を等速直線運動といいます。**

(2) 等速直線運動をしている物体のはやさは一定なので，グラフは横軸《よこじく》に平行な直線となります。

等速直線運動をしているとき，横軸に時間，縦軸に移動距離《いどうきょり》(テープの長さ)をとってグラフにすると，移動距離は時間に比例していることがわかるよ。

2

(1) 各テープは 6 打点ごとに区切られており，記録タイマーは 1 秒間に 60 打点するため，各テープは $\frac{6}{60}$ 秒間 = 0.1 秒間の移動距離を表します。

(2) 図を見てみると，テープの長さは 1.5 cm ずつ長くなっています。したがって，0.1 秒ごとに 1.5 cm ずつ長くなっていることになります。よって，6 打点の間隔《かんかく》ごとでは，

$\frac{1.5\ \mathrm{cm}}{0.1\ \mathrm{s}} = 15\ \mathrm{cm/s}$ ずつ増加しています。

斜面《しゃめん》を下る運動では，運動と同じ向きに力を受けているから，はやさが増加するんだ。

14 仕事をしない引《ひ》っ越《こ》し業者って最低じゃね？

仕事・エネルギー ▸▸本冊 49 ページ

解答

1 イ

2 6.0 J

3 (1) ① エ　② イ

(2) 変化しない。

解説

1

仕事は「**仕事 = 力 × 力の向きへの移動距離《いどうきょり》**」によって成り立ちます。**ア**と**ウ**は，移動距離が 0 であり仕事の大きさも 0 となるため，誤りです。**エ**は，加えた力と移動の向きが垂直であり仕事の大きさは 0 であるため，誤りです。

2

質量 100 g の物体にはたらく重力の大きさは 1 N であるため 400 g の荷物にはたらく力の大きさは 4 N となります。よって，この荷物を持ち上げたときの仕事の大きさは，

4 N × 1.5 m = 6.0 J となります。

3

(1) 位置エネルギーが最も大きくなるのは，高さが一番高い**ア**と**エ**です。また，運動エネルギーが最も大きくなるのは，位置エネルギーが一番低い**イ**です。

(2) **力学的エネルギーは運動エネルギーと位置エネルギーの和**であり，空気の抵抗《ていこう》や摩擦《まさつ》がない場合，その大きさは一定です。

物体のもつ力学的エネルギーの総量が一定に保たれることを力学的エネルギーの保存というんだ。

15 身のまわりのものは何でできている？

有機物と無機物・実験器具　▶▶本冊 53 ページ

解答

1 (1) 二酸化炭素

(2) **イ**

2 ① ろうと　② こまごめピペット

③ メスシリンダー

④ 枝つきフラスコ

3 **ウ→ア→エ→イ**

解説

1

(1) 有機物を燃やすと二酸化炭素が発生するのは，**有機物に炭素がふくまれている**からです。

(2) **イ**について，鉄などの一部の金属は磁石につきますが，金属すべてにあてはまる性質ではないため，誤りです。

2

①のろうとは，ろ過を行う際に用いる実験器具，②のこまごめピペットは，少量の液体を移動させる際に用いる実験器具，③のメスシリンダーは，液体の体積を測る際に用いる実験器具，④の枝つきフラスコは，液体を蒸留(→本冊 19)する際に用いる実験器具です。

3

ガスバーナーの火のつけ方は，ガス調節ねじと空気調節ねじが閉まっているのを確認したあと，元栓《もとせん》(とコック)を開き，ガス調節ねじを緩《ゆる》めてガスに火をつけるという順です。また，炎《ほのお》の調節のしかたは，ガス調節ねじを回して炎の大きさを調節し，空気調節ねじを回して炎の色を青にするという順です。

火を消すときには，火をつけるときとは反対に空気調節ねじ，ガス調節ねじ，コック，元栓の順に閉じるんだ。

16 いろんな気体を発生させたい！

気体の発生　▶▶本冊 55 ページ

解答

1 **イ**

2 (1) **イ**　(2) **ア**　(3) **ウ**　(4) **エ**

(5) **ウ**

解説

1

アでは二酸化炭素，**ウ**では水素，**エ**ではアンモニアがそれぞれ発生します。

気体の発生方法だけでなく，気体の性質も覚えておこう。

2

(1) **二酸化炭素は石灰水を白く濁《にご》らせる性質をもちます。**また，二酸化炭素にはにおいや色がなく，水に少し溶《と》け，水溶液《すいようえき》は酸性を示します。

(2) **酸素はものを燃やすはたらきがあります。**また，酸素にはにおいや色がなく，水に溶けにくいです。

(3) **アンモニアは特有の刺激臭《しげきしゅう》があり，有毒です。**また，アンモニアには色がなく，非常に水に溶けやすく，水溶液はアルカリ性を示します。

(4) **水素に火を近づけると，音を立てて燃え，水ができます。**また，水素にはにおいや色がなく，水に溶けにくいです。

(5) 水上置換法《すいじょうちかんほう》では，水に溶けやすいアンモニアなどの気体を集めることはできません。

気体の捕集《ほしゅう》方法は水上置換法のほかに，水に溶けやすくて空気より軽い気体を集める上方置換法や，水に溶けやすくて空気より重い気体を集める下方置換法があるよ。

17 水を冷やすと氷になるのはなぜ？

物質の状態変化 ▶▶本冊 57 ページ

解答

1 (1) ア，イ，エ

(2) ア，エ，オ

2 (1) A…沸点《ふってん》　B…融点《ゆうてん》

(2) C…イ　D…オ

解説

1

(1) **ア，イ，エ**は，加熱による状態変化を示しているのに対し，**ウ，オ，カ**は，冷却《れいきゃく》による状態変化を示しています。

(2) 物質の状態変化が起こると，**物質にふくまれる粒子《りゅうし》の運動の様子が変化して粒子どうしの距離《きょり》が変化する**ため，体積も変化します。しかし，粒子そのものの数や大きさは変化しないため，質量は変化しません。

固体→液体の状態変化では，ほとんどの物質は体積が大きくなるけど，水は体積が逆に小さくなるから注意しておこう。

2

(1) A は液体が沸騰《ふっとう》して気体に変化するときの温度であるため，沸点です。B は固体が液体に変化するときの温度であるため，融点です。

(2) C の融点の温度では，固体である氷と液体である水が混在した状態です。D の沸点よりも高い温度では，気体である水蒸気のみの状態です。

液体から気体に状態変化する現象のうち，水の表面だけで起こるものを蒸発というよ。これに対し，沸騰《ふっとう》は水の表面だけでなく内部でも液体が気体へ状態変化する現象なんだ。

18 塩水で塩が見えないのはなんで？

溶質・溶媒・溶液 ▶▶本冊 59 ページ

解答

1 (1) 20 %

(2) 100 g

2 (1) ウ

(2) 30 g

解説

1

(1) $\frac{25\,\text{g}}{(100+25)\,\text{g}} \times 100 = 20$

(2) $250\,\text{g} \times \frac{40}{100} = 100\,\text{g}$

溶質《ようしつ》の質量を求めるときには，質量パーセント濃度《のうど》を求める式を変形して導きだそう。

溶質の質量〔g〕

$= 溶液の質量〔g〕\times \frac{質量パーセント濃度〔\%〕}{100}$

2

(1) 塩化ナトリウムは温度によって溶解度《ようかいど》に差が少ないため，冷却《れいきゃく》して結晶《けっしょう》をとり出すことは困難《こんなん》です。よって，**加熱して水を蒸発させることで塩化ナトリウムの結晶をとり出します。**

(2) 図において，水溶液の温度が 60 ℃のとき，硝酸《しょうさん》カリウムは 100 g の水に対して約 110 g まで溶《と》けます。よって，60 g の硝酸カリウムは水にすべて溶けて水溶液となります。この水溶液の温度を 20℃まで下げたとき，図より硝酸カリウムは約 30 g までしか溶けなくなるため，60 g − 30 g = 30 g の硝酸カリウムが結晶として出てきます(再結晶)。

19 混ざったものを分けてとり出したい。

蒸留　▸▸本冊 61 ページ

解答

[1] イ，エ，オ，カ

[2] (1) 蒸留《じょうりゅう》　(2) ウ

解説

[1]

以下は次のような物質をふくむ混合物です。

空気（**イ**）　：窒素《ちっそ》（78%），酸素（21%）など

砂糖水（**エ**）：砂糖と水

海水（**オ**）　：水と塩化ナトリウムなどの塩分

石油（**カ**）　：[2](2)解説参照

アの精製水とは，蒸留やろ過などによって不純物を取り除いた水で，これは純物質です。

キのドライアイスとは固体の二酸化炭素であるので，これも純物質です。

[2]

(2) エタノールの沸点《ふってん》は 78 ℃で，水の沸点である 100 ℃より低いため，エタノールと水の混合物を加熱したときにはじめに出てくる気体はエタノールを多くふくんでいます。また，エタノールは炭素をふくんだ有機物であり，**脱脂綿《だっしめん》につけたエタノールを火に近づけると燃えて，水や二酸化炭素が発生します。**

蒸留を利用している身近な例として，石油の精製があるよ。
石油の精製では，油田から採掘《さいくつ》された原油が加熱炉《かねつろ》にてあたためられ，精留塔《せいりゅうとう》で沸点の違《ちが》いによって粗製《そせい》ガソリン（沸点《ふってん》 35 ～ 180℃），灯油（沸点 170 ～ 250℃），軽油（沸点 240 ～ 350℃），重油（沸点 350℃以上）などに分けられるんだ。

20 ホットケーキミックスを加熱してみた。

炭酸水素ナトリウムの熱分解　▸▸本冊 65 ページ

解答

[1] (1) 二酸化炭素

(2) 赤色に変化する。

(3) 水

(4) 炭酸ナトリウム

(5) 濃《こ》い赤色に変化する。

[2] イ，エ

解説

[1]

(1) 二酸化炭素は石灰水を白く濁《にご》らせます。

(2) **青色の塩化コバルト紙は水に反応すると，赤色に変化します。**

(3) 炭酸水素ナトリウムは加熱することによって，二酸化炭素のほかに水が発生します。

(4) 炭酸水素ナトリウムを加熱したあとに残った物質は炭酸ナトリウムです。

(5) 加熱後に残った炭酸ナトリウムは，加熱前の炭酸水素ナトリウムに比べて強いアルカリ性であり，フェノールフタレイン溶液《ようえき》は濃い赤色になります。

炭酸水素ナトリウムを加熱すると，炭酸ナトリウム（固体），水（液体），二酸化炭素（気体）の3つの物質に分解されることをおさえておこう。

[2]

アについて，**ドライアイスは固体となった二酸化炭素**であり，常温で放置しておくと気体となるため，消えてなくなったように見えます。よって，これは状態変化であるため誤りです。

ウについて，霧《きり》は大気中の水蒸気が温度の低下によって水滴《すいてき》に変化し見えるようになったものです。よって，これも**ア**と同様に状態変化であるため誤りです。

21 水って結局何なの？

水の電気分解 本冊 67 ページ

解答

1 (1) **水に電気を流しやすくするため。**

(2) **水素**

(3) **酸素**

(4) **2：1**

(5) **電気分解《でんきぶんかい》**

解説

1

(1) 純粋《じゅんすい》な水には電流が流れにくいため，**水に水酸化ナトリウムを溶《と》かすことで電流を流れやすくしています。**

(2) マッチの火を近づけると爆発《ばくはつ》して燃えたことから，陰極《いんきょく》で発生した気体は水素であることがわかります。

(3) 火のついた線香を入れると，線香は炎《ほのお》を上げて燃えたことから，陽極で発生した気体は酸素であることがわかります。

(4) 水を分解すると，水素と酸素は２：１の体積の割合で発生します。

(5) 水は電気分解によって水素と酸素に分解されます。この分解によって得られた水素と酸素は，これ以上ほかの物質には分解できません。

水以外でも電気分解によって物質を分解できるものがあるんだ。たとえば，塩化銅は電気分解によって，陰極で銅，陽極で塩素が発生するよ。

22 １円玉は何でできている？

原子・分子 本冊 69 ページ

解答

1 **ア**

2 **原子は物質を構成している最小の粒《りゅう》子《し》を表しているのに対し，元素は原子の種類を表している。**

3 (1) a…H_2　b…O_2　c…Cu
d…NaCl　e…H_2O

(2) **単体…a，b，c**
化合物…d，e

解説

1

アについて，**原子の種類によって，質量や大きさは決まっている**ため，誤りです。

2

原子とは，物質を構成している最小の粒子を表しています。それに対し，元素とは，原子の種類を表しています。

現在見つかっている元素の種類は118種類で，これらの元素の性質を整理したものを周期表《しゅうきひょう》というんだ。

3

(1) ａの水素やｂの酸素は常温常圧では気体であり，それぞれ同じ２個の原子が結びついて分子を構成しています。このような物質はほかに窒素《ちっそ》(N_2)や塩素(Cl_2)があります。
ｃの銅やｄの塩化ナトリウムは分子をつくらない物質であり，決まった割合で多くの原子が集まって構成されています。

(2) **単体は１種類の元素からできている物質であり，化合物は２種類以上の元素からできている物質です。**よって，水素(H_2)，酸素(O_2)，銅(Cu)は単体であり，塩化ナトリウム(NaCl)，水(H_2O)は化合物です。

23 物質をアルファベットで書けません。

元素・化学式 ▶▶本冊71ページ

解答

1 (1) ① C　② O　③ 2
　④ CO_2

2 ア ×　イ ×　ウ ×　エ ×
　オ ×　カ 2　キ ×

3 a…CuO　b…Ag_2O
　c…AgCl　d…FeS

解説

1

二酸化炭素は，炭素(元素記号 C)と酸素(元素記号 O)からなる化合物です。それぞれの原子の手の数については，炭素が4つ，酸素が2つであり，炭素の4つの手のうち，2つの手が酸素の1つの手と結びつくため，1個の炭素原子につき2個の酸素原子が必要となります。よって，二酸化炭素の化学式は CO_2 となります。

2

酸化マグネシウムでは，マグネシウム(Mg)の手の数は2つ，酸素(O)の手の数も2つ。

塩化鉄では，鉄(Fe)の手の数は2つ，塩素(Cl)の手の数は1つ。

水酸化ナトリウムでは，ナトリウム(Na)の手の数は1つ，水酸化物(OH)の手の数も1つ。

3

銅(Cu)の手の数は2つ，酸素(O)の手の数も2つであり，酸化銅(CuO)ができます。

銀(Ag)の手の数は1つ，酸素(O)の手の数は2つであり，酸化銀(Ag_2O)ができます。

銀(Ag)の手の数は1つ，塩素(Cl)の手の数も1つであり，塩化銀(AgCl)ができます。

元素の手の数を覚えて，化合物の化学式を書けるようにしておこう。

24 化学反応式って何？

化学反応式 ▶▶本冊73ページ

解答

1 ① 2　② 2　③ 1　④ 4
　⑤ 2

2 ウ，エ，オ

3 a…$Cu + Cl_2 \longrightarrow CuCl_2$
　b…$Fe + S \longrightarrow FeS$
　c…$2Mg + O_2 \longrightarrow 2MgO$

解説

1

水の電気分解は，水(H_2O)が水素(H_2)と酸素(O_2)に分解されます。よって，化学反応式は，以下のようになります。

$2H_2O \longrightarrow 2H_2 + O_2$

この化学反応が起こる前(化学反応式の左辺)の H_2O と化学反応が起こったあと(化学反応式の右辺)の H_2，O_2 の原子の数を合わせるため，H_2O の数は2つ，H_2 の数は2つ，O_2 の数は1つとなります。

2

ウについて，左辺と右辺の原子の Ag の数が等しくないので誤りです。酸化銀の熱分解の化学反応式は，$2Ag_2O \longrightarrow 4Ag + O_2$ です。

エについて，左辺の硫黄《いおう》は S_2 ではなく S であるので誤りです。鉄と硫黄が結びつく反応の化学反応式は，$Fe + S \longrightarrow FeS$ です。

オについて，左辺と右辺の原子の数が等しくないので誤りです。炭酸水素ナトリウムの熱分解の化学反応式は，

$2NaHCO_3 \longrightarrow Na_2CO_3 + H_2O + CO_2$ です。

化学反応式では，反応前の原子の個数と反応後の原子の個数は等しいことを常に意識しておこう。

25 カイロはなぜ熱くなる？

化学変化と熱

▸▸ 本冊 75 ページ

解答

1 ア，イ

2 (1) 黒色

(2) 硫化鉄《りゅうかてつ》[FeS]

(3) 加熱前の混合物…磁石に引きつけられる。

加熱後の物質…変化なし。[磁石に引きつけられない。]

(4) 加熱前の混合物…水素[H_2]

加熱後の物質…硫化水素[H_2S]

(5) $Fe + S \longrightarrow FeS$

解説

1

ウとエは，**化学反応の際に周囲から熱をうばう吸熱反応です。**

2

(1) 鉄と硫黄《いおう》の混合物を加熱すると，化学反応が起こり，黒色の物質ができます。

(2) (1)の黒色の物質は硫化鉄とよばれます。

(3) 加熱前の混合物には鉄がふくまれており，磁石に引きつけられる性質をもちます。それに対し，加熱後の硫化鉄は磁石に引きつけられる性質はもちません。

(4) 加熱前の混合物にうすい塩酸を加えると，混合物中の鉄と反応して水素が発生します。それに対し，加熱後の硫化鉄にうすい塩酸を加えると，水素ではなく硫化水素が発生します。

(5) 鉄，硫黄，硫化鉄の化学式はそれぞれ Fe，S，FeS です。

鉄(Fe)と硫化鉄(FeS)では，物質の性質が大きく異なることに注意しておこう。

26 さびた 10 円玉をピカピカにしたい！

酸化還元反応

▸▸ 本冊 77 ページ

解答

1 (1) 二酸化炭素

(2) 赤色

(3) 酸化された物質…炭素[C]

還元《かんげん》された物質…酸化銅[CuO]

(4) $2CuO + C \longrightarrow 2Cu + CO_2$

2 (1) 燃焼《ねんしょう》

(2) 増加している。

(3) $2Mg + O_2 \longrightarrow 2MgO$

解説

1

(1) 石灰水が白く濁《にご》ったことから，発生した気体は二酸化炭素だとわかります。

(2) **黒色の酸化銅は炭素と混ぜて加熱することによって赤色の銅になります。**

(3) 炭素は酸化されて二酸化炭素になり，酸化銅は還元されて銅になります。

(4) 酸化銅，炭素，銅，二酸化炭素の化学式はそれぞれ CuO，C，Cu，CO_2 です。

酸化と還元は1つの化学反応で同時に起こっていることをおさえておこう。

2

(1) 酸素と反応する酸化のうち，**熱や光を出して激しく反応する現象を燃焼といいます。**

(2) 加熱後の物質は酸化マグネシウムであり，マグネシウムが酸素と結びついているため，加熱前のマグネシウムより質量は増加しているといえます。

(3) マグネシウム，酸素，酸化マグネシウムの化学式はそれぞれ Mg，O_2，MgO です。

27 人がものを食べたらその分太るよね？

質量保存の法則 ▶▶ 本冊 79 ページ

解答

[1] (1) $NaHCO_3 + HCl \longrightarrow NaCl + CO_2 + H_2O$

(2) **ウ**

(3) **質量《しつりょう》保《ほ》存《ぞん》の法則《ほうそく》**

(4) **イ**

[2] (1) 0.5 g

(2) 4.0 g

解説

[1]

(2) **密封《みっぷう》された容器の中では，化学反応の前後で全体の質量は変化しません。**

(3) (2)のような法則は質量保存の法則とよばれます。この法則は化学変化の場合のみならず，状態変化や溶解《ようかい》など，物質に起こりうるすべての変化において成立します。

(4) 容器のふたをゆるめたときにプシューと音がしたのは，化学反応により発生した二酸化炭素が容器の外へもれたためです。このとき，容器全体の質量はもれた分の二酸化炭素の質量だけ減少します。

[2]

(1) $2.0\ g \times \frac{1}{4} = 0.5\ g$

(2) マグネシウムと酸素の反応する質量比は 3：2であるため，マグネシウムと酸化マグネシウムの反応する質量比 3：(3 + 2) = 3：5となります。よって，マグネシウムが 2.4 g のときの酸化マグネシウムの質量は，$2.4\ g \times \frac{5}{3} = 4.0\ g$

質量比において，マグネシウム：酸素＝3：2を覚えておくと，すばやく問題を解くことができるよ。

28 水溶液《すいようえき》に電流を流すとどうなる？

電解質 ▶▶ 本冊 81 ページ

解答

[1] **イ，エ**

[2] (1) 銅 [Cu]

(2) 塩素 [Cl_2]

(3) **ア**

(4) $CuCl_2 \longrightarrow Cu + Cl_2$

解説

[1]

イと**エ**は，**物質を水に溶《と》かしたとき，その水溶液に電流が流れる電解質**です。それに対し，**ア**と**ウ**は，**物質を水に溶かしたとき，その水溶液に電流が流れない非電解質**です。

水溶液には，電流が流れるものと電流が流れないものがあるということをおさえておこう。

[2]

(1) 塩化銅を電気分解すると，銅が陰極《いんきょく》に発生します。

(2) 塩化銅を電気分解すると，塩素が陽極に発生します。

(3) **ア**について，塩素は無色ではなく，黄緑色の気体です。

脱色《だっしょく》作用《さよう》のある塩素が溶けた水を，赤インクをつけた水に加えると，色が消えるんだ。

(4) 塩化銅($CuCl_2$)は，電気分解によって銅(Cu)と塩素(Cl_2)に分かれます。

29 水に溶《と》けると原子が電気を帯びるらしい。

イオン　▸▸本冊 83 ページ

解答

1 ウ
2 エ
3 ア

解説

1

アについて，**原子は中心にプラスの電気をもつ原子核《げんしかく》が存在し，そのまわりにマイナスの電気をもつ電子が存在しています。**よって，これは誤りです。

イについて，陽子はプラスの電気をもち，電子はマイナスの電気をもちます。よって，これは誤りです。

エについて，電子の質量は陽子，中性子よりもずっと小さいです。よって，これは誤りです。

原子核はプラスの電気をもつ陽子と，電気をもたない中性子から構成されているんだ。だから，原子核はプラスの電気をもっていることになるよ。

2

イオンのでき方について，原子がマイナスの電気をもつ電子を放出するとプラスの電気を帯びた陽イオンとなります。また，原子が電子を受け取るとマイナスの電気を帯びた陰《いん》イオンとなります。よって，**エ**が正しいとなります。

3

電解質を水に溶かして水溶液《すいようえき》にすると，陽イオンと陰イオンに電離《でんり》します。また，電解質の水溶液はイオンの動きによって電流が流れます。よって，**ア**が正しいとなります。

ショ糖やエタノールなどの非電解質は，水に溶けても分子のまま水中に存在していて電離しないから，イオンも生じないんだ。

30 プラマイ0《ゼロ》にした人が勝ちチャレンジ！

中和・塩　▸▸本冊 85 ページ

解答

1 イ，ウ，カ
2 (1) 黄色→緑色
(2) 中性
(3) 青色
(4) 中和

解説

1

アについて，**酸性の水溶液《すいようえき》には H^+ がふくまれており，OH^- がふくまれていない**ので誤りです。**エ**について，無色のフェノールフタレイン溶液を赤色にするのはアルカリ性であるので誤りです。**オ**について，酸性は BTB 溶液を黄色にするので誤りです。

2

(1) うすい塩酸は酸性であり，BTB 溶液の色は黄色です。この水溶液にうすい水酸化ナトリウムを加えると，酸とアルカリが打ち消し合って中性に近づいていきます。中性では，BTB 溶液は緑色を示します。

(2) BTB 溶液を加えた水溶液の色が緑色に変化したとき，その性質は中性となります。

(3) (2)からさらにアルカリ性であるうすい水酸化ナトリウム水溶液を加えていくと，水溶液はアルカリ性に近づいていくため，BTB 溶液を加えた水溶液の色は青色に変化します。

(4) **酸とアルカリの性質を互《たが》いに打ち消し合う中和が起こると，塩《えん》と水ができます。**

酸の陰《いん》イオンとアルカリの陽イオンが結びついてできた物質は塩とよばれるんだ。

31 目に見えない生物とかいるの？

微生物・顕微鏡　　▶▶本冊 89 ページ

解答

1 (1) **ア，ウ，エ**

(2) **イ，エ，オ**

2 (1) **イ**

(2) **ア**

解説

1

(1) **ア**のゾウリムシ，**ウ**のミジンコは葉緑体をもたないため緑色ではないですが，運動を行う生物です。それに対し，**エ**のミドリムシは葉緑体をもつため緑色をしており，運動も行う生物です。

(2) **イ**のミカヅキモ，**オ**のアオミドロは葉緑体をもつため緑色ですが，運動は行わない生物です。

2

(1) **ア**について，顕微鏡《けんびきょう》の倍率は低倍率であるほど視野は広く，明るさは明るいため，これは誤りです。

ウについて，**観察するとき，対物レンズは視野が広く観察しやすい低倍率のものから使う**ため，これは誤りです。

エについて，鏡筒《きょうとう》の中にゴミが入らないようにするため，**接眼レンズ，対物レンズの順に取りつけます。**よって，これは誤りです。

(2) 野外での観察に適しているのは，持ち運びしやすいルーペです。

○ピントの合わせ方
（テストによく出るよ！）
できるだけプレパラートと対物レンズを近づけてから調節ねじを回してゆっくり離《はな》していき，ピントが合ったら止める。

32 植物ってどうやってふえていくの？

花のつくり・種子植物　　▶▶本冊 91 ページ

解答

1 (1) **a…おしべ　b…がく**
c…めしべ　d…花弁

(2) **b→d→a→c**

(3) **おしべの花粉がめしべの柱頭につくこと。**

2 (1) **ア**

(2) **a…胚珠《はいしゅ》　b…花粉のう**

(3) **マツは子房《しぼう》がなく胚珠がむき出しになっているが，アブラナは子房が胚珠の中にある。**

解説

1

(1) aのおしべの先端《せんたん》をやくといい，この中には花粉が入っています。

(2) 花のつくりについて，外側から順に，がく→花弁→おしべ→めしべ となっています。

(3) 受粉が行われると，やがて子房は果実，胚珠は種子へと変化していきます。

2

(1) **ア**は雌花《めばな》のりん片《ぺん》，**イ**は雄花《おばな》のりん片である。雌花は成長するとまつかさ(俗《ぞく》にいうまつぼっくり)となります。

(2) bの花粉のうには花粉が入っており，この花粉がaの胚珠について受粉が行われます。

(3) 解答以外に見られる違《ちが》いとして，マツには花弁やがくがないですが，アブラナにはこれらがついています。

裸子植物《らししょくぶつ》と被子植物《ひししょくぶつ》の違いはテストによく出題されるから，しっかりおさえておこう！

33 葉っぱの模様は植物によって違《ちが》う？

葉・茎・根の違い

▸▸本冊 93 ページ

解答

1 (1) 双子葉類《そうしようるい》…イ，ウ，オ

単子葉類…ア，エ，カ

(2) 双子葉類…ア，ウ

単子葉類…オ，カ

2 ① 双子葉類　② 合弁花類

③ 離弁花類《りべんかるい》

解説

1

(1) 双子葉類について，**子葉は 2 枚，葉脈は網状脈《もうじょうみゃく》，茎《くき》の維管束《いかんそく》は輪状に分布，根は主根と側根からなります。**

単子葉類について，**子葉は 1 枚，葉脈は平行脈，茎の維管束は不規則に分布，根はひげ根からなります。**

(2) 双子葉類に分類される植物の例として，アサガオ，アブラナ，タンポポ，ヒマワリなどがあげられます。また，単子葉類に分類される植物の例として，イネ，トウモロコシ，ムギ，ユリなどがあげられます。

なお，**イ**のマツや**エ**のイチョウは裸子《らし》植物に分類されます。

まちがえたところについては，もう一度本冊 p.92 の表を見て復習しておこう！

2

双子葉類は，アサガオやタンポポ，ツツジのような**花弁が 1 つにくっついている合弁花類**と，アブラナやサクラのような**花弁が 1 枚 1 枚離《はな》れている離弁花類**の 2 つに分けることができます。

34 植物の特徴《とくちょう》を分類別に覚えたい！

植物の分類

▸▸本冊 95 ページ

解答

1 ① ア　② ウ　③ エ

2 イヌワラビ…イ，ウ

ゼニゴケ…ウ，エ

解説

1

観点①では，種子をつくらないイヌワラビと，種子をつくるそのほかの植物に分けているため，**ア**があてはまります。

観点②では，胚珠《はいしゅ》は子房《しぼう》の中になくむき出しであるマツと，胚珠が子房の中にあるサクラやイネに分けているため，**ウ**があてはまります。

観点③では，子葉が 2 枚であるサクラと，子葉が 1 枚であるイネに分けているため，**エ**があてはまります。

2

シダ植物である**イヌワラビは，葉，茎，根の区別があり，胞子《ほうし》によって増える植物**であるため，**イ**と**ウ**があてはまります。

コケ植物である**ゼニゴケは，胞子によってふえ，おもに体を地面に固定する役割をもつ仮根をもつ植物**であるため，**ウ**と**エ**があてはまります。なお，コケ植物はシダ植物とは異なり，葉，茎，根の区別はありません。

アについて，おしべとめしべをもつのは被子《ひし》植物であり，シダ植物やコケ植物はこれらをもちません。なお，コケ植物は，胞子のうができる雌株《めかぶ》と，胞子のうができない雄株《おかぶ》があります。

35 人間以外ってどんな動物がいるの？

脊椎動物 ▸▸本冊 97 ページ

解答

1 (1) A…鳥類　B…哺乳類《ほにゅうるい》
C…魚類　D…は虫類
E…両生類
(2) A，B，D
(3) B

2 ① 草食　② 側方
③ 門歯や臼歯《きゅうし》　④ 肉食
⑤ 前方　⑥ 犬歯

解説

1

(1) Aのスズメやペンギンは鳥類であり，前あしから変化したつばさをもちます。Bのイヌやコウモリは哺乳類であり，子は母親の子宮内である程度育ってからうまれます。Cのコイやサメは魚類であり，一生を水中で生活します。Dのトカゲやヤモリはは虫類であり，乾燥《かんそう》に強いうろこで覆《おお》われています。Eのカエルやイモリは両生類であり，子のときは水中で生活をし，成長しおとなになるとおもに陸上で生活をします。

(2) 一生をおもに陸上で生活するものは，Aの鳥類，Bの哺乳類，Dのは虫類です。

(3) **胎生《たいせい》とは，子が母親の子宮内である程度育ってからうまれるうまれ方**であり，これは哺乳類の動物がもつ特徴《とくちょう》です。

脊椎動物《せきついどうぶつ》の特徴については，もう一度本冊 p.96 の表を確認にして，よく復習しておこう！

2

草食動物は敵から逃《のが》れやすくなるような体のつくり，肉食動物は獲物《えもの》を捕食《ほしょく》しやすくなるような体のつくりをしています。

36 タコってなんであんなフニャッとしてる？

無脊椎動物 ▸▸本冊 99 ページ

解答

1 (1) バッタ…ア，ウ，オ，カ
エビ…ア，エ，オ
タコ…イ，キ
(2) 無脊椎動物《むせきついどうぶつ》

2 カブトムシ…D　イモリ…A
ヤモリ…B　アサリ…E
ウサギ…C

解説

1

(1) バッタは外骨格をもつ節足動物です。さらに，**バッタは体が頭部や胸部や腹部に分かれ，胸部にあしが6本ある**ため昆虫類《こんちゅうるい》に分類され，気門をもちます。
エビはバッタと同様に外骨格をもつ節足動物です。さらに，エビは甲殻類《こうかくるい》に分類されます。
タコは内臓が外《がい》とう膜《まく》で覆《おお》われているため，軟体動物《なんたいどうぶつ》に分類されます。

(2) バッタ，エビ，タコなど，背骨をもたない生物は無脊椎動物とよばれます。

軟体動物には，タコやイカのほかにアサリなどの2枚貝やマイマイなどの巻貝もふくまれているから注意しておこう！

2

Aは両生類のイモリ，Bはは虫類のヤモリ，Cは哺乳類《ほにゅうるい》のウサギ，Dは節足動物のカブトムシ，Eは軟体動物のアサリがそれぞれあてはまります。

37 世の中になぜ植物は必要なのか？

光合成 ▸▸本冊 103 ページ

解答

1 (1) A

(2) 光［日光］

(3) 葉緑体

2 (1) 植物が光のエネルギーを利用して，水と二酸化炭素からデンプンと酸素をつくるはたらき。

(2) より多くの日光を受けることができるようにするため。

解説

1

(1) **ヨウ素液はデンプンによって青紫色《あおむらさきいろ》に変化する薬品**であり，葉にデンプンがつくられているかどうかを知ることができます。実験でデンプンができるのは，葉緑体をふくんでいる緑色の部分，かつアルミニウムはくにより日光がさえぎられていない部分であるので，A があてはまります。

(2) A と B の違《ちが》いは，アルミニウムはくで覆《おお》われているかどうかであるので，この実験によりデンプンをつくるのに日光が必要かどうかがわかります。

(3) A と C の違いは，葉が緑色かどうかであるので，この実験によりデンプンをつくるのに緑色の部分にある葉緑体が必要かどうかがわかります。

(2)や(3)のように，2つのものや条件を比《ひ》較《かく》して行う実験を対照実験というんだ。

2

(2) **植物は日光に当たる葉の面積が多いほど，よりたくさん光合成をすることができ，多くの栄養分をつくることができます。**

38 人間が食べたものってどうなってる？

食物の消化 ▸▸本冊 105 ページ

解答

1 (1) 消化酵素

(2) A…ア，イ　B…ウ
C…ア　D…ア

(3) A…ウ　B…ア　C…ア
D…イ

2 A…柔毛《じゅうもう》　B…毛細血管
C…リンパ管

解説

1

(1) 唾液《だえき》や胃液，すい液などの**消化液の多くには，食物の栄養分を分解する消化酵素がふくまれています。**

(2)(3) A のアミラーゼは唾液中やすい液中に存在し，デンプンを麦芽糖などに分解します。B のペプシンは胃液中に存在し，タンパク質を分解します。C のトリプシンはすい液中に存在し，タンパク質を分解します。D のリパーゼもすい液中に存在し，脂肪《しぼう》を脂肪酸とモノグリセリドに分解します。

消化酵素のはたらきによって，最終的にデンプンはブドウ糖，タンパク質はアミノ酸，脂肪は脂肪酸とモノグリセリドに分解されるんだ。

2

柔毛はひだ状になっていることで表面積が大きくなっており，より効率よく栄養分を吸収できます。

39 呼吸のとき，体はどうなってる？

肺・腎臓・肝臓　▸▸本冊 107 ページ

解答

1 ① 横隔膜《おうかくまく》　② 肺胞《はいほう》
2 ① 尿《にょう》　② 輸尿管　③ ぼうこう
3 ア，イ，エ

解説

1

① **肺における呼吸運動は，肺の下の横隔膜と，肋骨《ろっこつ》を動かす筋肉によって行われています。**

② 体の中へとり込《こ》まれた空気は，気管，気管から左右に分かれた気管支を通って肺へと入ります。そして，空気中にふくまれている酸素が気管支の先端《せんたん》にある肺胞という袋《ふくろ》状のうすい膜を通して血液中にとり込《こ》まれ，血液の流れによって全身へと運ばれます。また，全身から肺へと送られてきた二酸化炭素が肺胞へ出され，気管支，気管を通って体の外へと排出《はいしゅつ》されます。

2

ヒトの腎臓《じんぞう》は左右に２つあり，**体内にできた不要物を血液中から取り除くはたらきを行います。**そして，不要物は輸尿管を通ってぼうこうにためられてから体の外へ排出されます。

3

ウについて，肝臓《かんぞう》では胆汁《たんじゅう》が生成されますが，貯蔵は行われないため，これは誤りです。なお，胆汁の貯蔵は胆のうで行われます。

オについて，脂肪《しぼう》の吸収を行うのは小腸であるため，これは誤りです。

肝臓にはいろいろなはたらきがあるから，まちがえてしまったところは復習してよく確認しておこう！

40 ねえ先生！ 怪我《けが》して血が出てきたんだけど。

血液・腎臓　▸▸本冊 109 ページ

解答

1 (1) A…イ　B…ウ　C…ア
(2) 血しょう
(3) ヘモグロビン
2 (1) 動脈…ウ　静脈…ア
(2) 血液の逆流を防ぐはたらき。
(3) 肺循環《じゅんかん》…心臓から出て肺を通り，再び心臓へ戻《もど》ってくる。
体循環…心臓から出て肺以外の全身を通り，再び心臓へ戻ってくる。

解説

1

(2) 血液は赤血球や白血球，血小板の固形成分と，血しょうの液体成分からなります。

(3) **赤血球にふくまれているヘモグロビンは，酸素が多いところでは酸素と結びつき，酸素の少ないところでは酸素を放す性質をもちます。**この性質により，赤血球は酸素を運ぶことができます。

2

(1) **イ**の酸素を多くふくむ血液は動脈血，**エ**の二酸化炭素を多くふくむ血液は静脈血とよばれます。

(2) 弁は静脈のほかに，心臓の心房《しんぼう》と心室の間にもあります。

ヒトをふくめた哺乳類《ほにゅうるい》の心臓は2つの心房，2つの心室からなるんだ。

(3) 肺循環の経路は，心臓→肺動脈→肺→肺静脈→心臓 であり，体循環の経路は，心臓→大動脈→全身→大静脈→心臓 です。

41 目や耳の構造をもっと知りたい！

目・耳・骨格 本冊 111 ページ

解答

1 A…虹彩《こうさい》　B…レンズ
C…網膜《もうまく》

2 (1) A…耳小骨
B…神経［聴《ちょう》神経］　C…鼓膜《こまく》
D…うずまき管
(2) C→A→D→B

3 (1) B
(2) A

解説

1

虹彩で目に入る光の量が調節され，レンズで光を屈折《くっせつ》させます。そして，網膜上に像がつくられることで光の刺激を受け取り，神経がその情報を脳へ送ります。

2

音の振動を耳の鼓膜で受け取ると，鼓膜は振《しん》動《どう》を耳小骨に伝えます。その後，うずまき管で刺激《しげき》が受け取られ，神経がその情報を脳へと送ります。

目が受け取る刺激は光で，生じる感覚は視覚。耳が受け取る刺激は音で，生じる感覚は聴覚とよばれるんだ。

3

(1) 腕《うで》を伸《の》ばすとき，図のAの部分の筋肉がゆるみ，Bの筋肉が縮みます。
(2) 腕を曲げるとき，図のAの部分の筋肉が縮み，Bの筋肉が伸びます。

腕を曲げたり伸ばしたりするのは意識的に行っているのに対し，心臓や消化管の動きのように無意識で行っているのもあるよ。

42 やかんを触《さわ》って火傷《やけど》してしまった

反射 本冊 113 ページ

解答

1 (1) A…脳　D…感覚神経
F…運動神経
(2) 反射
(3) ① ア　② ウ

解説

1

(1) **ヒトの体の神経系は，脳と脊髄《せきずい》の中枢神経《ちゅうすうしんけい》と，感覚神経と運動神経などからなる末しょう神経とで構成されています。**
(2) 意識的に行う反応では脳を介《かい》するのに対し，反射は無意識に起こり，脳を介さず起こる反応です。

ふだんの日常生活の中で起こる反射の例には以下のようなものがあるんだ。
・食べ物を食べたとき，唾液《だえき》が出てくる。
・暗いところに移動したとき，目のひとみの大きさが大きくなる。
・ひざ頭の下をたたいたとき，足が上がる。

(3) たとえば，意識して行う反応の経路は，たとえば皮膚《ひふ》→感覚神経→脊髄《せきずい》→脳→脊髄→運動神経→筋肉 となります。それに対し，反射の経路は，たとえば皮膚→感覚神経→脊髄→運動神経→筋肉 となります。

反射は，意識して行う反応とは違《ちが》って脳に刺激の信号が伝わる前に脊髄から命令が出される反応だから，反応時間が短くなるんだ。このことをしっかりとおさえておこう！

43 僕《ぼく》らってどこからきたの？

有性生殖・無性生殖 ▸▸本冊 115 ページ

解答

1 (1) **無性生殖《せいしょく》**

(2) **ア，ウ**

(3) **有性生殖**

(4) **イ，エ**

2 (1) **A→D→E→C→B**

(2) **胚《はい》**

(3) **発生**

解説

1

(1)(2) 無性生殖では，親と同じ特徴《とくちょう》をもつ個体をつくります。よって，(2)の選択肢《せんたくし》では，**ア**と**ウ**があてはまります。

無性生殖の中で，ジャガイモやオランダイチゴのように，植物の体の一部から新しい個体ができるものを栄養生殖というんだ。

(3)(4) 有性生殖では，雌雄《しゆう》の生殖細胞の受精によって新しい個体をつくります。よって，(2)の選択肢では，**イ**と**エ**があてはまります。

僕たちヒトにおいて，兄弟で顔立ちとか少し違《ちが》うのと同じように，有性生殖では，同じ親からうまれた子の間においても違いが見られるんだ。

2

(1) Aの受精卵から細胞分裂《さいぼうぶんれつ》が始まり，Dでは細胞が4つになっています。その後も細胞分裂が進み，E，C，Bのように変化していき，おたまじゃくしの姿となっていきます。

44 僕《ぼく》らはなんで身長が伸《の》びるの？

細胞分裂・核 ▸▸本冊 117 ページ

解答

1 (1) **ウ**

(2) **細胞分裂《さいぼうぶんれつ》がさかんであるため。**

2 (1) **D→B→E→C**

(2) **染色体《せんしょくたい》**

(3) **体細胞分裂**

解説

1

根の先端《せんたん》近くでは細胞分裂がさかんであり，細胞分裂を観察するのに適しています。また，細胞分裂によって2つに分かれた細胞は成長し，もとの細胞の大きさになります。

2

(1) 細胞分裂が行われる順序として，まず核《かく》の中の染色体が見え始め，太く短くなって両端へ移動します。そして，染色体が核にふくまれるように核がつくられたあと細胞質は2つに分かれ，2つの細胞となります。そして，この1つ1つの細胞がもとの大きさまで大きくなります。

(2) ひも状の物体である染色体は，細胞分裂時に見ることができます。

(3) **体細胞分裂では，分裂前後で染色体の数は変わりません。**そして，生物の体は体細胞分裂を繰《く》り返《かえ》すことによって成長します。

体細胞分裂の順序はよくテストに出るから，よく復習しておこう！

45 なんでパパやママに顔が似るの？

染色体・減数分裂・遺伝　▸▸本冊 119 ページ

解答

1 (1) **エ**

(2) **染色体の数がもとの半分である生殖細胞《せいしょくさいぼう》をつくる細胞分裂《さいぼうぶんれつ》。**

2 (1) **形質**

(2) **遺伝**

(3) **対になっている遺伝子がかならずそれぞれ別の生殖細胞に入ること。**

解説

1

(1) **ア**について，**無性生殖では，体細胞分裂によって新しい個体がつくられる**ため，これは誤りです。
イについて，無性生殖でも，親と子で染色体の数は同じであるため，これは誤りです。
ウについて，**有性生殖では，生殖細胞の受精によって新しい個体がつくられる**ため，これは誤りです。

(2) 有性生殖において，減数分裂によって生殖細胞ができます。そして，２つの異なる生殖細胞が受精することによって子の原形である受精卵ができます。受精卵は，体細胞分裂をすることによって成長し，親と同じような姿となっていきます。

2

(1)(2) **生物がもつ形や性質などの特徴《とくちょう》は形質といい，これが親から子へ伝わることを遺伝といいます。**

無性生殖では，親と子は同じ形質を示すけど，有性生殖では，子には両親のどちらかの形質が現れたり，両親のどちらとも異なる形質が現れたりするんだ。

46 地《じ》震《しん》ってなんで起こるの？

地震の発生　▸▸本冊 123 ページ

解答

1 (1) **ウ**

(2) **初《しょ》期《き》微《び》動《どう》継《けい》続《ぞく》時《じ》間《かん》**

2 (1) **エ**

(2) **震度はある地点での揺《ゆ》れの大きさを表すのに対し，マグニチュードは地震の規模を表す。**

解説

1

(1) **ア**について，日本付近では**海洋プレートが大陸プレートの下にもぐり込《こ》むことが地震が発生する原因の１つである**ため，これは誤りです。
イについて，地震が発生した最初の点を震源，震源の真上にある地表の点を震央というため，これは誤りです。
エについて，**P 波が届くと初期微動，S 波が届くと主要動が発生する**ため，これは誤りです。

(2) 初期微動が始まってから主要動が始まるまでの時間を初期微動継続時間といいます。

2

(1) **震度は，０～７の 10 階級あり，震度５と６については，それぞれ強弱の２階級あります。**

(2) 震度は地震計によって計測され，観測した地点によってその大きさは異なります。それに対し，マグニチュードは地震の規模を示し，１つの地震に対し，１つの数値で表します。

マグニチュードの大きさが1増えると，地震のエネルギーは約 32 倍，2 増えると，1000 倍もの大きさになるんだ。

47 どうすれば地震《じしん》の発生時刻を当てられる？

初期微動継続時間 ▸▸ 本冊 125 ページ

解答

1 (1) P波…6 km/s
S波…3 km/s
(2) 右図参照
(3) 比例の関係
(4) 40 秒
(5) 13 時 29 分 45 秒

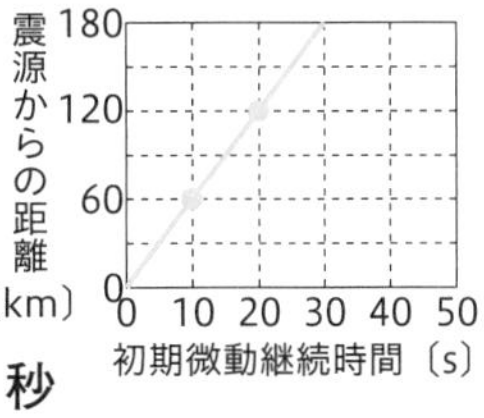

解説

1

(1) 図より，P波は震源《しんげん》からの距離《きょり》が 60 km の地点到着《とうちゃく》までに 10 秒経過しているので，はやさは，

$$\frac{60\ \text{km}}{10\ \text{s}} = 6\ \text{km/s}$$

また，S波は震源からの距離が 60 km の地点到着までに 20 秒経過しているので，はやさは，

$$\frac{60\ \text{km}}{20\ \text{s}} = 3\ \text{km/s}$$

(2) **初期微動継続時間《しょきびどうけいぞくじかん》とは，初期微動が始まってから主要動が始まるまでの時間です。**図より，たとえば震源からの距離が 60 km では，初期微動継続時間は 10 秒，120 km では 20 秒となっています。これらをもとにグラフをかき込《こ》みます。

(3) (2)より，グラフは直線となっているため，比例関係にあるといえます。

(4) (2)でかいたグラフより，120 km で初期微動継続時間は 20 秒であるため，240 km では 2 倍の 40 秒となります。

(5) 図より，P波は震源からの距離が 150 km の地点到着までに 25 秒経過しているので，地震発生時刻は 13 時 30 分 10 秒より 25 秒前の 13 時 29 分 45 秒となります。

48 どんな火山が爆発的《ばくはつてき》に噴火《ふんか》しやすいの？

マグマ・火山の形 ▸▸ 本冊 127 ページ

解答

1 (1) マグマ
(2) 鉱物
(3) 噴火

2 (1) B→A→C
(2) C→A→B
(3) A…ウ，カ　B…イ，エ
C…ア，オ

解説

1

(3) 水や二酸化炭素が溶《と》けている地下のマグマが浅いところまで上昇《じょうしょう》すると，気泡《きほう》が現れ始め，マグマは膨張《ぼうちょう》して体積が大きくなります。その結果，マグマが地表に噴出して火山の噴火が起こります。

2

(1) Aの火山の形は円すい形，Bの火山の形は傾斜《けいしゃ》が緩《ゆる》やかな形，Cの火山の形はドーム状の形です。それぞれの火山のマグマのねばりけには差があり，Cのマグマのねばりけが最も強く，Bのマグマのねばりけは最も弱いです。

ドーム状の火山の溶岩は白っぽく，傾斜が緩やかな形の火山の溶岩は黒っぽいこともおさえておこう！

(2) **マグマのねばりけが強いほど，火山の噴火は激しくなります。**

(3) 火山によって，マグマの性質が異なるため，溶岩や火山灰などの火山噴出物にふくまれている鉱物の種類や量が異なります。

49 火山にある岩石ってどんなのがある？

火山岩・深成岩　　本冊 129 ページ

解答

1 (1) 深成岩

(2) 火山岩

(3) A…斑晶《はんしょう》　　B…石基

(4) 花こう岩…等粒状《とうりゅうじょう》組織

安山岩…斑状《はんじょう》組織

2 (1) 有色鉱物…イ，ウ，エ，カ

無色鉱物…ア，オ

(2) エ

解説

1

花こう岩のような，**マグマが地下深くでゆっくり冷えて固まった岩石を深成岩**といい，同じくらいの大きさの鉱物が組み合わさってできている等粒状組織をもちます。

それに対し，安山岩のような，**マグマが地表や地表付近で急速に冷えて固まった岩石を火山岩**といい，大きな鉱物の斑晶と，小さな結晶やガラス質の石基からなる斑状組織をもちます。

マグマがゆっくりと冷やされると鉱物が大きく成長できるのに対し，急速に冷やされると大きな結晶にはなれないんだ。

2

(1) **チョウ石とセキエイは無色鉱物**，それ以外の鉱物は有色鉱物です。

(2) 玄武岩《げんぶがん》や斑れい岩は有色鉱物の割合が多く，黒っぽい岩石です。それに対し，流紋岩《りゅうもんがん》や花こう岩は無色鉱物の割合が多く，白っぽい岩石です。

火成岩は岩石中の粒《つぶ》のようすとふくまれている鉱物の割合によって分類できることをおさえておこう！

50 地層《ちそう》のでき方を教えてほしいです！

侵食・運搬・堆積　　本冊 131 ページ

解答

1 (1) エ

(2) エ→ア→イ→ウ

2 (1) イ→ウ→ア

(2) A…ア　　B…ウ　　C…イ

解説

1

(1) **ア**の侵食《しんしょく》は，風や雨水，流水のはたらきによって土砂（れき，砂，泥《どろ》）が削《けず》られる現象です。

イの運搬《うんぱん》は，土砂が流水のはたらきによって下流へ運ばれる現象です。

ウの堆積《たいせき》は，流水の流れが緩《ゆる》やかになったところで土砂が積もる現象です。

(2) 地表にある岩石は，まず風化によってぼろぼろに崩《くず》れ，風や雨水，流水による侵食によって削られていきます。削られた土砂は，下流へ運搬され，流水の流れが緩やかになったところで堆積します。

2

(1) **泥は粒《つぶ》の直径が 0.06 mm 以下，砂は粒の直径が 0.06 ～ 2 mm，れきは粒の直径が 2 mm 以上と，粒の大きさで区別されています。**

(2) 粒が大きいものほど河口近くに堆積するため，河口から沖合に向かって，れき→砂→泥 の順に堆積します。

51 化石が見つかったら，何がわかるの？

示相化石・示準化石 本冊 133 ページ

解答

1 (1) 示相化石《しそうかせき》

(2) A…イ　B…ア　C…ウ

2 (1) A…ビカリア

B…サンヨウチュウ

C…フズリナ

D…アンモナイト

(2) 示準化石

(3) A…ウ　B…ア　C…ア

D…イ

解説

1

サンゴやブナ，シジミの化石は示相化石とよばれ，**地層が堆積《たいせき》した当時の環境《かんきょう》を推測できます。**サンゴの化石はあたたかく浅い海，ブナの化石はややすずしい気候である陸地，シジミの化石は河口や湖であったことが推測されます。

2

A～Dの化石はすべて堆積した当時の年代を推測することができる示準化石です。

Aはビカリアの化石であり，新生代の化石に分類されます。

Bはサンヨウチュウの化石であり，古生代の化石に分類されます。

Cはフズリナの化石であり，古生代の化石に分類されます。

Dはアンモナイトの化石であり，中生代の化石に分類されます。

A～D以外のおもな示準化石の生物は，中生代のティラノサウルスなどの恐竜《きょうりゅう》や新生代のナウマンゾウ，デスモスチルスがあげられます。

示準化石は，ある限られた時代に，広い地域で栄えていたという特徴をもつので，このこともおさえておこう！

52 針《はり》で指を刺《さ》すとなんで痛いの？

圧力 本冊 137 ページ

解答

1 (1) C

(2) 1250 Pa

2 (1) A…低気圧　B…高気圧

(2) A

解説

1

(1) 圧力の大きさは，$\dfrac{\text{面に垂直に加わる力〔N〕}}{\text{力が加わる面積〔m}^2\text{〕}}$

であるため，力が加わる面積は小さいほうが圧力は大きくなります。よって，Cの面を下にしたときが最も圧力が大きくなります。

(2) 100 g の物体にはたらく重力を 1 N とすると，2.5 kg ＝ 2500 g のレンガでは 25 N の力がはたらきます。よって，圧力は以下の式によって求めることができます。面積を m^2 で表すことに注意しましょう。

$$\text{圧力〔Pa〕} = \frac{\text{面に垂直に加わる力〔N〕}}{\text{力が加わる面積〔m}^2\text{〕}}$$

$$= \frac{25\ \text{N}}{0.2 \times 0.1\ \text{m}^2}$$

$$= 1250\ \text{Pa}$$

面に加わる力が大きく，力が加わる面積が小さくなるほど，圧力は大きくなることをおさえておこう！

2

(1) 図中のAは，まわりよりも中心の気圧が低いところであるので低気圧です。また，図中のBは，まわりよりも中心の気圧が高いところであるので高気圧です。

(2) くもりや雨などの天気になりやすいのは，Aの低気圧です。

53 天気はどうやって表すの？

気象観測　▸▸本冊 139 ページ

解答

[1] ① 天気…くもり　風向…南西
風力…2
② 天気…晴れ　風向…東北東
風力…4

[2] ウ

解説

[1]

天気図記号からは，天気，風向，風力の３つの情報を読み取ることができます。天気は○の中で表し，風向は矢の向き，風力は矢ばねの数でそれぞれ表されます。

①について，天気は◎なのでくもり，風向は南と西の間であるため南西，風力は矢ばねの数が２つなので２となります。

②について，天気は⦶なので晴れ，風向は北東と東の間であるため東北東，風力は矢ばねの数が４つなので４となります。

風向は16方位，風力は0〜12の13段階であらわされるんだ。また，風向は風がふいてくる方角を示していることに注意しておこう！

[2]

アについて，２日目の３〜６時にかけて天気はくもりから雨に変わっているため，これは誤りです。

イについて，２日目の６〜９時にかけて風向は南から北に変わっているため，これは誤りです。

エについて，１日目より２日目のほうが全体的に気温は低く，雨やくもりとなっているため，これは誤りです。

54 冷たいコップに水滴《すいてき》がつくのはなぜ？

雲のでき方　▸▸本冊 141 ページ

解答

[1] イ，ウ

[2] (1) ウ
(2) ① 上昇《じょうしょう》気《き》流《りゅう》　② 低い
③ 膨張《ぼうちょう》　④ 下がる

解説

[1]

アについて，固体の二酸化炭素であるドライアイスが気体へと変わる状態変化であり，これは空気が冷やされて起こる現象ではないため誤りです。

エについて，湯《ゆ》気《げ》は液体の水なので誤りです。

寒い日の朝，窓ガラスの内側に水滴がつく結《けつ》露《ろ》という現象があるんだ。これは，外気によって窓ガラスが冷たくなり，空気中の水蒸気が冷やされることで発生するんだよ。

[2]

(1) **ア**について，雲ができるのは，**山の斜面《しゃめん》を空気が上昇するとき**であるため，これは誤りです。
イについて，雲ができるのは，**上昇《じょうしょう》気《き》流《りゅう》が起こったとき**であるため，これは誤りです。

(2) 上昇気流が発生するところでは，雲が発生して，くもりや雨などの天気になりやすいです。それに対し，下降気流があるところでは，晴れになりやすいです。

55 湿度《しつど》を計算してみたいです！

飽和水蒸気量・湿度 ▸▸本冊 143 ページ

解答

1 ① 水蒸気　② 飽和水蒸気量《ほうわすいじょうきりょう》

③ 水滴《すいてき》　④ 露点《ろてん》　⑤ 100

2 (1) 86.6 %

(2) 9.0 g

解説

1

空気中の水蒸気の量がその気温での飽和水蒸気量より多くなると，空気中にふくみきれなくなった水蒸気は凝結《ぎょうけつ》して水滴となります。

飽和水蒸気量は温度が高いほど大きいので，気温が高いほど空気はよりたくさんの水蒸気をふくむことができるんだ。

2

(1) 湿度《しつど》〔%〕＝

$$\frac{\text{空気 1 m}^3\text{中の水蒸気量〔g/m}^3\text{〕}}{\text{その気温での飽和水蒸気量〔g/m}^3\text{〕}}\times 100$$

$$=\frac{20.0\ \text{g}}{23.1\ \text{g}}\times 100$$

$$= 86.58\cdots$$

$$\fallingdotseq 86.6$$

(2) $12.8\ \text{g}\times\frac{70}{100}= 8.96\ \text{g}$

$$\fallingdotseq 9.0\ \text{g}$$

空気1 m³中の水蒸気量を求める式は，湿度を求める式を変形して導き出そう。

空気1 m³中の水蒸気量〔g/m³〕

＝その気温での飽和水蒸気量〔g/m³〕× $\frac{\text{湿度〔\%〕}}{100}$

56 「高気圧に覆《おお》われて晴れます」って何？

天気の変化 ▸▸本冊 145 ページ

解答

1 (1) 気圧配置

(2) 高気圧…ウ

低気圧…イ

2 (1) 気団

(2) ① 温暖　② 乱層雲《らんそううん》

③ 長い　④ 広い

⑤ 弱い　⑥ 上がる

解説

1

(1) 気圧配置において，**等圧線が丸く閉じ，まわりより気圧が高いところを高気圧，低いところを低気圧といいます。**

(2) 高気圧では，中心から時計回りに風がふき出していて，下降気流が発生しているため，雲が発生しにくく，天気は晴れになりやすいです。

また，低気圧では，中心に向かって反時計回りに風がふき込《こ》んでいて，上昇気流が発生しているため，雲が発生しやすく，天気はくもりや雨になりやすいです。

2

(1) 気団には，あたたかい空気をもつ暖気団と，冷たい空気をもつ寒気団があります。

(2) 温暖前線に対して，**寒気が暖気を激しくもち上げるような前線を寒冷前線**といい，代表的な雲として積乱雲があります。また，この前線が通過すると，短い時間に狭《せま》い範《はん》囲《い》で強い雨が降り，前線通過とともに気温が下がります。

温暖前線と寒冷前線の特徴《とくちょう》はテストによく出るので，しっかりおさえておこう！

57 日本の四季で天気はどう変わる？

気団・偏西風 本冊 147 ページ

解答

1 **夏…ウ　　冬…エ**

春や秋…ア　　つゆ…イ

2 **夏…エ　　冬…イ**

春や秋…ア　　つゆ…ウ

解説

1

夏は，小笠原《おがさわら》気団が発達しており，日本の南側に高気圧，北側に低気圧がある南高北低の気圧配置になりやすいため，蒸し暑い晴天の日が続きやすいです。よって，**ウ**があてはまります。

冬は，シベリア気団が発達しており，**西の大陸に高気圧，東の太平洋に低気圧がある西高東低の気圧配置**になりやすいため，日本海側に大量の雨や雪を降らせ，太平洋側では乾《かわ》いた風によって晴天の日が続きます。よって，**エ**があてはまります。

春や秋は，偏西風の影響《えいきょう》により，高気圧と低気圧が西から東に向かって交互《こうご》に通り過ぎていくことが多く，天気は周期的に変化します。よって，**ア**があてはまります。

つゆは，オホーツク海気団と小笠原気団がぶつかって停滞《ていたい》前線ができるため，長期的に雨が続く天気となります。よって，**イ**があてはまります。

2

アは，高気圧と低気圧が交互に位置しているため，春や秋の天気図です。**イ**は，西高東低の気圧配置であるため，冬の天気図です。**ウ**は，停滞前線があるため，つゆの天気図です。**エ**は，南高北低の気圧配置であるため，夏の天気図です。

天気図から，日本の四季のどの季節であるのか把握《はあく》できるようにしておこう！

58 太陽って何度の熱さなの？

太陽・太陽系 本冊 149 ページ

解答

1 (1) **コロナ**

(2) **黒点**

(3) **プロミネンス[紅炎《こうえん》]**

2 (1) **恒星《こうせい》**

(2) **惑星《わくせい》**

(3) **地球型惑星…ア，イ，エ，カ**

木星型惑星…ウ，オ，キ，ク

(4) **すい星**

(5) **太陽系外縁天体《がいえんてんたい》**

解説

1

太陽の温度は部分によって異なり，表面の温度は約 6000 ℃，黒点はまわりよりも低く約 4000 ℃となります。また，内部の中心温度は約 1600 万 ℃，コロナは 100 万 ℃以上とされています。

黒点を数日間観察すると，中央部で円形に見えた黒点は周辺部に移動していき，そのとき少し縦長の形になるんだ。このことから，太陽は球形であることがわかるんだ。このことは理由とともにおさえておこう！

2

(1) 恒星である太陽と，太陽を中心として運動している天体の集まりはまとめて太陽系とよばれています。

(3) **地球型惑星は地球のように岩石でできているため，木星型惑星と比べると密度が大きいです。** 反対に，木星型惑星は水素やヘリウムでできているため，地球型惑星に比べると密度は小さいです。

59 1日の太陽の動きを教えてください！

太陽の動き ▶▶本冊 151 ページ

解答

[1] ⑴ C
⑵ D
⑶ 南中高度
⑷ 日周運動

[2] ⑴ ①イ　②ウ
③ア
⑵ ウ
⑶ 地軸《ちじく》が地球の公転面に対して傾《かたむ》いたまま太陽のまわりを公転しているため。

解説

[1]

⑴ 太陽は東→南→西の順に動くため，太陽が通らないCが北の方角です。

⑵ ⑴より，日の出の方角は東です。よって，Cが北，Aが南なので，答えはDとなります。

⑶ 太陽の位置が最も高くなって南中しているのは，図中のEです。よって，∠AOE が南中高度です。

⑷ 地球が西から東へ自転していることによって，**太陽が東から西へ動いて見える図のような運動を日周運動といいます。**

[2]

⑴ ⑵ 夏至は日が出ている時間が最も長いため，**ウ**があてはまります。反対に，冬至は日が出ている時間が最も短いため，**ア**があてはまります。

⑵ **地軸が傾いたまま公転しているため，季節の変化が起こっています。**

同じ日本においても，季節によって南中高度は大きく変わるんだ。

60 星の動きって決まってるの？

星の動き ▶▶本冊 153 ページ

解答

[1] ⑴ 東…イ　西…ア
南…エ　北…ウ
⑵ 北極星
⑶ 日周運動

[2] ⑴ ウ
⑵ 年周運動

解説

[1]

⑴ 星は太陽と同じように，**イ**の東の空から昇《のぼ》って**エ**の南の高い空を通り，**ア**の西の空へと沈《しず》みます。**ウ**の北の空を観察すると，北極星を中心として反時計回りに星が動いているように見えます。

⑵ **北極星は地軸《ちじく》の延長上にあるため，地球が自転しても動いていないように見えます。**

⑶ 星も太陽と同じように，日周運動をします。

北極星は動かないから，北の方角の目印にすることができるんだ。

[2]

⑴ 地球は1年(12 か月)かけて太陽のまわりを 360° 公転するため，星は1か月あたり 360° ÷ 12 ＝ 30° 西へ移動して見えます。よって，2か月後には 60° 移動しているため，同じ時刻でオリオン座を観察したときは**ウ**の位置となります。

⑵ 年周運動によって，星は1年でもとの位置に戻《もど》るため，季節によって同じ時刻に見える星座は異なります。

オリオン座は，冬は一晩中《ひとばんじゅう》観察することができるけど，夏は明け方しか観察することはできないんだ。